智能科学与技术丛书

Learning in Energy-Efficient Neuromorphic Computing

Algorithm and Architecture Co-Design

高能效类脑智能

算法与体系架构

［中］郑楠 (Nan Zheng)
［美］皮纳基·马祖姆德 (Pinaki Mazumder) ◎ 著

刘佩林 应忍冬 薛建伟 ◎ 译

机械工业出版社

CHINA MACHINE PRESS

图书在版编目（CIP）数据

高能效类脑智能：算法与体系架构 / 郑楠，（美）皮纳基·马祖姆德（Pinaki Mazumder）著；刘佩林，应忍冬，薛建伟译 . -- 北京：机械工业出版社，2021.5（2024.10 重印）
（智能科学与技术丛书）
书名原文：Learning in Energy-Efficient Neuromorphic Computing: Algorithm and Architecture Co-Design
ISBN 978-7-111-68299-8

Ⅰ. ①高…　Ⅱ. ①郑…②皮…③刘…④应…⑤薛…　Ⅲ. ①人工神经网络　Ⅳ. ① TP183

中国版本图书馆 CIP 数据核字（2021）第 096761 号

北京市版权局著作权合同登记　图字：01-2020-5654 号。

本书从对神经网络的概述开始，讨论基于速率的人工神经网络的应用和训练，介绍实现神经网络的多种方法，如从通用处理器到专用硬件，从数字加速器到模拟加速器。接下来展示了一个为神经网络的自适应动态规划而建立的高能效加速器，然后是脉冲神经网络的基础概念和流行的学习算法，以及脉冲神经网络硬件概述。本书还为读者介绍了三个实现书中学习算法的设计案例（两个基于传统 CMOS 工艺，一个基于新兴的纳米工艺），最后对神经网络硬件进行总结与展望。

高能效类脑智能：算法与体系架构

出版发行：机械工业出版社（北京市西城区百万庄大街 22 号　邮政编码：100037）
责任编辑：王春华　冯秀泳　　　　　　　　　　责任校对：马荣敏
印　　刷：固安县铭成印刷有限公司　　　　　　版　　次：2024 年 10 月第 1 版第 4 次印刷
开　　本：185mm×260mm　1/16　　　　　　　印　　张：14
书　　号：ISBN 978-7-111-68299-8　　　　　　定　　价：99.00 元

客服电话：（010）88361066　68326294

以"旧神退散，新神未立"来形容近年来计算架构领域的发展的确很形象，2017年计算机图灵奖的两名得主 David Patterson 和 John L. Hennessy 在一篇文章中也曾给出类似判断，即"未来十年是计算架构发展的黄金十年"。神经形态计算便被认为是计算架构创新的"新神"之一。这本由 Zheng 和 Mazumder 撰写的书即是对这个"新神"的引荐。

人工智能作为当前的研究热点，受到国内外学术界和工业界的追捧，而且很多成熟的产品已经落地。目前所用的人工智能算法主要集中在深度神经网络上，即第二代神经网络。该网络结构虽然效果好，但是功耗大，难以应用在一些移动设备上，且很难充分模仿人脑的智能性。而神经形态计算作为第三代人工神经网络，可以充分模拟大脑的低功耗计算特点，作为人工智能以及脑科学的交叉研究领域，具有很大的研究前景。

本书重点讨论如何为具有学习能力的神经网络构建节能硬件，致力于构建具有学习与执行各种任务的能力的硬件神经网络，提供协同设计和协同优化方法，并提供了从高层算法到底层实现细节的完整视图。开发硬件友好算法的目的是简化硬件实现，而特殊的硬件体系结构的提出则是为了更好地利用算法的独特功能。在本书的各章中，讨论了用于节能型神经网络加速器的算法和硬件体系结构。低功耗对于所有将功耗作为重要考虑因素的应用而言至关重要，使用耗电的 GPU 和将原始数据发送到可以进一步分析数据的云计算机都不是可行的选择。

作为一本介绍神经形态计算算法和硬件设计思想的书，本书不仅是信息学科、软件工程等学科的基本教材（或参考书），更是可以带领零基础的人进入神经形态计算领域的引路石。在内容的介绍上，本书循序渐进，深入浅出，展示了当前人工智能的算法，并逐步引入神经形态的智能算法当中，再介绍关于神经形态算法硬件实现的设计思路。本书的一大特色是关注基于新兴器件的神经形态计算的架构设计，探讨新兴器件带来的设计问题及其解决思路。本书附带了一些案例供读者学习，覆盖了书中所涉及领域的众多代表性工作。虽然本书不可能完全展示当前的神经形态计算算法和硬件设计中的所有技术细节，但是可以对初入该领域的技术人员提供一个较为完整的认识和强有力的帮助。

本书的内容广泛，包括人工智能的前沿与新兴工艺技术，为了尽可能地翻译准确，我们得到了上海交通大学类脑智能应用技术研究中心全体师生的大力支持，特别是得到了耿相铭老师的帮助与指正。同时也十分感谢杨石玉、朱肖光、陈发全、耿豪、宋扬、尹树雨、计星武、程宇豪、潘敏婷等同学在校对过程中给予的帮助，他们的帮助使本书翻译工作得以顺利完成。

最后，本书虽然经过仔细校对，但限于译者自身的水平及经验，译文可能还存在不足，非常期待大家指正，以便之后进一步完善。

刘佩林

2020 年于上海

1987 年，我在伊利诺伊大学攻读博士学位时，有一个难得的机会去听加州理工学院的 John Hopfield 教授给厄巴纳-香槟分校鲁姆斯物理实验室的学生讲述他在神经网络上的开创性研究。他绘声绘色地讲述了如何设计和制作一个循环神经网络芯片来快速解决基准旅行商问题(TSP)。TSP 是指：当 TSP 中的城市数量增加到一个非常大的数目时，没有物理计算机能够在渐近有界的多项式时间内解决这个问题，从这个意义上说，TSP 是一个可证明的 NP 完全问题。

神经网络领域的一个重要里程碑是，发现了可以解决复杂组合问题的硬件算法，因为现有的感知器型前馈神经网络技术只能对有限的简单模式进行分类。尽管如此，神经计算的创始人——康奈尔大学的 Frank Rosenblatt 教授在 20 世纪 50 年代末建造了一台感知计算机，当时诸如 IBM 650 这样的第一波数字计算机刚刚商业化。后续的神经硬件设计进展受阻，主要是由于当时的技术(包括真空管、继电器和无源元件如电阻、电容和电感等)不具备集成实现大型突触网络的能力。1985 年，美国贝尔实验室利用 MOS 技术制造出第一个固态电子晶体芯片，在概念上验证了 John Hopfield 教授解决 TSP 的神经网络架构，从而为在硅片上解决非布尔型计算和类脑计算开辟了道路。

John Hopfield 教授的开创性工作表明，如果组合算法中的目标函数可以用二次型表示，循环神经网络中的突触连接可以相应地通过将大量神经元的连接进行编程来降低目标函数的值(即局部最小值)。Hopfield 的神经网络由横向连接的神经元组成，这些神经元可以被随机初始化。随后，该网络可以迭代地减少网络固有的 Lyapunov 能量函数值，使其达到局部最小状态。值得注意的是，Lyapunov 函数在循环神经网络的动态作用下呈单调下降，神经元不具有自反馈⊖。

Hopfield 教授使用四个独立二次函数的组合来表示 TSP 的目标函数。目标函数的第一部分确保若旅行商恰好一次穿越城市则能量函数最小；第二部分确保旅行商访问行程中的所有城市；第三部分确保不同时访问两个城市；第四部分确定连接 TSP 中所有城市的最短路径。因为神经元之间通过连接的突触有大量的同步交互作用，这些突触被精确地调整以满足上述二次函数的约束，所以简单的循环神经网络可以迅速生成质量非常好的解。然而神经网络由于其简单的连接结构，与经过良好测试的软件处理(例如模拟退火、动态规划和分支定界算法)不同，它通常无法找到最佳解决方案。

在听了 Hopfield 教授的精彩演讲之后，我对他这种创新的感触颇深。一方面，我很

⊖ 在 Mazumder 和 Yih 的著作中[1]，我们证明了 Hopfield 网络所获得的解的质量可以通过选择性地提供自反馈使神经元远离局部最小值而得到显著改善。这种方法类似于梯度下降搜索中的爬坡，通常会陷入局部最小点。由于神经元的自反馈会影响 Hopfield 神经网络的稳定性，所以在网络收敛到局部最小状态之前，我们没有对神经元施加任何自反馈。然后，通过爬坡机制提高网络的能量，将网络从局部最小值中拉出。我们在上述文章中表明，通过使用这项创新技术，芯片修复提高约 25%，改善了 VLSI 存储器的良率。

高兴地从他的演讲中了解到，通过使用具有非常小的硬件开销的简单神经形态 CMOS 电路，可以快速地解决计算上困难的算法问题。另一方面，我认为 Hopfield 教授为了证明神经网络解决组合优化问题的能力而选择的 TSP 应用程序并不合适，因为精心设计的软件算法，可以获得神经网络几乎无法得到的最佳解决方案。我开始考虑开发可自愈的超大规模集成电路（VLSI）芯片，利用受神经网络启发的自修复算法的力量来自动重组有缺陷的 VLSI 芯片。低开销和通过神经元之间的并行交互同时解决问题的能力是两点显著的特性，可以用来巧妙地通过内置的神经网络电路来自动修复 VLSI 芯片。

不久之后，我作为助理教授来到密歇根大学，与我的一个博士生[2]一起工作，起初，我们设计了一款具有异步状态更新的 CMOS 模拟神经网络电路，因晶元内部工艺变化等因素导致这个芯片鲁棒性不够好。为了提高自修复电路工作的可靠性，我和一名理科硕士[3]设计了一个同步状态更新的数字神经网络电路。这些神经网络电路通过在二分图中寻找节点覆盖、边覆盖或节点对匹配来确定修复问题，从而能够用于修复 VLSI 芯片。在我们的图的形式体系中，二分图中的一组顶点表示故障电路元件，另一组顶点表示备用电路元件。为了将故障 VLSI 芯片改造成无故障的可操作芯片，在通过嵌入式内置自检电路识别出故障元件之后，再通过可编程开关元件自动调用备用电路元件。

最重要的是，与 TSP 一样，二维数组修复可以证明是一个 NP 完全问题，因为修复算法寻找最优的多余的行、列数，它们可以被分配以绕过故障组件（比如记忆细胞、字线和位线驱动），以及位于存储器阵列内部的读出放大器队列。因此，由计数器和其他块组成的简单数字电路无法解决这种棘手的自修复问题。值得注意的是，由于无法部署 VLSI 芯片的输入和输出引脚来查询深度内嵌的嵌入式阵列中的故障模式，因此无法使用外部数字计算机来确定如何修复嵌入式阵列。

在 1989 年和 1992 年，我获得了美国国家科学基金会的两项资助，将神经形态自愈设计风格扩展到更广泛的嵌入式 VLSI 模块，如内存阵列[4]、处理器阵列[5]、可编程逻辑阵列[6]等。但是，这种通过内置的自检和自修复提高 VLSI 芯片产量的方法比 VLSI 芯片应用的时代早了一点，因为在 20 世纪 90 年代初期，最先进的微处理器仅包含数十万个晶体管。因此，在开发了基于神经网络的自愈 VLSI 芯片设计方法以用于各种类型的嵌入式电路模块之后，我停止了对 CMOS 神经网络的研究。我对神经网络应用于其他类型的工程问题并不是特别感兴趣，因为我想继续专注于解决 VLSI 研究中出现的问题。

另外，在 20 世纪 80 年代末，CMOS 技术的预言者越来越担心，即将到来的红砖墙效应预示着 CMOS 缩小时代的结束。因此，为了促进几种可能推动 VLSI 技术前沿的新兴技术，美国国防部高级研究计划局（DARPA）在 1990 年左右启动了"超电子：超密集、超快速计算元件研究计划"。与此同时，日本的国际贸易工业部（MITI）推出了量子功能器件（QFD）项目。这两个研究项目早期的成功与大量的创新 non-CMOS 技术推动了美国国家纳米技术项目（NNI）的创建，这是一个美国政府研究和开发（R&D）计划，包括 20 个部门和独立机构，将带来纳米技术的革命，从而影响整个行业和社会。

在 1995 年到 2010 年期间，我的课题组最初专注于基于量子物理的器件和量子隧穿器件的电路建模，然后我们广泛研究了基于一维（双障碍共振隧穿器件）、二维（自组装纳米线）和三维（量子点阵列）受限量子设备的细胞神经网络（CNN）图像和视频处理电路。随后，我们使用电阻突触装置(通常称为忆阻器)和 CMOS 神经元开发了基于学习的神经网络电路。通过在二维处理元件(PE)集成的计算节点中混合量子隧穿和记忆器件，我们还开发了模拟电压可编程纳米计算体系结构。我们对纳米神经形态电路的研究发表在我们的新书 *Neuromorphic Circuits for Nanoscale Devices* 中，由英国 River 出版社在 2019 年出版。

在用各种新兴纳米电子和自旋电子器件开发了十多年的神经形态电路之后，我决定开始研究基于学习的数字 VLSI 神经形态芯片，在亚阈值和超阈值两种操作模式中使用纳米 CMOS 技术。我的学生和这本书的合著者 Nan Zheng 博士，完成了有关数字神经网络的体系结构和算法的博士学位论文。我们从机器学习和生物学习的角度出发，设计和制造了基于 TSMC 65nm CMOS 技术的高效节能 VLSI 芯片。

我们从机器学习的角度捕获了演员-评论家类型的强化学习(RL)[7]和一个采用离线策略更新的时间差(TD)学习示例，称为 VLSI 芯片上的 Q 学习[8]。此外，我们还捕捉到生物无监督学习应用中常用的基于脉冲相关的突触可塑性。我们还制定了硬件友好的基于脉冲时间依赖可塑性(STDP)学习规则[9]，在修改后的 MNIST 数据库基准上，单隐藏层和双隐藏层神经网络的分类正确率分别为 97.2% 和 97.8%。硬件友好的学习规则支持高效节能的硬件设计[10]以及对与芯片制造[11]相关的过程-电压-温度(PVT)变化的鲁棒实现。通过仿真 RL 软件程序的核心——自适应动态规划(ADP)，证明了用于演员-评论家网络的硬件加速器 VLSI 芯片可解决一些控制理论基准问题。此外，与在通用处理器上运行的传统软件强化学习相比，在 175MHz 下运行的 VLSI 芯片加速器在计算时间上缩短了两个数量级，同时只消耗了 25mW[12]。

图 1 中的芯片布局图包含了大量使用 CMOS 技术的数字神经网络芯片的样本，这是我的研究小组在过去 35 年中设计的。图 1 的左栏是 1991 年设计的一个自愈芯片，通过在一个二分图上运行节点覆盖算法来自动修复有缺陷的 VLSI 内存阵列，二分图代表有缺陷的组件集和可用的备用电路元件。2013 年设计的 STDP 芯片，用于控制虚拟昆虫从初始起点到预定目的地的运动，避免了在一组任意形状的阻塞空间中导航时的碰撞。前一段描述的深度学习芯片是 2016 年设计的。

图 1 的右栏为 2016 年设计的 RL 芯片。其中还包括两个超低功耗(ULP)CMOS 芯片，利用亚阈值技术，用于可穿戴的医疗保健应用。在其中一个应用中，利用神经网络的 Kohonen 的自组织映射(SOM)对心电图(ECG)波形进行分类，设计了一种带有无线收发器的人体传感网络，利用可植入的多极传感器对模拟神经元信号进行感知，并通过内置的唤醒收发器向医生提供数字化数据，帮助医生对精神分裂症、慢性抑郁症、阿尔茨海默病等脑相关疾病中神经元和突触层面上对药物的疗效进行监测。

最初，当我们决定以 CMOS 类脑计算的神经形态芯片的形式出版一本强调我们工作的专著时，我们想要汇总在前言中引用的论文的各种结果，从而构成这本书的内容。但是，在准备手稿的过程中，我们修改了最初较狭隘的目标，因为在常规课程中采用本书来向大学生和研究生讲授具有学习能力的最新一代神经网络将是有局限性的。

后来我们决定写一本全面的关于具有各种学习能力的神经网络高能效硬件设计的书，讨论正在进行的神经硬件的扩展研究。这显然是一项艰巨的任务，需要仔细研究数百个参考文献的存档来源，描述能够学习执行各种任务的硬件神经网络的协同设计和协同优

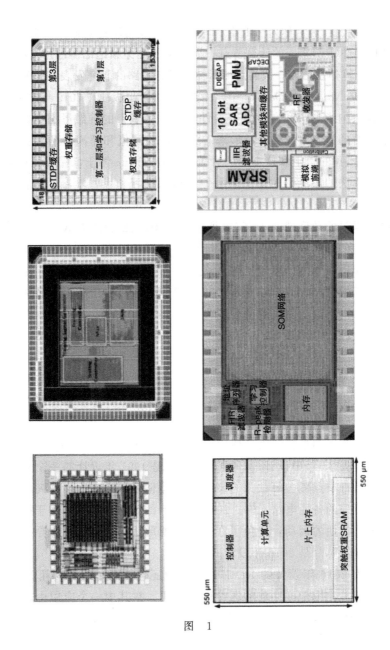

图　1

化方法。我们试图提供一个全面的视角，从高级算法到低级硬件实现细节，涵盖神经网络的许多基础和要素（如深度学习），以及神经网络的硬件实现。简而言之，本书目前的版本有以下几个显著特点：

- 包括神经形态算法硬件加速器的多层次全面评述。
- 涵盖架构与算法的协同设计，并采用新兴器件来极大地提升计算效率。
- 关注算法与硬件的协同设计，这是在神经形态计算中应用新兴器件（如传统忆阻器和扩散型忆阻器）的关键。

最后，由于完成这本书有严格的时间限制，所以本书目前的版本没有像教科书那样以教学的方式描述教学材料，在每一章的结尾也没有习题。在收集了来自学生、教师、实践工程师和其他读者的宝贵反馈后，这些目标有望在下一版中实现。如果你能提供正面和负面的指导性反馈，我将非常感激，这将使我能够准备本书的第 2 版。我的联系方式如下：

Pinaki Mazumder

地址：4765 BBB Building Division of Computer Science and Engineering Department of Electrical Engineering and Computer Science University of Michigan，Ann Arbor，MI 48109-2122

电话：734-763-2107

邮箱：mazum@eecs. umich. edu，pinakimazum@gmail. com

网址：http://www. eecs. umich. edu/~mazum

参考文献

[1] Mazumder, P. and Yih, J. (1993). A new built-in self-repair approach to VLSI memory yield enhancement by using neural-type circuits. *IEEE Trans. Comput. Aided Des. Integr. Circuits Syst.* 12 (1): 124–136.

[2] Mazumder, P. and Yih, J. (1989). Fault-diagnosis and self-repairing of embedded memories by using electronic neural network. In: *Proc. of IEEE 19th Fault-Tolerant Computing Symposium*, 270–277. Chicago.

[3] Smith, M.D. and Mazumder, P. (1996). Analysis and design of Hopfield-type network for built-in self-repair of memories. *IEEE Trans. Comput.* 45 (1): 109–115.

[4] Mazumder, P. and Yih, J. (1990). Built-in self-repair techniques for yield enhancement of embedded memories. In: *Proceedings of IEEE International Test Conference*, 833–841.

[5] Mazumder, P. and Yih, J. (1993). Restructuring of square processor arrays by built-in self-repair circuit. *IEEE Trans. Comput. Aided Des. Integr. Circuits Syst.* 12 (9): 1255–1265.

[6] Mazumder, P. (1992). An integrated built-in self-testing and self-repair of VLSI/WSI hexagonal arrays. In: *Proceedings of IEEE International Test Conference*, 968–977.

[7] Zheng, N. and Mazumder, P. (2017). Hardware-friendly actor-critic reinforcement learning through modulation of spiking-timing dependent plasticity. *IEEE Trans. Comput.* 66 (2).

[8] Ebong, I. and Mazumder, P. (2014). Iterative architecture for value iteration using memristors. In: *IEEE Conference on Nanotechnology, Toronto*, 967–970. Canada.

[9] Zheng, N. and Mazumder, P. (2018). Online supervised learning for hardware-based multilayer spiking neural networks through the modulation of weight-dependent spike-timing-dependent plasticity. *IEEE Trans. Neural Netw. Learn. Syst.* 29 (9): 4287–4302.

[10] Zheng, N. and Mazumder, P. (2018). A low-power hardware architecture for on-line supervised learning in multi-layer spiking neural networks. In: *2018 IEEE International Symposium on Circuits and Systems (ISCAS)*, 1–5. Florence.

[11] Zheng, N. and Mazumder, P. (2018). Learning in Memristor crossbar-based spiking neural networks through modulation of weight dependent spike-timing-dependent plasticity. *IEEE Trans. Nanotechnol.* 17 (3): 520–532.

[12] Zheng, N. and Mazumder, P. (2018). A scalable low-power reconfigurable accelerator for action-dependent heuristic dynamic programming. *IEEE Trans. Circuits Syst. Regul. Pap.* 65, 6: 1897–1908.

致　谢

首先，我要感谢我的几位资深同事，在1989年我发表了第一篇将Hopfield网络的概念应用于VLSI存储器自愈的论文之后的30年里，他们鼓励我继续进行神经计算方面的研究。在此，我特别要感谢加州大学伯克利分校的Leon O. Chua教授和Ernest S. Kuh教授，伊利诺伊大学厄巴纳-香槟分校的Steve M. Kang教授、Kent W. Fuchs教授和Janak H. Patel教授，得克萨斯大学奥斯汀分校的Jacob A. Abraham教授，弗吉尼亚联邦大学的Supriyo Bandyopadhyay教授，艾奥瓦大学的Sudhakar M. Reddy教授，匈牙利布达佩斯理工大学的Tamas Roska教授和Csurgay Arpad教授。

其次，我要感谢在美国国家科学基金会的几个同事，我从2007年1月至2008年12月作为新兴模型和技术项目的负责人在计算机和信息科学与工程（CISE）理事会任职，从2008年1月至2009年12月作为项目负责人在工程指挥部（ED）负责自适应智能系统项目。我要特别感谢CISE计算及通信基金分部的Robert Grafton博士和Sankar Basu博士，电子通信和网络系统（ECCS）分部的Radhakrisnan Baheti博士、Paul Werbos博士和Jenshan Lin博士，为我过去这么多年开展基于学习的系统的研究提供研究基金，使我能够深入研究CMOS芯片设计，用于类脑计算。在美国国家科学基金会工作期间，我有幸与Michael Roco博士进行了交流。随后，在2016年，我受邀在韩国首尔举行的美韩纳米技术论坛上展示我们小组的类脑计算研究，在2017年，我受邀在美国弗吉尼亚州福尔斯彻奇举行的纳米技术论坛上发表演讲。

再次，我要感谢Jih Shyr Yih博士，他是我的第一个博士生，在我加入密歇根大学后不久就开始和我一起工作。在学了我讲的包含存储器修复算法的一门课程后，他热情地用模拟Hopfield网络实现了第一个自愈VLSI芯片。接下来，我要感谢Michael Smith先生的贡献，他实现了如上所述的数字自愈芯片。我的其他博士生——W. H. Lee博士、I. Ebong博士、J. Kim博士、Y. Yalcin博士和S. R. Li女士，从事热电阻、量子点和建立神经形态电路的忆阻器的研究，他们的研究工作被收录在另一本书里。本书的大部分内容来自我的学生和合著者Nan Zheng博士的博士论文手稿。同他这样勤奋的学生一起工作是一种乐趣。我也要感谢M. Erementchouk博士对手稿的审阅和提供的建议。

最后，我要感谢我的妻子Sadhana，感谢我的儿子Bhaskar和我的女儿Monika以及他们的配偶Pankti Pathak和Thomas Parker，感谢他们的理解和支持，因为我大部分时间都在课题组工作。

第 1 章

概　述

学无止境。

——莱昂纳多·达·芬奇

1.1　神经网络的历史

即使基于冯·诺依曼架构的现代处理器能够以极快的速度进行逻辑和科学计算，对于许多人类常见的任务，例如图像识别、视频运动检测和自然语言处理，它们的性能仍然很差。为了模拟人脑的功能，自 20 世纪 50 年代初期开始，一种称为神经网络的非布尔计算范式被开发出来，并在数十年中慢慢发展。到目前为止，文献中至少介绍了三种主要形式的神经网络，如图 1.1 所示。

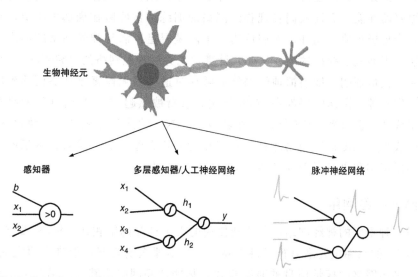

图 1.1　神经网络随着时间的发展。最早的一种神经网络是类似于线性分类器的感知器，当今广泛使用的神经网络类型在本书中称为人工神经网络，这种神经网络使用实数来承载信息。脉冲神经网络是近年来十分流行的另一种神经网络，其通过脉冲来表示信息

最简单的神经网络是感知器，其中将人为定义的特征用作网络的输入。感知器的输出是通过硬性阈值化获得的二进制数。因此，感知器可以方便地用于具有可线性分离的输入的分类问题。第二种类型的神经网络有时被称为多层感知器（MLP），MLP 中的"感知器"不同于早期神经网络中的简单感知器。在 MLP 中，一个非线性激活函数与每个神经元相关联。非线性激活函数的常用选择是 sigmoid 函数、双曲正切函数和整流器函数。每个神经元的输出是连续变量而不是二进制状态。MLP 被机器学习社区广泛采用，因为它可以在通用

处理器上轻松实现。这种类型的神经网络非常流行，以至于经常使用"人工神经网络"（ANN）来专门指定它，尽管 ANN 这个词也应该指代生物神经网络以外的任何其他神经网络。ANN 是广泛流行的学习模式（称为深度学习）概念的基础。最后一种鲜为人知的神经网络类型被称为脉冲神经网络（SNN）。与前两种类型的神经网络相比，在使用脉冲来传输信息的意义上，SNN 更类似于生物神经网络。人们认为，SNN 比 ANN 更为强大和先进，因为 SNN 的动力学要复杂得多，并且 SNN 携带的信息可能会更加丰富。

1.2　软件中的神经网络

1.2.1　人工神经网络

在 20 世纪 80 年代末和 20 世纪 90 年代初，软件中构建的神经网络有了巨大的进步，反向传播[1]算法的出现显著推动了人工神经网络的发展。事实证明，反向传播在训练多层神经网络方面非常有效。正是这种反向传播算法使神经网络能够解决许多现实生活中的问题，例如图像识别[2-3]、控制[4-5]和预测[6-7]。

在 20 世纪 90 年代后期，当时分类任务作为神经网络的主要应用，人们发现其他机器学习工具，例如支持向量机（SVM），甚至更简单的线性分类器，可以达到与神经网络相同甚至更好的性能。而且人们发现神经网络的训练常常停留在局部极小值，导致网络未能收敛到全局极小值。此外，人们认为一个隐藏层足以满足神经网络的需求，因为更多的隐藏层并不能显著提高性能。从此，计算智能界对神经网络的研究兴趣开始下降。

随着研究人员证明深度前馈神经网络能够通过适当的无监督预训练而达到出色的分类精度，人们对神经网络的兴趣在 2006 年左右重新被燃起[8-9]。尽管神经网络在分类任务中取得了成功，但直到 2012 年，一种名为 AlexNet 的深度卷积神经网络（CNN）[10]取得了惊人的成果，深度神经网络才被计算机视觉和机器学习界所了解。从那时起，深度学习成为图像识别和语音识别等各种任务中的主流方法。

1.2.2　脉冲神经网络

作为另一种重要的神经网络，与广泛使用的人工神经网络相比，SNN 没有受到太多关注。对 SNN 的兴趣主要来自神经科学界。尽管不那么受欢迎，但许多研究人员认为，归功于人工神经网络中携带信息的时空模式，脉冲神经网络比其"兄弟"人工神经网络具有更强大的计算能力。尽管 SNN 可能更先进，但利用 SNN 的功能仍然有困难。与 ANN 相比，SNN 的动力学要复杂得多，这使得难以应用简单的分析方法。此外，在传统的通用处理器上有效地实现事件驱动的 SNN 要困难得多。这也是 SNN 在计算智能界不如 ANN 受欢迎的主要原因之一。

在过去的几十年中，智能计算界和神经科学界做了许多努力来开发 SNN 的学习算法。通过在生物学实验中观察到的神经元的脉冲时间相关可塑性（STDP），提出一种成功的无监督学习规则[11-14]。在典型的 STDP 协议中，突触权重会根据相对顺序以及突触前和突触后脉冲时间之间的差异进行更新。无监督学习对于发现数据的底层结构很有用，但至少在目前阶段，它不像许多现实应用中的监督学习那么强大。

1.3 神经形态硬件的需求

基于硬件的神经网络或神经形态硬件的开发与其相应的软件同时开始发展。在一段时间内(20 世纪 80 年代末至 20 世纪 90 年代初),人们引入了许多神经形态芯片和硬件系统[15-18]。后来,人们在发现由于突触和神经元的集成水平不足而使神经网络的性能难以与数字计算机保持同步之后,神经网络的硬件研究退居二线,而利用了规模化和摩尔定律的布尔计算的发展则突飞猛进。大约在 2006 年,当深度学习领域取得突破时,人们对神经网络的硬件实现的研究兴趣随之重燃了。由于摩尔定律的限制,传统的基于冯·诺依曼(von Neumann)架构的计算技术的发展变慢了,因此人们开始探索在实际应用中部署神经形态计算的可能性探索。

如图 1.2 所示,电子计算设备已经发展了几十年。从图中可以看出两个趋势。第一个趋势是计算设备正在变得越来越小,越来越便宜。实际上,受摩尔定律的驱动,消费电子产品的尺寸和价格正在不断下降。第二个趋势是计算设备处理的信息的种类和数量都在增加。如今,我们的智能手机和可穿戴设备中有各种各样的传感器,例如运动、温度和压力传感器,它们会不断收集数据以做进一步处理。总的来看,我们正在经历从传统的基于规则的计算到数据驱动的计算的过渡。

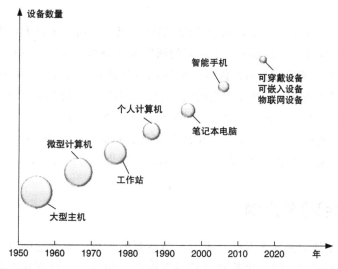

图 1.2 计算设备的发展历史。从早期占据整个实验室的大型计算机到当今无处不在的物联网设备,计算机设备的尺寸在过去几十年中一直在缩小,这在一定程度上是由于摩尔定律的驱动。另外,设备的数量也在持续上涨。因此,由于便携性的提高,越来越多的设备由电池供电

越来越多的低功耗传感器设备和平台被部署到我们的日常生活中,大量数据不断地从这些无处不在的传感器中被收集。我们经常遇到的一个难题是,尽管收集到的数据的量很大,但我们缺少能力去充分利用收集到的信息。我们迫切需要为这些传感器平台提供内置的智能功能,以便它们可以更智能地感知、组织和利用数据。幸运的是,深度学习已成为解决此问题的有力工具[8,19-24]。实际上,机器学习,尤其是深度学习,近来已成为一项热门技术,它对商业世界的运作方式产生了巨大影响。随着越来越多的初创公司和大公司在这一

领域进行研究，预计在不久的将来，人工智能(AI)和机器学习的使用将以更快的速度增长。

尽管深度神经网络在小型的应用中取得了成功，但只有在系统中可以集成数百万甚至数十亿个突触的情况下，深度神经网络才能在现实生活中被广泛使用。即使使用高度优化的硬件(例如图形处理单元(GPU))，并且矩阵求解在很大程度上已经并行化[20]，训练如此巨大的神经网络通常也要花费数周时间并消耗大量能量。在不久的将来，我们将有越来越多的用于健康和环境监测的超低功耗传感器系统[25-27]、主要依靠从环境中获取能量的移动微型机器人[28-31]，以及超过100亿个物联网(IoT)设备[32]。对于所有这些将功耗作为重要考虑因素的应用而言，耗电的GPU和将原始数据发送到进一步分析数据的云计算机都不是可行的选择。为了解决这一难题，产业界和学术界都在低功耗深度学习加速器设计开发方面持续努力。

Google建立了一种定制的专用集成电路(ASIC)，称为张量处理单元(TPU)，以加速其数据中心的深度学习应用程序[33]，而Microsoft则在其深度学习数据中心使用了现场可编程门阵列(FPGA)。与更传统的基于GPU的方法相比，使用FPGA实现深度学习可提供一种经济高效的节能解决方案。Intel则是发布了自己的Nervana芯片。该芯片是Intel开发的神经网络处理器，旨在彻底改变许多不同领域的AI计算。除了工业界的努力之外，近年来学术界也发表了越来越多的论文，讨论了用于构建节能型ANN加速器的各种体系结构和设计技术。随着深度神经网络的日益普及，在不久的将来预计也会有越来越多的创新。

尽管数学计算本身十分简单，基于ANN的学习仍面临可扩展性和电源效率方面的挑战。为了解决这些问题，硬件领域越来越多的研究人员开始研究基于SNN的硬件加速器。这种趋势源于SNN具有许多独特的优势。SNN的事件触发本质可以带来非常省电的计算。基于脉冲的数据编码还有助于神经元之间的通信，从而提供良好的可扩展性。然而构建和利用基于脉冲的专用神经形态硬件仍处于早期阶段，在硬件变得有意义且有用之前，有许多困难需要解决。我们遇到的一个主要挑战是如何正确训练基于脉冲的神经网络。毕竟，是神经网络的学习能力才使得神经形态系统具有可以被许多应用程序利用的智能。

1.4　本书的目标和大纲

机器学习，尤其是深度学习已经成为一门重要的学科，通过它可以解决许多传统上困难的问题，例如模式识别、决策和自然语言处理。如今，数百万甚至数十亿个神经网络正部署在数据中心、个人计算机和便携式设备中运行，执行各种任务。在未来，预计我们将需要更大规模、更复杂的神经网络。这种发展趋势需要一种定制化的硬件来应对功耗和响应时间不断增长的要求。

在本书中，我们重点讨论如何为具有学习能力的神经网络构建节能硬件。本书致力于为构建可以学习执行各种任务的硬件神经网络提供协同设计和协同优化方法。本书提供了从高层算法到底层实现细节的完整视图。开发硬件友好算法的目的是简化硬件实现，而特殊的硬件体系结构的提出则是为了更好地利用算法的独特功能。在以下各章中，将讨论用于节能型神经网络加速器的算法和硬件体系结构。本书的组织概述如图1.3所示。

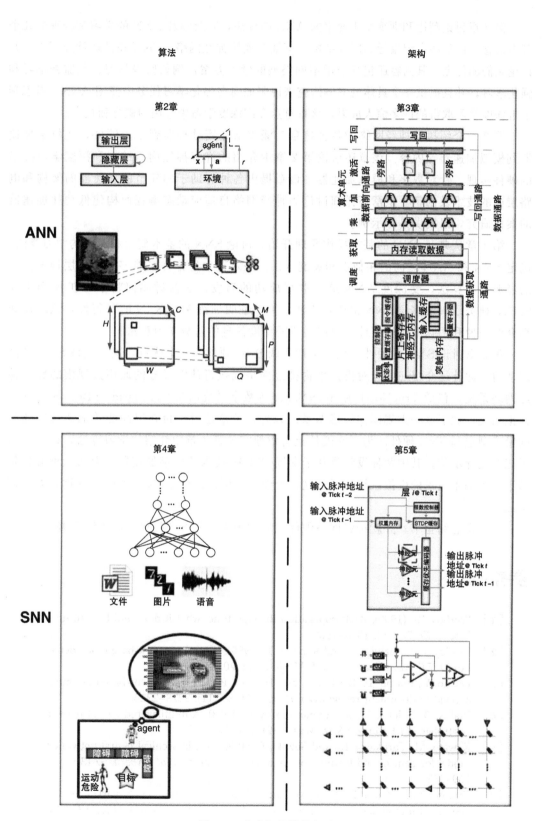

图 1.3　本书组织结构概述

第 2 章讨论利用和训练基于速率的 ANN 的算法，以及涉及 ANN 的学习和推理的几个基本概念。该章还介绍流行的网络结构，例如全连接神经网络、CNN 和循环神经网络，并讨论它们的优点。其内容还包括演示不同类型的学习方案，例如监督学习、无监督学习和强化学习，并且提供一个具体的案例研究来说明如何在强化学习任务中使用 ANN。考虑到最近深度学习取得的许多惊人成果，该章重点介绍深度学习中常用的概念和技术。

第 3 章介绍执行神经网络的各种选项，涵盖从通用处理器到专用硬件，从数字加速器到模拟加速器等内容。该章还讨论第 2 章中介绍的许多神经网络结构和深度学习技术的硬件实现。针对数字和模拟加速器，该章提出各种有助于构建节能加速器的架构和电路层面的技术及创新。该章还详细讨论为神经网络自适应动态编程而构建低功耗加速器的案例研究，以提供具体示例。

第 4 章从典型 SNN 的基本操作原理开始，讨论 SNN 的基本概念和流行的学习算法，确定 SNN 和 ANN 之间的相似点和关键区别。该章首先讨论许多能够训练浅层神经网络的经典学习算法。受深度 ANN 最近取得成功的启发，还探讨如何将学习扩展到深度 SNN，研究了训练多层 SNN 的流行方法。为了证明训练深度 SNN 的可行性，该章还详细介绍一种利用脉冲时序估计反向传播所需梯度信息的监督学习算法。

第 5 章讨论 SNN 的硬件实现。该章强调 SNN 硬件的几个优点，这是实现 SNN 硬件的动力。此外还介绍一些针对模拟生物神经网络或执行认知任务的通用大规模的脉冲神经网络系统，包括 TrueNorth 和 SpiNNaker 等数字系统以及 Neurogrid 和 BrainScaleS 等模拟系统。除了这些大规模神经形态系统以外，该章还讨论旨在以高能效加速特定任务的紧凑型定制 SNN 硬件。为了在硬件上有效地实现第 4 章中介绍的学习算法，该章给出了三个设计示例。其中两种设计是基于常规 CMOS 技术的数字加速器，而第三种设计是基于新兴纳米技术的模拟系统。通过这三个设计示例，设计 SNN 硬件的许多重要方面都被涵盖到了。

第 6 章总结全书，并就神经网络硬件领域的未来研究方向提供一些想法和展望。

参考文献

[1] Werbos, P.J. (1990). Backpropagation through time: what it does and how to do it. *Proc. IEEE* 78 (10): 1550–1560.

[2] Rowley, H.A., Baluja, S., and Kanade, T. (1998). Neural network-based face detection. *IEEE Trans. Pattern Anal. Mach. Intell.* 20 (1): 23–38.

[3] LeCun, Y., Bottou, L., Bengio, Y., and Haffner, P. (1998). Gradient-based learning applied to document recognition. *Proc. IEEE* 86 (11): 2278–2323.

[4] Psaltis, D., Sideris, A., and Yamamura, A.A. (1988). A multilayered neural network controller. *IEEE Control Syst. Mag.* 8 (2): 17–21.

[5] Kawato, M., Furukawa, K., and Suzuki, R. (1987). A hierarchical neural network model for control and learning of voluntary movement. *Biol. Cybern.* 57 (3): 169–185.

[6] Kimoto, T., Asakawa, K., Yoda, M., and Takeoka, M. (1990). Stock market prediction system with modular neural networks. In: *1990 IJCNN International Joint Conference on Neural Networks*, vol. 1, 1–6. IEEE.

[7] Odom, M.D. and Sharda, R. (1990). A neural network model for bankruptcy pre-diction. In: *1990 IJCNN International Joint Conference on Neural Networks*, vol. 2, 163–168. IEEE.

[8] Hinton, G.E. and Osindero, S. (2006). A fast learning algorithm for deep belief nets. *Neural Comput.* 1554 (7): 1527–1554.

[9] Erhan, D., Bengio, Y., Courville, A. et al. (2010). Why does unsupervised pre-training help deep learning? *J. Mach. Learn. Res.* 11 (Feb): 625–660.

[10] Krizhevsky, A., Sutskever, I., and Hinton, G.E. (2012). Imagenet classification with deep convolutional neural networks. In: *Advances in Neural Information Processing Systems*, 1097–1105.

[11] Diehl, P.U. and Cook, M. (2015). Unsupervised learning of digit recognition using spike-timing-dependent plasticity. *Front. Comput. Neurosci.* 9: 99.

[12] Querlioz, D., Bichler, O., Dollfus, P., and Gamrat, C. (2013). Immunity to device variations in a spiking neural network with memristive nanodevices. *IEEE Trans. Nanotechnol.* 12 (3): 288–295.

[13] Masquelier, T. (2012). Relative spike time coding and STDP-based orientation selectivity in the early visual system in natural continuous and saccadic vision: a computational model. *J. Comput. Neurosci.* 32 (3): 425–441.

[14] Masquelier, T. and Thorpe, S.J. (2007). Unsupervised learning of visual features through spike timing dependent plasticity. *PLoS Comput. Biol.* 3 (2): 0247–0257.

[15] Duranton, M., Gobert, J., and Sirat, J.A. (1992). Lneuro 1.0: a piece of hardware LEGO for building neural network systems. *IEEE Trans. Neural Networks* 3 (3): 414–422.

[16] Eberhardt, S., Duong, T., and Thakoor, A. (1989). Design of parallel hardware neural network systems from custom analog VLSI 'building block' chips. *Int. Jt. Conf. Neural Networks* 3: 183–190.

[17] Maeda, Y., Hirano, H., and Kanata, Y. (1995). A learning rule of neural networks via simultaneous perturbation and its hardware implementation. *Neural Networks* 8 (2): 251–259.

[18] Mazumder, P. and Jih, Y.-S. (1993). A new built-in self-repair approach to VLSI memory yield enhancement by using neural-type circuits. *IEEE Trans. Comput. Aided Des. Integr. Circuits Syst.* 12 (1): 124–136.

[19] Bengio, Y., Lamblin, P., Popovici, D., and Larochelle, H. (2007). Greedy layer-wise training of deep networks. In: *Advances in Neural Information Processing Systems*, 153–160.

[20] Le, Q.V., Ranzato, M.A., Monga, R. et al. (2011). Building high-level features using large scale unsupervised learning. In: *Acoustics, Speech and Signal Processing (ICASSP), 2013 IEEE International Conference on*, 8595–8598.

[21] LeCun, Y., Bengio, Y., and Hinton, G. (2015). Deep learning. *Nature* 521 (7553): 436–444.

[22] Mnih, V., Kavukcuoglu, K., Silver, D. et al. (2015). Human-level control through deep reinforcement learning. *Nature* 518 (7540): 529–533.

[23] Schmidhuber, J. (2015). Deep learning in neural networks: an overview. *Neural Networks* 61: 85–117.

[24] Silver, D., Huang, A., Maddison, C.J. et al. (2016). Mastering the game of Go with deep neural networks and tree search. *Nature* 529 (7587): 484–489.

[25] Lee, Y., Bang, S., Lee, I. et al. (2013). A modular 1 mm^3 die-stacked sensing platform with low power I^{2}C inter-die communication and multi-modal energy harvesting. *IEEE J. Solid-State Circuits* 48 (1): 229–243.

[26] Chen, Y.P., Jeon, D., Lee, Y. et al. (2015). An injectable 64 nW ECG mixed-signal SoC in 65 nm for arrhythmia monitoring. *IEEE J. Solid-State Circuits* 50 (1):

375–390.

[27] Lee, I., Kim, G., Bang, S. et al. (2015). System-on-mud: ultra-low power oceanic sensing platform powered by small-scale benthic microbial fuel cells. *IEEE Trans. Circuits Syst. I Regul. Pap.* 62 (4): 1126–1135.

[28] Pérez-Arancibia, N.O., Ma, K.Y., Galloway, K.C. et al. (2011). First controlled vertical flight of a biologically inspired microrobot. *Bioinspiration Biomimetics* 6 (3): 036009.

[29] Mazumder, P., Hu, D., Ebong, I. et al. (2016). Digital implementation of a virtual insect trained by spike-timing dependent plasticity. *Integr. VLSI J.* 54: 109–117.

[30] Wood, R.J. (2008). The first takeoff of a biologically inspired at-scale robotic insect. *IEEE Trans. Rob.* 24 (2): 341–347.

[31] Hu, D., Zhang, X., Xu, Z. et al. (2014). Digital implementation of a spiking neural network (SNN) capable of spike-timing-dependent plasticity (STDP) learning. In: *14th IEEE International Conference on Nanotechnology, IEEE-NANO 2014*, 873–876. IEEE.

[32] Friess, P. (2011). *Internet of Things-Global Technological and Societal Trends from Smart Environments and Spaces to Green ICT*. River Publishers.

[33] Jouppi, N.P., Young, C., Patil, N. et al. (2017). In-datacenter performance analysis of a tensor processing unit. In: *Proceedings of the 44th Annual International Symposium on Computer Architecture*, 1–12. IEEE.

[34] Chung, E., Fowers, J., Ovtcharov, K. et al. (2018). Serving DNNs in real time at data-center scale with project brainwave. *IEEE Micro* 38 (2): 8–20.

第 2 章

人工神经网络的基础与学习

如同明日将死那样生活，如同永远不死那样求知。

——甘地

本章介绍基于速率的人工神经网络(ANN)的基本概念，重点是如何进行学习。实际上，神经网络的有效性是通过更新神经元之间的突触权重来整合学习的固有能力。从目前流行的基于反向传播的梯度下降学习方法开始，不同的神经网络架构逐渐出现，包括全连接神经网络、卷积神经网络和循环神经网络。此外，本章还讨论深度学习中广泛使用的重要概念和技术。

2.1 人工神经网络的工作原理

人工神经网络可以看作生物脉冲神经网络的抽象版本。神经元的脉冲速率在人工神经网络中被抽象为实数，生物神经网络中的突触被视为人工神经网络中的乘法边。对于人工神经网络，有两种基本模式：推理和学习。推理是根据当前输入以及神经网络参数计算输出值的过程。例如，在一个分类应用程序中，输入可以是一首歌曲，而神经网络输出结果可以是该歌曲的名称。正确的推理意味着神经网络输出的歌曲名称与该歌曲的实际名称(或者与真值(ground truth))相匹配。学习的过程从另一方面来讲就是获取神经网络参数以产生正确推理结果的过程。

2.1.1 推理

图 2.1 中展示了包含两个突触前神经元和一个突触后神经元的示例。在与神经网络相关的文献中，特别是在讨论神经网络硬件时，承载神经元输出激活值的边缘通常称为轴突，而承载神经元输入的边缘通常称为树突。在神经网络的推理过程中，从前一层得到了激活值 x_i^l(如果当前层是第一层，则是输入值)乘以对应的突触权重 w_{ij}^l，然后将它们的值相加得到神经网络的输出激活值(如式(2.1)所示)。其中 i 和 j 代表神经元的序号，而 l 代表的是层的序号。而偏置项 b_j^{l+1} 是为了增添更多的设计灵活性：

$$v_j^{l+1} = \sum_i w_{ij}^l x_i^l + b_j^{l+1} \qquad (2.1)$$

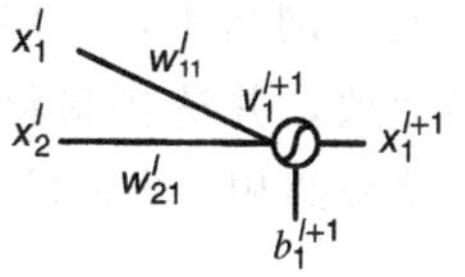

为了便于标记，我们使用 x_i^l 同时代表神经元和它的激活值。准确来说它的具体含义应该由上下文

图 2.1 人工神经网络基本运算图解：从两个突触前神经元 x_1^l 和 x_2^l 激活后，首先分别用突触权重 w_{11}^l 和 w_{21}^l 相乘，然后加上偏置项 b_1^{l+1}。将得到的和输入非线性激活函数得到 x_1^{l+1}，即得到了突触后神经元的激活值

来确定。如式(2.2)所示，该层中每个神经元的激活值可以通过将"和"传递给一个非线性激活函数获得。

$$x_j^{l+1} = f(v_j^{l+1}) \tag{2.2}$$

在式(2.2)中，$f(\cdot)$是一个非线性的激活函数。如图2.2所示，目前比较流行的激活函数有sigmoid函数，tanh函数(hyperbolic tangent function，双曲正切函数)和ReLU (Rectified Linear Unit，修正线性单元)函数。在脑子中要时刻牢记非线性激活函数对一个神经网络是至关重要的，因为激活函数的非线性使得神经网络能够用适当数量的参数逼近任意函数。事实上，如果没有非线性激活函数，多层神经网络本质上会退化为一个单层的神经网络，其中权重矩阵是网络中所有权重矩阵的级联乘积。通常对激活函数的另一个要求是它应该是可微的(至少是分段的)，这一要求对于许多形式的学习是必不可少的，这一点将在下一节详细说明。

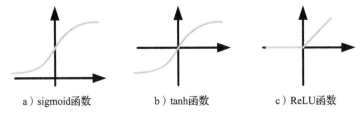

a）sigmoid函数   b）tanh函数   c）ReLU函数

图2.2   目前比较流行的激活函数图像。激活函数的一个重要作用是将非线性引入神经网络。如果没有非线性特点，多层神经网络将退化为简单的矩阵与向量的乘法

对于神经网络来说，神经元和突触是神经网络的基本构件，有了这些组件就可以形成一个神经网络。图2.3所示的是一个简单的前馈神经网络(FNN)。第一层和最后一层分别称为输入层和输出层。其将数据输入到神经网络并输出计算结果。在输入层与输出层之间的神经网络层被称为隐藏层，大部分前馈神经网络至少有一个隐藏层，而许多深度网络甚至有十多个甚至上百个隐藏层。神经网络的前向操作是将输入传递到网络中，一层一层地计算每个神经元的激活值，并达到最终输出的过程。在下

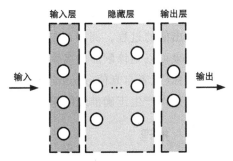

图2.3   前馈神经网络图解。连接神经网络的输入和输出的层被分别称为输入层和输出层，夹在输入层和输出层之间的层为隐藏层

一节中，将介绍相反方向的操作，即我们要学习的反向传播算法。

2.1.2   学习

神经网络的学习通常以最小化某种形式的损失(代价)函数(loss(cost)function)$L(w)$的形式进行，其中w表示神经网络中所有的权重，正是神经网络训练过程中需要学习的参数。值得注意的是，我们从式(2.1)可以看出一个神经网络的偏置项可以看作一个突触，它的输入总是相同的。这样的安排有助于简化符号，因此，除非另有说明，我们将网络中的偏置项视为突触权重。

给定一组输入和输出，损失函数本质上是一个关于网络参数的函数，可以通过调节

参数 w 的值来降低损失函数的值。$L(w)$ 的详细定义取决于所涉及的学习类型，这在 2.2 节中将进行详细说明。损失函数的最小化主要是通过基于梯度下降的优化或其导数实现的，当然也可以用如遗传算法等其他标准优化算法。在梯度下降方法中，最重要的步骤就是求解损失函数对每个可调参数的梯度，即求解：$\partial L(w)/\partial w_{ij}^{l}$。

利用梯度信息，可以改变神经网络中的权重参数和偏置项，从而最小化损失函数，这一过程从概念上如图 2.4 所示。为了直观理解，图 2.4 展示了一个一维的例子，将这个例子扩展到高维是很简单的。从图中可以得知损失函数是一个关于突触权重 w 的函数，而学习的目标就是找到一个正确的权重使得损失函数值最小化，图中的圆圈代表在学习过程中对应的权重和损失函数值，根据损失函数的局部线性化梯度对权重进行调整。在每次学习迭代的过程中，首先对网络参数随机初始化，然后略微调节参数使得损失函数值降低。这一过程在数学上可以描述为：

图 2.4 梯度下降过程图解。通过调节参数 w 使得损失函数值向降低的方向移动

$$w_{ij}^{l}\,[n+1]=w_{ij}^{l}\,[n]-\alpha\,\frac{\partial L(w)}{\partial w_{ij}^{l}} \qquad (2.3)$$

其中 $w_{ij}^{l}\,[n]$ 代表在第 n 次迭代学习中的突触权重；α 被称为学习率，是用来控制学习速度的超参数。超参数这个词是用来指那些不属于神经网络模型但是为了控制学习过程而需要的参数。

α 概念上的含义如图 2.5 所示。当 α 太小时，参数的更新过于缓慢，如图 2.5a 所示需要更多的迭代次数来最小化损失函数。从直观上来讲，当参数更新过于缓慢时，第 n 次迭代与第 $n+1$ 次迭代后损失函数的梯度值十分相近，因此可以将这两次迭代合并为一次来减少迭代次数。另一个极端是如图 2.5b 所示，当学习率 α 过大时损失函数值可能会发散。在梯度下降学习中，我们使用一个线性化的模型来逼近局部的真实损失函数。当参数变化较小时，线性化模型与真实损失函数拟合较好。然而当参数变化过大时，真正的损失函数与假定的线性化模型有显著差异，从而导致学习的发散。甚至当学习率不足以让训练过程发散时，训练过程仍然可能在最小值附近振荡而不是收敛。显然超参数 α

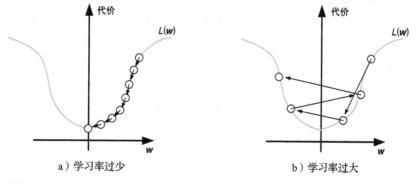

a）学习率过少   b）学习率过大

图 2.5 在训练过程中学习率过小和过大的图解。当学习率过小的时候需要很多次迭代才能使得损失函数值最小；当学习率过大的时候训练过程中函数值可能不收敛

的选择对于实现快速有效的训练是十分关键的。一般来说，这个学习率的选择或多或少是一个反复试验的过程，一个常见的做法是从选择一个合理的数字开始，并随着时间的推移逐渐降低学习率以使训练过程能够顺利收敛。最近提出了许多先进的技术以避免手动设置的学习率，这在 2.5.3.1.4 节中有详细说明。

从图 2.6 可以看出，除非损失函数是个凸函数，否则梯度下降法不能保证收敛到全局极小值。这个问题的一个很好的类比是一个球从山顶滚到山谷，即使球可以向重力势能降低的方向移动，它也可能会卡在一些局部的山谷里。在早期，人们常常认为局部最小值是许多神经网络不能得到正确训练的主要原因。为了解决这一问题，研究人员提出了一些精心设计的无局部最小值的神经网络[2-3]。另外，为了获得全局最优解，还将模拟退火算法和遗传算法等全局优化方法应用于神经网络训练中[1-4]。尽管如此，最近深度神经网络的发展表明局部最小值可能并不像人们想象的那样有问题。一个深度神经网络几乎总是能够得到一个接近全局最小的解[5]。

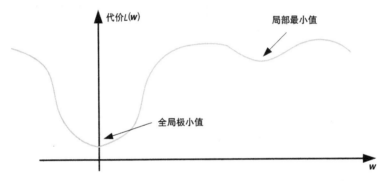

图 2.6   损失函数局部极小值与全局极小值图解。根据初始点的不同，训练可能会停留在局部极小值，而不是收敛到全局极小值

求解梯度部分 $\partial L(w)/\partial w_{ij}^l$ 的过程通常使用十分著名的反向传播算法，作为神经网络训练的一种权威算法，反向传播算法得到了广泛的应用。尽管类似于反向传播的思想已经存在了一段时间，并被用来解决某些优化问题，但反向传播算法直到 20 世纪的 70 年代和 80 年代才被引入神经网络领域。神经网络中反向传播的概念是由许多研究者独立研究的，如 Werbos[6-7] 和 Rumelhart 等人[8]。该算法依赖于神经网络的线性化模型。它利用微积分中的链式法则来获得与每一个没有直接连接到输出神经元的突触权重的梯度。例如，如果已知神经元在 x_j^{l+1} 的误差 e_j^{l+1}，然后我们可以将误差通过式(2.4)传播到神经元 x_i^l。

$$\frac{\partial e_j^{l+1}}{\partial x_i^l} = \frac{\partial e_j^{l+1}}{\partial v_j^{l+1}} \cdot \frac{\partial v_j^{l+1}}{\partial x_i^l} \tag{2.4}$$

这是微积分中广泛应用的简单链式法则。$\partial e_j^{l+1}/\partial v_j^{l+1}$ 代表偏置点 x_i^l 处激活函数的梯度，数学上表示为 $f'(x_i^l)$。很容易从式(2.1)得知 $\partial v_j^{l+1}/\partial x_i^l$ 即为 w_{ij}^l。因此式(2.4)可以重写为：

$$\frac{\partial e_j^{l+1}}{\partial x_i^l} = f'(x_i^l) \cdot w_{ij}^l \tag{2.5}$$

通过式(2.5)，输出神经元计算的误差可以逐层传播回每个神经元。同样每个权重的梯度可以被表示为：

$$\frac{\partial e_j^{l+1}}{\partial w_{ij}^l} = f'(x_i^l) \cdot x_i^l \tag{2.6}$$

sigmoid 函数和 tanh 函数曾经被用于神经网络当中，而现在 ReLU 函数及其导数在深度神经网络中得到了广泛的应用。ReLU 的引入主要有两个原因。第一个原因是抵消在神经网络结构较深时存在的梯度递减。当使用 sigmoid 函数或者 tanh 函数时，从图 2.2a 和 b 所示的激活函数的斜率可以看出，如果 x_i^l 太小或者太大，$f'(x_i^l)$ 将会变得非常小。因此，这样一个小的梯度导致一个小的权重更新，这减慢了训练过程。然而，ReLU 函数通过在输入较大时不使输出饱和来避免这个问题。

ReLU 的另一个优点是计算效率很高，ReLU 的使用本质上是一个条件传递操作，而不是执行复杂的数学运算。同样的优点也存在于反向传播阶段，ReLU 函数的分段导数比传统的 sigmoid 函数和 tanh 函数简单，从而大大加快了训练过程。

2.2 基于神经网络的机器学习

目前主要有三种常见的机器学习方法：（1）监督学习；（2）强化学习；（3）无监督学习。神经网络在过去已经成功地应用于这三种类型的机器学习方法中，尽管这三种学习方法存在着显著的差异，但神经网络的学习常常可以被表述为一个逼近某些函数的问题。这个问题可以通过最小化与神经网络相关的某些损失函数来解决，这在前一节中已经讨论过了。本节对于在这三类机器学习方法中使用神经网络进行概念上的简单描述，同时讨论不同类型学习机制的损失函数构造方法。本节还提供一个具体的案例研究，以说明如何将神经网络用于强化学习的应用之中。

2.2.1 监督学习

监督学习是使用神经网络的最成熟的机器学习方法。监督学习最受欢迎的应用之一是分类。在监督学习任务中，目标是学习某种基于可用数据的输入-输出映射。例如，在一个分类任务中，我们希望将图像分类为不同的类别，输入数据应该包含两部分：图像和标签。每个图像都有一个相关的标签，有助于对图像进行分类。标签可以由专家生成。监督学习的目的是，在学习之后，神经网络应该能够将正确的标签与所呈现的图像联系起来。

在监督学习中，损失函数的一个主流定义是：

$$L(w) = \frac{1}{2}(x_0 - t)^{\mathrm{T}}(x_0 - t) \tag{2.7}$$

其中 x_0 为包含神经网络输出的列向量，t 为期望或目标输出向量。"监督学习"这个名称来自这样一个事实，即在学习阶段明确地提供了一个监督信号 t。标签的存在使分类问题属于这一类。然而，在实践中可能无法为我们感兴趣的许多问题提供明确的监督信号。在这种情况下，我们不得不求助于其他学习方法。值得注意的是，式(2.7)中所示的除二运算并不重要，这是许多研究人员使用的一种惯例。在计算梯度时引入 1/2 的系数可以使计算结果更加清晰。

在式(2.7)中，x_0 可以显式表示为 $x_0(w, x_i)$，其中 x_i 为输入向量。从学习的角度来看，神经网络本质上是一个关于可调参数 w 和固定参数 x_i 的函数。学习过程是将参数

w 设置为一个适当的值，使神经网络的输出与给定数据在神经网络输入时的监督信号相匹配。实现上述目标的工具是 2.1.2 节中描述的梯度下降学习方法。

　　显然，仅仅记住正确答案并不总是很有用。在监督学习中，我们希望通过看到几个有正确答案的例子，新的神经网络可以对以前没有看到过的数据做出正确的推断。这样的期望似乎是合理的，尽管在实践中实现它可能并非易事。在数学上，监督学习中的神经网络试图学习一个映射函数，它可以将给定的输入映射到正确的输出。通过提供标记数据，我们实质上是提供了输入到输出映射关系的神经网络样本，这可以通过图 2.7 来说明。图中样本用圆圈表示，期望神经网络通过最小化输出与样本数据的差值来找出正确的函数映射。显然，当网络没有足够的自由参数时，或者换句话说，网络没有足够的容量时，它就不能正确地拟合数据。这种情况对应于图 2.7 所示的欠拟合情况。另一种极端是过拟合，这种情况通常发生在神经网络自由度过大而训练数据不足的情况下。一个有助于理解欠拟合和过拟合概念的类比是：假设我们有一组方程，在一种极端情况下，未知数可能比方程的数量还少。因此，很可能无法完全解出这组方程，我们能做的最好的事情是得到一个近似解，使得到的误差最小化。这对应于欠拟合的情况。在另一个极端情况中，未知数的数量明显比方程数量多，在这种情况下，我们有无数个解，但我们不知道哪一个解是正确的。这对应于过拟合的情况，一个区分欠拟合和过拟合的好方法是观察测试误差和训练误差。通常，一个欠拟合的新神经网络在训练数据和测试数据上表现得都很差。另一方面，过拟合网络通常在训练数据上表现良好，但在不可见的测试数据上表现不佳。

　　显然，可以通过简单地增加网络容量来避免欠拟合，例如，可以通过增加网络的大小来实现。另一方面，过拟合可以通过在学习中设置更多的约束来避免。许多研究人员经常使用的一个避免过拟合和欠拟合的好方法是从一个小的网络开始，然后逐渐增加网络的大小。在此过程中，可以通过监控学习性能来选择合理的网络大小。除了调整网络大小之外，一个非常流行的方法是通过正则化来解决过拟合的问题。正则化方法背后的直觉是，过拟合的原因是我们在训练过程中有太多的自由变量，我们可以对神经网络的参数设置更多的约束，以减少自由度。在数学上，正则化的损失函数可以写成：

$$L(\boldsymbol{w}) = \frac{1}{2}(\boldsymbol{x}_0 - \boldsymbol{t})^{\mathrm{T}}(\boldsymbol{x}_0 - \boldsymbol{t}) + \lambda R(\boldsymbol{w}) \qquad (2.8)$$

　　通过比较式（2.7）与式（2.8），我们发现增添了项 $\lambda R(\boldsymbol{w})$，这一项被称为正则化项，$\lambda$ 被称为正则化系

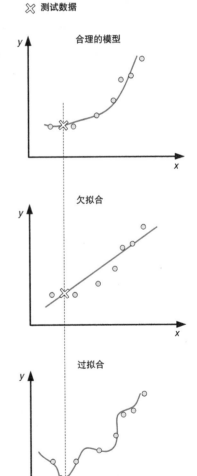

图 2.7　合适的拟合、欠拟合
与过拟合图示

数。原则上，$R(w)$ 函数可以是任何形式，只要它对 w 有一定的合理约束。在实践中，L_2 正则化最常见，L_1 正则化也很流行。有时，L_0 正则化也被用来增加网络的稀疏性。从数学上讲，这三种正则化中的 $R(w)$ 可以分别写成 $\|w\|_2$、$\|w\|_1$ 和 $\|w\|_0$。简单地说，L_2 范数是所有突触权重的平方和，L_1 范数是所有突触权重的绝对值之和，L_0 范数是非零突触权重的个数。

λ 是正则化项新引入的超参数。在简单模型中使用过大的 λ 值可能导致欠拟合，而另一方面过小的 λ 则会使得对正则化的强调不够而表现出过拟合。λ 的选择在神经网络的训练中是非常重要的，一种常见的做法是通过调整正则化项和监控学习过程来选择正确的正则化系数。

一般来说，训练一个神经网络来适当地适应手头的问题是很重要的。监督学习的典型过程如下：

1）通过收集标记数据来准备数据集。

2）对数据进行预处理，如数据归一化等。

3）将数据分为训练集和测试集，通常还包括验证集。

4）利用训练数据对神经网络模型进行训练，训练数据通常会多次出现在神经网络中，因此打乱训练数据的顺序通常是有利的。

5）使用验证集调整超参数，如学习率、正则化系数和层数。

6）将训练好的神经网络应用于测试数据集，测试神经网络的性能。

在学习过程中，数据集被分为三个部分，各有不同的用途。

训练集：这组数据用于训练模型。

验证集：这组数据是用一组特定的超参数的神经网络来评价神经网络的性能。

测试集：这组数据用于评估训练后的神经网络的最终性能。所测得的性能可以用来估计训练后的神经网络对未知数据的处理效果。

值得注意的是，一个常见的陷阱是使用测试集进行超参数调优。问题是当测试集同时用于测试和验证时会存在偏差。得到的测试精度是有偏差的，因为在测试集中表现最好的模型已经被挑选出来了。换句话说，模型可能会被测试集数据过拟合。因此，尽管所获得的模型在测试集中表现良好，但这并不意味着所选择的模型实际上在其他数据上有好的效果。

2.2.2　强化学习

与监督学习不同，在强化学习任务中没有明确的监督信号指示神经网络的输出。与监督学习和无监督学习相比，强化学习是一门相对成熟和独立的学科。本节只讨论强化学习中与神经网络紧密相关的几个方面，有兴趣的读者请参阅强化学习的教科书来获得更多的细节[9]。

图 2.8 说明了许多强化学习算法试图解决的问题。一个 agent 与它周围的环境进行交互，在每个时刻 t 时，agent 能够观察到环境的状态 $x(t)$ 和奖励信

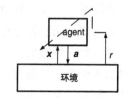

图 2.8　强化学习任务的结构说明。agent 根据对状态 x 和奖励 r 的观察，通过采取动作 a 与周围环境进行交互。agent 的目标通常是最大化它从环境中获得的总奖励

号 $r(t)$。agent 的目标是选择正确的动作 $\boldsymbol{a}(t)$，使其在未来获得的累积奖励最大化。举个例子，假设强化学习问题是教一个 agent 如何玩篮球。在这种情况下，状态 $\boldsymbol{x}(t)$ 可以是持球球员的位置、防守球员的位置以及球员和球筐之间的距离等。动作信号 $\boldsymbol{a}(t)$ 可以是前进、左移或者投篮等动作，奖励信号 $r(t)$ 可以被设计为团队的当前得分。在这种情况下，agent 能够学习如何根据篮球运动员拥有的信息来控制篮球运动员使得分数最大化。

假设和 agent 交互的离散时间系统可以通过以下方式建模：

$$\boldsymbol{x}(t+1)=f[\boldsymbol{x}(t),\ \boldsymbol{a}(t)] \tag{2.9}$$

其中 $\boldsymbol{x}(t)$ 是一个在时间 t 的 n 维状态向量，$\boldsymbol{a}(t)$ 是一个 m 维的动作向量，$f(\cdot)$ 是系统的模型。算法的目标是最大化奖励 J，这能够被表示成：

$$J[\boldsymbol{x}(t)]=\sum_{k=1}^{\infty}\gamma^{k-1}r[\boldsymbol{x}(t+k)] \tag{2.10}$$

其中折扣系数 γ 用来抵消长期的奖励对现在的影响，而 $r[\boldsymbol{x}(t)]$ 是在状态 $\boldsymbol{x}(t)$ 收到的奖励。

强化学习的目的是最大化式（2.10）中的奖励函数。这个函数能够通过解贝尔曼方程来算出：

$$J^*[\boldsymbol{x}(t)]=\max_{\boldsymbol{a}(t)}(r[\boldsymbol{x}(t+1)]+\gamma J^*[\boldsymbol{x}(t+1)]) \tag{2.11}$$

解贝尔曼方程是一个困难的问题。它可以通过动态规划[10]直接解决，也可以通过自适应动态编程（ADP)[11-12]、Q 学习[13-14]和 Sarsa[15]等方法近似解决。解决强化学习问题的一个困难是如何为最终奖励分配奖励积分。例如在下棋的任务中，奖励在游戏结束时显示，也就是只有在赢得游戏的情况下 agent 才能获得奖励。如何将这种延迟奖励分配给每个状态并不容易，这要求 agent 具有一个内部评估系统，该系统可以从特定状态开始估算其可以收到的潜在奖励积分。通常有两种方法来获取或学习用以内部评估每个状态的信息：蒙特卡罗（MC）方法和时间差（TD）学习。在 MC 方法中，agent 简单对从一个状态开始的所有奖励简单地进行平均化处理，然后使用该平均值来近似预期的奖励，对于每次更新，agent 都需要运行完整的测试。而 TD 学习是一种增量学习，agent 可以在知道最终结果之前学习。TD 学习使用新的估计值来更新旧的估计。

强化学习本身是一门独立的学科，可以完全独立于神经网络。尽管如此，在强化学习框架中神经网络通常用作通用函数逼近器。在具有离散状态空间的问题中，用于预测将要获得奖励的值函数被存储在查找表中。然而这种方法难以解决大状态空间或连续状态问题，这被称为维数灾难[16]。为了解决这个问题，可以使用函数逼近器来表示状态值函数。图 2.9 说明了这种想法。在表格方式中，agent 需要更新查找表中的条目以更新状态值函数。但是，由于查找表中每个状态都有一个条目，因此表的大小会随着状态数或状态尺寸的增加而快速增长。另一方面，在函数逼近器的方法中，agent 会更改参数化函数中的系数（在我们的示例中是与神经网络关联的权重）以更新状态值函数。从某种意义上说，函数逼近器方法利用状态之间的相关性来压缩模型以避免维数灾难。为了帮助理解基于神经网络的强化学习，在 2.2.4 节中有一个具体示例。

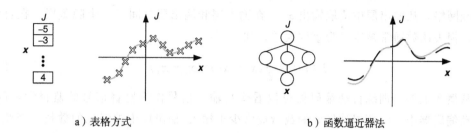

a）表格方式   b）函数逼近器法

图 2.9   存储在强化学习任务中所需的状态值函数的两种方式。在表格方法中，估计的待获
　　　　 得奖励 J 被存储并保存在表格中。表的大小随着问题的大小和维度而迅速增长。在
　　　　 函数逼近器方法中，使用函数逼近器（比如神经网络）来拟合函数 J。这种方法可以
　　　　 显著减少大多数实际问题的内存需求

2.2.3 无监督学习

顾名思义，无监督学习是需要最少监督的学习类型。因为我们感兴趣的大多数自然
信号都具有某些内置结构，所以学习的目标通常是在数据中找到其基础结构，这通常以
降维的形式出现。图 2.10 在概念上说明了这个思路。在这个示例中，即使输入数据跨越
二维空间，数据的固有结构还是一维超平面。尺寸的减小通常是由于来自不同尺寸的信
息相互关联或相互依赖，降维处理在许多现实应用中非常有用。无监督学习的目标是通
过遍历许多样本数据来找到这样的内置结构。

使用神经网络进行无监督学习的最著名例子之一是自组织映射（SOM）或 Kohonen 映
射，用 Teuvo Kohonen[17-18]的名字来命名。SOM 将高维原始输入数据量化并投影到低维
（通常是二维）空间中。SOM 能够在进行降维的同时保留数据的拓扑结构，这种属性使
SOM 适合于可视化高维数据[18]以及执行数据聚类[19]。

无监督学习在神经网络中的另一新兴应用是进行监督学习的预训练，例如受限玻尔
兹曼机（RBM）[20-22]和自编码器[23-26]。自编码器的示例如图 2.11 所示。输入数据作为 x_i 进

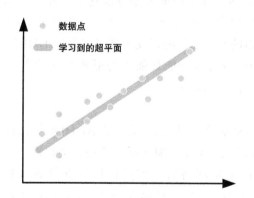

图 2.10   无监督学习中降维的说明。即使原始数
　　　　　据是二维的，也可以通过一维超平面对
　　　　　其进行近似

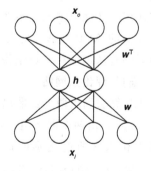

图 2.11   典型的自编码器的配置。自编码器将输
　　　　　入信息编码为隐藏层激活，然后再解码
　　　　　信息。自编码器的目的是使重构误差最
　　　　　小。通过最小化误差，自编码器可以找
　　　　　到一种可替代的且通常更有效的方式来
　　　　　表示输入数据

入神经网络，从输出层中读取输出 x_o，在输入层和输出层之间有一个隐藏层。在自编码器中，损失函数通常被定义为重构误差，如下所示：

$$L(w) = \frac{1}{2}(x_o - x_i)^\mathrm{T}(x_o - x_i) \tag{2.12}$$

从概念上讲，训练自动编码器可以看作是输入信号作为监督信号的监督学习问题。在自动编码器中，隐藏层神经元的数量通常少于输入/输出层中神经元的数量。因此，神经网络迫使用更紧凑的数据表示来实现低重构误差。这种无监督学习方法是帮助实现深度学习的最早技术之一。

2.2.4　案例研究：基于动作的启发式动态规划

本节将提供一个具体的神经网络学习示例，以帮助理解如何在实际应用中使用和训练 ANN。本节中的材料部分基于我们先前关于构建定制 ADP 加速器的工作之一[27]。ADP 是一种流行且功能强大的算法，已在许多应用中使用[12,28-30]。从算法的目标是通过强化最大化未来的某些奖励的意义上来说，它可以被视为强化学习算法的一种。许多现实生活中问题的最佳控制策略或最佳决策可以通过求解最佳等式——贝尔曼方程来获得，如式(2.11)所示。如前所述，直接通过动态规划求解贝尔曼方程可能会非常困难，尤其是在问题规模较大时。因此，发明了 ADP 以通过强化来自适应地解决贝尔曼方程的解。在文献中，ADP 算法有时也称为自适应动态规划、自适应评论家设计和神经动态规划。

ADP 算法有两种：基于模型的 ADP 和无模型的 ADP，具体取决于系统模型的使用方式。基于模型的 ADP 算法需要系统的动力学特性以便进行学习，如式(2.9)所示，模型信息用于求解贝尔曼方程的过程。另一方面，在无模型的 ADP 算法中，系统的模型不是必需的。无模型 ADP 算法在与系统交互的过程中学习与系统模型关联的信息。

在系统模型简单且可用的情况下，基于模型的 ADP 算法由于获得了模型信息，可以直接加速学习，从而变得更加方便。不幸的是许多复杂系统的模型难以建立，并且可能随时间变化，这使得基于模型的方法不那么有吸引力。从这个意义上讲，无模型的 ADP 算法更加通用，功能更强大。本案例研究中提出的基于动作的启发式动态规划（ADHDP）是一种无模型的 ADP 算法，它是 ADP 算法中最流行且功能最强大的形式之一[11,31-35]。下面通过对该算法的分析来详细说明神经网络的用法和训练。

2.2.4.1　演员-评论家网络

ADHDP 算法利用两个函数逼近器来学习目标函数。图 2.12 说明了 ADHDP 算法的基本配置。agent 由两个网络组成：演员网络和评论家网络。演员网络的功能是选择它认为可以最大化未来所有奖励的最佳策略，而评论家网络的工作是估计要获得的奖励 $J[x(t)]$，如式(2.10)及其输出 $\hat{J}[x(t)]$ 所示。显然，$J[x(t)]$ 隐含的是 agent 当前策略的函数。在此之前，演员输出的动作直接回馈给评论家，这就是为什么将该算法称为"动作相关"的原因。agent 通过将动作 a（m 维动作向量）输出到环境来与环境交互，然后环境会在下一个时间步骤中根据系统动力学和 agent 采取的动作以 n 维状态向量 x 进行响应，同时奖励（如果有）也将反馈给 agent。即使可以将满足函数逼近器要求的任何神经网络都用于演员和评论家，但此处仍使用了一个隐藏层的神经网络，这也是许多 ADP

文献中的流行选择[11,31-35]。

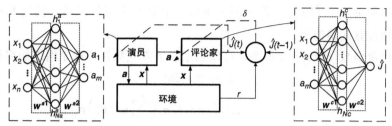

图 2.12　ADHDP 算法中使用的演员-评论家配置的说明[27]。该算法采用了评论家网络和演员网络来逼近需要学习的函数。演员网络基于当前状态 x 输出动作 a。评论家网络在当前状态下评估动作 a 并估计待获得奖励 $\hat{J}$。评论家被更新以保持时间上的一致性，而演员被更新以产生可以使待获得奖励最大化的动作。经 IEEE 许可转载

2.2.4.2　在线学习算法

ADHDP 算法通过调整评论家和演员网络中的突触权重（即 w^{a1}、w^{a2}、w^{c1} 和 w^{c2}）来最小化或最大化某些成本或效用函数，其学习过程本质上是一种优化过程。如 2.1.2 节所述，在反向传播的帮助下，随机梯度下降（SGD）学习是进行优化过程的最常用方法。在前向传递中，演员和评论家网络按如下方式计算动作 a 和估计待获得奖励 $\hat{J}[x(t)]$：

$$h_i^a = \sigma\Big(\sum_{j=1}^{n} w_{ij}^{a1} x_j\Big) \tag{2.13}$$

$$a_i = \sigma\Big(\sum_{j=1}^{N_{ha}} w_{ij}^{a2} h_j^a\Big) \tag{2.14}$$

$$p^c = \begin{bmatrix} a \\ x \end{bmatrix} \tag{2.15}$$

$$h_i^c = \sigma\Big(\sum_{j=1}^{m+n} w_{ij}^{c1} p_j^c\Big) \tag{2.16}$$

$$\hat{J} = \sum_{i=1}^{N_{ha}} w_i^{c2} h_i^c \tag{2.17}$$

在式（2.13）～式（2.17）中，h^a 和 h^c 分别是来自演员网络和评论家网络中隐藏单元的 N_{ha} 维和 N_{hc} 维输出向量，$\sigma(\cdot)$ 是激活函数。如 2.1.1 节所述，常用的选择是双曲正切函数、sigmoid 函数和 ReLU 函数。

在反向传播期间，评论家和演员网络需要更新其权重以便将来的奖励可以最大化，这是通过最小化两个损失函数来完成的。评论家的目的是学习奖励 $J[x(t)]$，这可以通过最小化 TD 误差的幅度来实现：

$$\delta(t) = \hat{J}[x(t-1)] - \gamma\hat{J}[x(t)] - r[x(t)] \tag{2.18}$$

显然，式（2.18）是式（2.11）中贝尔曼方程的必要条件，agent 通过保持时间上的一致性来学习正确的奖励。演员网络的目的是找到一种可以使估计的奖励 $\hat{J}[x(t)]$ 最大化的策略。具体来说，如果存在目标奖励 $J_{\exp}$，可以使用 $e_a = \hat{J}[x(t)] - J_{\exp}$ 作为代价函数，其绝对值需要最小化。在许多控制问题中，目标是在预定义的范围内调节设备状态。当设备的状态没有得到很好的调节时，agent 会得到负面奖励即惩罚。在这种情况下，$J_{\exp}$

的期望选择为零，这意味着期望将设备很好地控制在预定范围内。因此出于说明目的，我们在本节中使用 $e_a = \hat{J}[x(t)]$ 作为损失函数。但是对于演员网络，使用其他形式的损失函数来实现该算法很简单。

为了使代价函数 $[\delta(t)]^2/2$ 最小，可以根据以下方式更新评论家网络的突触权重：

$$\Delta w_i^{c2} = \alpha_c \delta h_i^c \tag{2.19}$$

$$\Delta w_{ij}^{c1} = \alpha_c e_i^{c1} \sigma'\left(\sum_{k=1}^{m+n} w_{ik}^{c1} p_k^c\right) p_j^c \tag{2.20}$$

其中 $e_i^{c1} = \delta w_i^{c2}$ 是隐藏网络层 h_i^c 中误差，a_c 是评论家网络的学习率。

为了最小化损失函数 $e_a^2/2$，演员网络的突触权重能够根据以下公式更新：

$$\Delta w_{ij}^{a2} = \alpha_a e_i^{a2} \sigma'\left(\sum_{k=1}^{N_{ha}} w_{ik}^{a2} h_k^a\right) h_j^a \tag{2.21}$$

$$\Delta w_{ij}^{a1} = \alpha_a e_i^{a1} \sigma'\left(\sum_{k=1}^{n} w_{ik}^{a1} x_k\right) x_j \tag{2.22}$$

其中：

$$e_j^{a1} = \sum_{i=1}^{m}\left[e_i^{a2} \sigma'\left(\sum_{k=1}^{N_{ha}} w_{ik}^{a2} h_k^a\right) w_{ij}^{a2}\right] \tag{2.23}$$

$$e_j^{a2} = \sum_{i=1}^{N_{hc}}\left[e_i^{c1} \sigma'\left(\sum_{k=1}^{m+n} w_{ik}^{c1} p_k^c\right) w_{ij}^{c1}\right] \tag{2.24}$$

$$e_j^{c1} = e_a w_i^{c2} \tag{2.25}$$

在式(2.23)~式(2.25)中，e_j^{a1}、e_j^{a2} 和 e_j^{c1} 分别是 h_j^a、a_j^c 和 h_j^c 中的误差。

完整的学习过程如图 2.13 所示。第一个 while 循环对应于每次学习尝试。尝试可能由于任务失败、任务的成功或已达到时间限制而终止，终止是通过提出终止请求来进行的。每个尝试包含许多时间步长，在每个时间步长，两个网络都以替代方式更新突触权重。第二、三个 while 循环分别用于评论家网络更新和演员网络更新。

2.2.4.3 虚拟更新技术

图 2.13 所描述的 ADHDP 算法需要多个更新周期来最小化代价函数。当代价函数低于预设值 E_c 和 E_a 时，或者当达到允许的最大周期数时，循环更新将停止。对于文献中的 ADHDP 算法，I_c 和 I_a 通常在 10~100 之间。换句话说，对同一输入向量进行多次迭代，试图在每一次迭代中最小化代价函数。因此，人们可能会想，是否可以对输入向量进行预处理，以便能够更有效地进行后续处理？

在不失去一般性的情况下，以评论家网络的更新为例，该过程也适用于演员网络。为了方便讨论，引入 i_c，将式(2.20)和式(2.16)重新写为式(2.26)和式(2.27)。

$$\Delta w_{ij}^{c1}(i_c) = \alpha_c e_i^{c1}(i_c) \sigma'\left[\sum_{k=1}^{m+n} w_{ik}^{c1}(i_c) p_k^c\right] p_j^c \tag{2.26}$$

$$h_i^c(i_c + 1) = \sigma\left[\sum_{j=1}^{m+n} w_{ij}^{c1}(i_c + 1) p_j^c\right] \tag{2.27}$$

值得注意，评论家网络的输入 $\boldsymbol{p}^c$ 与 i_c 无关，因为当评论家网络更新其权重时 $\boldsymbol{p}^c$ 是不变的。由于 $\boldsymbol{p}^c$ 独立于 i_c，那么原始算法可以进行简化。把式(2.26)代入式(2.27)，可以得到

```
      输入：w^{a1}，w^{a2}，w^{c1}，w^{c2}：演员和评论家神经网络的权重值
             I_a，I_c：一次可以更新演员和评论家网络的最大迭代次数
             E_a，E_c：控制更新是否可以终止的阈值
1   t=0
2   演员网络前向传播：生成 a(t)
3   评论家网络前向传播：生成 ĵ[x(t)]
4   输出动作 a(t)，获取更新的状态 x(t+1)、奖励 r[x(t+1)]和来自环境或者系统的中止请
    求 REQ_term
5   while REQ_term≠1 do
6     t=t+1, i_c=0, i_a=0
7     演员网络前向传播：生成 a(t)
8     评论家网络前向传播：生成 ĵ[x(t)]
9     计算这一时段预估奖励的差 δ(t)=ĵ[x(t-1)]-γ ĵ[x(t)]-r[x(t)]
10       while(i_c<l_c && δ(t)≥E_c)do
11         评论家网络反向传播：更新 w^{c2} 和 w^{c1}
12         评论家网络前向传播：生成 ĵ[x(t-1)]
13         计算这一时段预估奖励的差 δ(t)=ĵ[x(t-1)]-γ ĵ[x(t)]-r[x(t)]
14         i_c=i_c+1
15       while(i_a<l_a && e_a≥E_a)do
16         演员网络反向传播：更新 w^{a2} 和 w^{a1}
17         演员网络前向传播：更新 ĵ[x(t)]
18         计算损失函数 e_a=ĵ[x(t)]-J_exp
19         i_a=i_a+1
20     输出动作 a(t)并获得更新的状态 x(t+1)、奖励 r[x(t+1)]和来自环境或者系统的中止
       请求 REQ_term
      输出：(w^{a1}，w^{a2}，w^{c1}，w^{c2})：更新的演员和评论家神经网络的权重值
```

图 2.13 ADHDP 算法的伪代码[27]。经 IEEE 许可转载

$$h_i^c(i_c+1)=\sigma[o_i^c(i_c+1)] \tag{2.28}$$

其中

$$o_i^c(i_c)=\sum_{j=1}^{m+n}w_{ij}^{c1}(i_c)p_j^c \tag{2.29}$$

$$o_i^c(i_c+1)=o_i^c(i_c)+\varepsilon_i(i_c)\Lambda_c \tag{2.30}$$

$$\Lambda_c=\sum_{i=1}^{m+n}(p_i^c)^2 \tag{2.31}$$

$$\varepsilon_i(i_c)=\alpha_c e_i^{c1}(i_c)\sigma'[o_i^c(i_c)] \tag{2.32}$$

用 $w_{ij}^{c1}(i_c+1)=w_{ij}^{c1}(i_c)+\Delta w_{ij}^{c1}(i_c)$ 可推导出式(2.28)～式(2.32)。在上面的等式中，$\varepsilon_i(i_c)$ 是隐藏层神经元 h_i^c 输入的反向传播误差，$o_i^c(i_c)$ 是隐藏层神经元 h_i^c 的输入，Λ_c 是一个需要在每一次循环开始时计算的常数。式(2.28)～式(2.32)的意义在于，我们可以方便地从之前迭代计算出来的数据中获得 h^c，而不需要从零开始迭代计算。更方便的是，如果我们从第 0 次迭代开始，那么我们只需要根据初始权重和输入向量计算一次 $o_i^c(0)$：

$$o_i^c(0) = \sum_{j=1}^{m+n} w_{ij}^{c1}(0) \, p_j^c \tag{2.33}$$

然后，对于第 i 次迭代，式(2.34)和式(2.35)可以用来计算 o_i^c：

$$o_i^c(i_c) = o_i^c(0) + E_i(i_c)\Lambda_c \tag{2.34}$$

$$E_i(i_c) = \sum_{k=0}^{i_c} \alpha_c e_i^{c1}(k)\sigma'\left[o_i^c(k)\right] \tag{2.35}$$

因此，我们可以在不更新权重的情况下计算更新后的网络输出，我们称这种技术为虚拟更新技术，它的概念如图 2.14 所示。而传统的训练方法是通过两次前向迭代来产生估值，用这一估值来计算 TD 误差，然后这一误差通过两次反向迭代来反向传递给每一个突触。这些前向后向操作一直重复，直到 TD 误差足够小或者达到最大迭代次数。

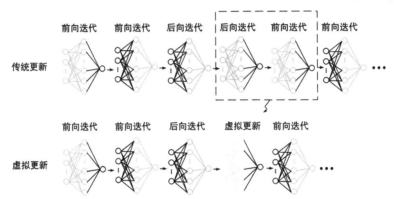

图 2.14   虚拟更新算法的概念说明。第一层突触的反向迭代和前向迭代结合成一个虚拟更新操作

而虚拟更新技术中的迭代是将第二次反向迭代和第一次前向迭代合并为一次迭代（虚拟更新），因为考虑到这两次迭代是对同一组输入的处理。虚拟更新算法不会使精度降低，因为它不用进行近似计算。删除无效操作和重新调整计算顺序可以让迭代更加高效，使计算速度得到提高。当使用虚拟更新技术时，对应于评论家更新阶段的 while 循环伪代码如图 2.15 所示。值得一提的是，即使在更新评论家网络的过程中，突触的权重并没有改变，但是它们也必须在退出 while 循环之前更新，除非迭代次数达到极限或者代价函数满足了要求。

```
1   while(i_c < I_c && δ(t) ≥ E_c) do
2       if(i_c == I_c - 1) then
3           正常的后向操作、权重更新以及前向操作
4       else
5           对输入层进行虚拟更新、以及对隐藏层和输出层进行前向操作
6       计算时间差 δ(t)
        i_c = i_c + 1
        if(i_c == I_c || δ(t) < E_c) then
7           对输入层的突触权重进行常规的更新
```

图 2.15   虚拟更新算法[27]的伪代码。只显示用于更新评论家的 while 循环。经 IEEE 许可转载

为了更好地对传统更新算法与虚拟更新算法进行对比，在表 2.1 中给出了这两种算

法的复杂性。在表中，MAC、MUL 和 ADD 分别表示乘法累加、乘法和加法运算。由于原算法需要更新权重并计算更新的神经元输入，因此每次迭代的计算复杂度大约为 $O(N_i N_h)$。但是，虚拟更新算法将平方复杂度降为了线性复杂度 $O(N_h)$，这大大提高了算法的吞吐量。乍一看，如此大幅度减少运算量似乎是违背常理的。

表 2.1　传统更新和虚拟更新的计算复杂度的比较

	传统更新	虚拟更新
前向传递	$N_i N_h L \mathbf{MAC}$	$(L-1)N_h\mathbf{MAC}+N_i\mathbf{MUL}+N_iN_h\mathbf{MAC}$
后向传递	$N_i N_h L \mathbf{MAC}$	$(L-1)N_h\mathbf{ADD}+N_iN_h\mathbf{MAC}$
总运算（MAC/MUL/ADD）	$2N_i N_h L$	$2(L+N_i-1)N_h+N_i$
复杂度	$O(N_i N_h L)$	$O((L+N_i)N_h)$

来源：数据摘自文献[27]。经 IEEE 许可转载

图 2.16 显示了一个简化的图表，以提供算法背后的一些直观信息。在传统更新中，隐藏层的误差与输入向量相乘来获得第一层突触的权重更新。然后将更新后的突触与输入向量相乘，得到更新后的隐藏层输入。为简洁起见，图中未显示出用新权重替换旧权重的过程。而在虚拟更新算法中，交换了矩阵乘法的顺序。由于输入向量在多次学习迭代中保持不变，因此输入向量与自身的内积在式（2.31）中为 Λ_c，只需要计算一次。同样，为了清楚起见，图中未显示出和旧权重相关的操作，因为它们在此分析中不重要。从这一过程可看出，算术运算数量的节省主要来自矩阵乘法的循环展开和重新排序。

尽管虚拟更新技术仅适用于输入层和隐藏层之间的突触，但由于神经网络中的大多数权重通常集中在这两层之间，因此节省了计算工作量。除了加快训练速度外，虚拟更新算法还可以显著降低硬件的能耗。能耗的节省主要有两个原因：第一个原因是虚拟更新算法直到最后一次迭代才更新突触权重，中间过程被保存到了突触存储器中；第二个原因是它涉及较少的算术运算。第 3 章将会说明实际节省的能耗百分比。

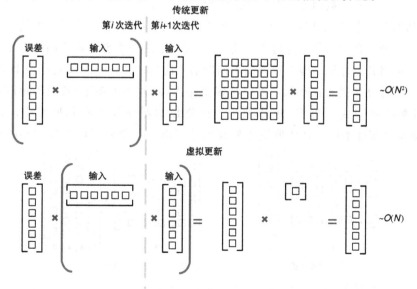

图 2.16　虚拟更新算法可以如何帮助节省算术运算的直观说明。虚拟更新算法依靠循环展开和矩阵乘法的重排来将计算复杂度从 $O(N^2)$ 降低到 $O(N)$。为了简洁起见，图中省略了权重更新的内容

2.3 网络拓扑

神经网络是一种通用的机器学习工具，可用于解决许多现实生活中的问题。根据特定问题，可以调整神经网络的拓扑结构，以更好地利用数据结构或提供一些独特的优势。在本节中，我们主要讨论三种主要的网络拓扑。文献中有许多种神经网络结构，并且它们有多种分类方法，所以在本节中划分神经网络的方式并不唯一。但是，这种分类方式是讨论流行神经网络结构的一种通用方式。

2.3.1 全连接神经网络

全连接神经网络(FCNN)是在本文中广泛使用的最流行和最简单的神经网络形式之一。顾名思义，FCNN 在层与层之间是完全连接的，即一层中的每个神经元连接相邻层中的每个神经元。FCNN 中涉及的计算非常常规，为矩阵乘法或按元素运算。

当输入之间没有明显的相关性时，FCNN 的效果比较明显。对于 FCNN 中的任何一个神经元，其他所有的神经元似乎都相似。换句话说，在这种类型的神经网络中没有空间结构。例如，在 2.2.4 节中介绍的案例研究中，神经网络需要输入某一时刻的状态，这些状态不太可能是关联的，该任务可使用 FCNN 处理。对于某些输入信号具有一定空间相关性的其他任务(例如图像)，可以使用其他更复杂的网络结构，下一节将对此进行讨论。由于其简单性，FCNN 在各种应用中取得了许多成功。即使是普通的 FCNN 本身也可以产生很好的效果，不过还存在其他具有特殊结构或属性的 FCNN。径向基函数网络就是一个例子，该网络使用径向基函数作为其核心，正如其名称所示的[36]，径向基函数的值根据输入和原点之间的距离来确定。流行的径向基函数是高斯函数、多元二次函数等，帕克和桑德伯格已经证明，具有某些核函数的径向基函数网络可以作为通用函数逼近器[37-38]。径向基函数网络在 20 世纪 90 年代得到普及[39-41]。

为了利用现代中央处理器(CPU)和图形处理单元(GPU)中的并行计算能力，神经网络的学习和推理通常都是分批进行的，图 2.17 说明了这一思想。在前向操作中，处于不同批次的数据将分别评估，即串行评估不同的输入向量，并且一次仅处理一个输入向量。为了利用并行计算来提高吞吐量，可以将多个输入(例如多个图像)转换为矩阵，原始的矩阵-向量乘法就变成了矩阵-矩阵乘法。在监督学习任务的实际操作中，通常使用 $10 \sim 100$ 的批处理样本量，具体取决于机器的计算能力。批处理样本量大小的另一个限

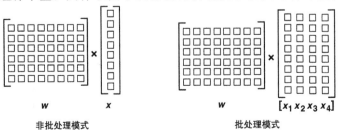

图 2.17 非批处理模式和批处理模式下与矩阵相关的操作的图示。在批处理模式下，几个输入向量被聚合形成一个矩阵。原始的矩阵-向量乘法被重塑为矩阵-矩阵乘法，可以利用现代 CPU 和 GPU 的并行处理能力

制来自等待时间的长短，当有足够的计算资源时，批处理计算无疑可以提高系统的吞吐量，但同时会增加计算的延迟。因此，批处理模式更适合某些非实时的基于云的计算应用程序，在这些应用程序中，延迟不是很关键，可以将来自许多用户的输入连接在一起，以利用服务器中的并行性。

值得一提的是，即使我们使用 FCNN 作为例子来说明批处理的概念，批处理也不限于这种类型的神经网络。其他类型的神经网络，例如卷积神经网络（CNN）也可以以批处理模式进行训练和评估，以提高系统吞吐量。

2.3.2　卷积神经网络

FCNN 的最大缺点是，由于神经元之间的突触紧密连接，因此存在参数过多的问题。对于涉及图像和音频的许多应用，可以利用信号空间域和时间域的不变性来减少所需突触的数量。

CNN 的经典形式见图 2.18。在每一层，输入数据和输出数据都是四维张量。在前向传递中，根据图 2.19 所示的伪代码，由输入图计算出每层的输出图。$O[n][m][p][q]$ 是第 n 个批次中位于第 m 个输出图的第 p 行第 q 列的输出元素。$I[n][c][h][w]$ 是第 n 个批次中位于第 c 个输入图的第 h 行第 w 列的输入元素。$W[m][c][r][s]$ 是位于权重滤波器的第 r 行第 s 列的权重元素，分别对应于第 c 个输入通道和第 m 个输出通道。$B[m]$ 是输出通道 m 的偏置。表 2.2 和图 2.18 显示了所有参数的详细含义。步长大小 U 和 V 用于表示滤波器如何在输入图上滑动。垂直步长为 U 表示滤波器在垂直方向上移动了 U 个单位，从而在输出图中获得两个垂直相邻的数据。类似的定义也适用于水平步长 V。注意，P 和 Q 不是自由参数，而是根据下面两个等式获得：

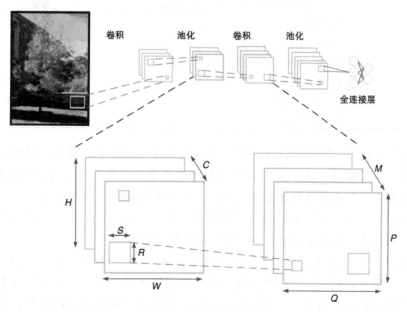

图 2.18　典型 CNN 的组成。对于每个卷积运算，输入图的每小块通过几个滤波器进行卷积操作。不同的滤波器导致不同的输出通道。出于分类目的，全连接层通常（但不一定）用作 CNN 的最后一层

$$P = \frac{H - R + U}{U} \qquad (2.36)$$

$$Q = \frac{W - S + V}{V} \qquad (2.37)$$

```
for(int n = 0; n < N; ++n){                          // 一个批次中第n个输入
    for(int m = 0; m < M; ++m){                       // 第m个输出通道
        for(int c = 0; c < C; ++c){                   // 第c个输入通道
            for(int p = 0; p < P; ++p){               // 输出图的第p行
                for(int q = 0; q < Q; ++q){           // 输出图的第q列
                    for(int r = 0; r < R; ++r){       // 滤波器的第r行
                        for(int s = 0; s < S; ++s){   // 滤波器的第s列
                            O[n][m][p][q] = I[n][c][U*p + r][V*q + s] * W[m][c][r][s] + B[m];
                        }
                    }
                }
            }
        }
    }
}
```

图 2.19　CNN 中涉及的典型卷积运算的伪代码。通过嵌套 7 个 for 循环，将输入特征图（四维张量）转换为输出特征图（四维张量）

表 2.2　图 2.18 和图 2.19 中各参数的含义

参数	含义	参数	含义
N	批样本量	Q	输出特征图的宽
C	输入特征图的数量	R	滤波器的高
M	输出特征图的数量	S	滤波器的宽
H	输入特征图的高	U	垂直方向的步长
W	输入特征图的宽	V	水平方向的步长
P	输出特征图的高		

　　顾名思义，CNN 是涉及卷积的网络，尤其适用于图像和音频输入。以图像为例，像素之前存在空间关联性。对于位于图像左上角的像素，与位于图像右下角的像素相比，其周围的像素通常具有更强的相关性。CNN 可以将图像通过一堆滤波器进行卷积操作来利用这种空间相关性。值得注意的是，即使未在图 2.18 中显示，CNN 中也经常需要非线性激活函数，或者将多层神经网络转换成为两层线性神经网络。

　　理想情况下，CNN 中的每个滤波器都试图寻找一个特定特征。输入图中通常有许多不同的特征。因此，通常可以获得比输入图更多的输出图。因为步长为 1 的卷积运算本身不会显著减小输入图的大小，如果我们在两个卷积层之间不做任何事情，随着网络层数的增加，我们要处理的数据量将迅速增长。而池化操作有助于减少需要处理的数据，它将一组数据转换为一个数据，如图 2.20 所示，可以通过平均池化或最大池化来完成。在该图中，步长假定为 2。平均池化操作输出的是输入块中的平均值，而最大池化输出的是输入块中的最大数值。

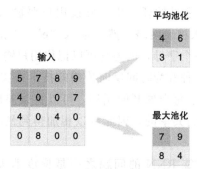

图 2.20　平均池化和最大池化的图示。平均池化和最大池化分别对应输出块的平均值和最大值

在训练方面，无论 CNN 涉及多么复杂的连接，CNN 的训练在本质上都与 FCNN 的训练相同，轻微的区别是 CNN 中存在权重共享，需要把不同输出经过反向传播后得到的误差相加，以获得共享突触的误差。在评估方面，CNN 通常有计算的限制。对于 FC-NN，它不存在权重复用（跨不同批次除外），并且必须将权重连续地传输到计算单元。而CNN 可以将突触权重用于不同的输入块和不同的批次，如图 2.19 所示。因此，在实现CNN 加速器时存在各种策略，这将在第 3 章中详细讨论。

2.3.3　循环神经网络

前面提到的两种神经网络都是 FNN。一个 FNN 充当一个无记忆函数。其输出仅取决于其当前输入。在许多应用中，例如预测单词中的下一个字母，神经网络的输出不仅取决于当前输入，还取决于先前的输入。在这种情况下，简单的 FNN 是不够的。需要具有记忆或反馈机制的神经网络，即循环神经网络（RNN）。FNN 和 RNN 之间的主要区别见图 2.21。对于 FNN，仅允许前向连接，而 RNN 中既存在横向连接又存在反馈连接。这种横向和反馈连接使得 RNN 具有记忆能力。最早的 RNN 之一是 Hopfield 网络。它以约翰·霍普菲尔德（John Hopfield）的名字命名，他为这种类型的神经网络做出了巨大贡献，使其开始流行[42]。Hopfield 网络是具有二进制神经元（即只能提供 0 或 1 的输出的神经元）的 RNN。该网络可以用作内容可寻址的存储器。附录中提供了 Hopfield 网络的详细信息和应用，供有兴趣的读者参考。

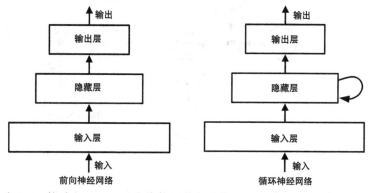

图 2.21　FNN 和 RNN 的对比。FNN 只允许使用前向连接，RNN 中可以使用横向连接和反馈连接。RNN 中的反馈连接提供了网络的记忆

RNN 具备的记忆能力有助于处理某些输入数据具有时间或顺序相关性的应用程序。例如，在预测单词中下一个字母的任务中，假设用户要输入的单词是 "neuron"。对于 RNN，可以将字母 "n" 输入神经网络，然后输入 "e"，然后输入 "u"。随着打字的进行，RNN 有望能够预测下一个字母，因为它可以记住用户输入了哪些字母。

RNN 的训练可以通过一种称为时间反向传播的技术来实现[43]。想法是在图 2.21 所示的隐藏层中展开循环。对于每个展开的循环，可以将误差反向传播到权重矩阵。由于权重是在所有展开的环路之间共享的，因此可以相加得到最终的误差梯度，并可以进行常规的梯度下降学习。

使用时间反向传播来训练 RNN 的问题之一是梯度消失。时间反向传播的本质将 RNN 展开为非常深的 FNN。由于反向传播中涉及乘法，因此在传播几层后，梯度趋于消失或爆炸。由于此梯度消失问题，许多 RNN 无法得到适当的训练。为了解决这个问题，Hochreiter 和 Schmidhuber 于 1997 年提出了一种称为长短期记忆（LSTM）的 RNN[44]，此后变得非常流行。LSTM 通过强制执行恒定的误差流，成功解决了梯度消失的问题。恒定误差流由所谓的恒定误差传送带（CEC）确保，该传送带在记忆单元中包含对自身的身份反馈[45]。身份反馈可防止通过 CEC 传播的误差的消失或爆炸。LSTM 中引入了门，以帮助确定何时将新信息输入到记忆单元中以及何时输出记忆单元[44]。

LSTM 模块的一种典型配置如图 2.22 所示。LSTM 单元的输入向量和输出向量分别表示为 $\boldsymbol{x}_t$ 和 $\boldsymbol{y}_t$，其中 t 用于表示时间。存储单元的输出表示为 $\boldsymbol{c}_t$，它是 LSTM 模块的核心。输入和输出门决定何时允许信息流入和流出单元。它们的输出可以由下式计算得到：

$$\boldsymbol{i}^t = \sigma(\boldsymbol{W}_{ix}\boldsymbol{x}^t + \boldsymbol{W}_{iy}\boldsymbol{y}^{t-1} + \boldsymbol{W}_{ic}\odot\boldsymbol{c}^{t-1} + \boldsymbol{b}_i) \tag{2.38}$$

$$\boldsymbol{o}^t = \sigma(\boldsymbol{W}_{ox}\boldsymbol{x}^t + \boldsymbol{W}_{oy}\boldsymbol{y}^{t-1} + \boldsymbol{W}_{oc}\odot\boldsymbol{c}^t + \boldsymbol{b}_o) \tag{2.39}$$

其中 $\boldsymbol{W}$ 表示权重矩阵或向量，$\odot$ 表示元素乘法，$\sigma(\cdot)$ 是激活函数。在文献[47]中，作者提出了将遗忘门添加到 LSTM 块中，来重置其内部状态。遗忘门的输出和输入与输出门类似，可以描述为

$$\boldsymbol{f}^t = \sigma(\boldsymbol{W}_{fx}\boldsymbol{x}^t + \boldsymbol{W}_{fy}\boldsymbol{y}^{t-1} + \boldsymbol{W}_{fc}\odot\boldsymbol{c}^{t-1} + \boldsymbol{b}_f) \tag{2.40}$$

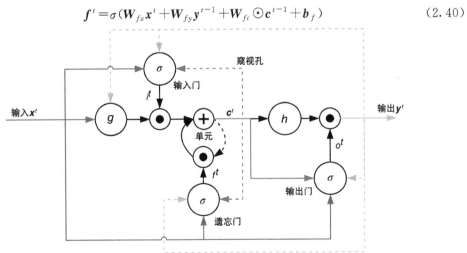

图 2.22 经典的 LSTM 模块示意图。输入信息从左至右流过 LSTM 模块。LSTM 中嵌入了一个单元来储存信息。使用输入门、输出门、遗忘门这三个门来控制信息流动。来源：摘自文献[46]

注意，式(2.38)～式(2.40)中的项 c^{t-1} 和 c^t，在原始 LSTM 块中不存在。后来在文献[48]中提出，可以增加窥视孔连接，以使 LSTM 更容易地学习精确的计时。

在所有这三个控制门的帮助下，单元状态可以通过下式更新

$$c^t = g(W_{cx}x^t + W_{cy}y^{t-1} + b_c) \odot i^t + c^{t-1} \odot f^t \tag{2.41}$$

其中激活函数 $g(\cdot)$ 通常是双曲正切函数。

最后输出可以由下式得到：

$$y^t = h(c^t) \odot o^t \tag{2.42}$$

除了 LSTM 模块的这种经典配置之外，还存在一些用于在某些方面提高性能的变量[46]。自从 LSTM 被发明以来，它已经成功地用于许多应用中，例如序列学习[49]、为图像生成标题[50]和创建手写文本[51]。

2.4 数据集和基准

就像其他机器学习方法一样，神经网络的成功也依赖于丰富的训练数据。许多研究人员认为，与 20 年前相比，深度学习的成功很大程度上可以归功于如今拥有的大量数据。确实，随着我们进入大数据时代，越来越多的数据被我们周围的各种传感器收集。得益于此，过去多年间，有许多数据集和基准被创建出来，以促进各种神经网络的开发和评估。利用这些数据集和基准测试，研究人员可以方便地开发和测试新算法。本节介绍一些流行的数据集和基准测试。

作为神经网络最流行的应用之一，图像分类在过去的十年中受到越来越多的关注。因此，许多图像数据集被创建出来，修改后的美国国家标准技术研究院数据库（MNIST）数据集是最早用于基准分类器的数据集之一[52]。它由 6 万张训练图片和 1 万张测试图片组成。每张图片都是一个 28×28 像素的手写数字灰度图片，范围从 0 到 9。图 2.23 显示了来自 MNIST 数据集的一些图片样本。

接下来是由 Krizhevsky 和 Hinton[53]收集的 CIFAR-10 和 CIFAR-100 数据集。CIFAR-10 包含 60 000 张图片。在这些图片中，可以将 50 000 张图片用作训练集，而将另外 10 000 张图片用作测试集。所有图片都是 32×32 像素的彩色图片，分为 10 类，例如飞机、青蛙、卡车等。CIFAR-100 数据集与 CI-FAR-10 数据集相似，只是分为 100 类。这 100 个类别可以进一步分为 20 个较粗的超级类别。

ImageNet 是一个基于 WordNet 层次结构来组织的数据集。"同义词"或"同义词集"是 WordNet 中的一个概念，可以用几个词来描述。ImageNet 大规模视觉识别挑战赛（ILS-

图 2.23 MNIST 数据集示意图。数据集中的每张图片包含 28×28 像素。这些图片都是从 0 到 9 的手写灰度数字。来源：摘自文献[52]

VRC)是一项年度挑战，吸引了全世界许多研究人员的关注[54]。ILSVRC 中有不同的任务。有一项任务是图像分类，其中算法生成给定图像中存在的对象类别的列表。另一项任务是对象检测，其中算法不仅生成对象类列表，还试图得出定位对象位置的边界框。每年，世界各地的研究人员都使用他们精心调整的模型参加 ImageNet 竞赛。

除了图像数据集外，还有一些流行的音频和文本数据集。德州仪器/麻省理工学院 (TIMIT)是一个美国英语使用者的语音集。其中包含 630 个具有不同方言的男女演讲者。20 Newsgroups 数据集收集了大约 20 000 个新闻组文档，这些文档被分成 20 个不同的新闻组。每个新闻组的文档数量大约相等。其他基于文本的数据集包括从 Yelp 评论、业务和用户数据中收集得到的 Yelp 数据集[55]，包含 Wikipedia 文章中的 1 亿令牌的 Wiki-Text[56]等。有关各种数据集的更多信息，感兴趣的读者可以参考一个网页，该网页总结了许多不同的开放数据集[57]。

除了丰富的大型数据集外，还存在各种基准测试强化学习算法的任务。例如，图 2.24[58]说明了 ADP 文献中使用的三种流行基准。车杆平衡任务[11,32-34,58]是一项控制任务，旨在平衡车上的杆。目标是保持杆直立，同时不要将推车移出一定范围。换句话说，需要调节极点和垂直方向 θ 的角度以及推车与原点 x 之间的距离。

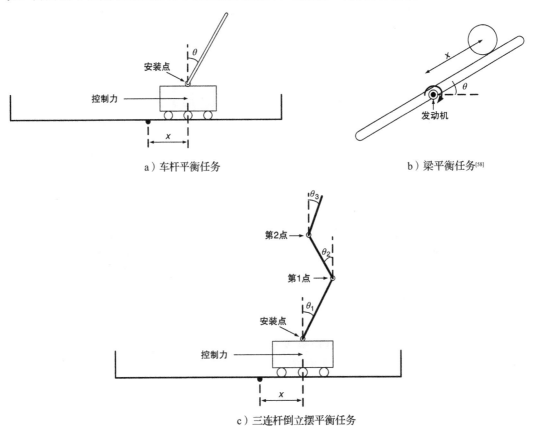

a）车杆平衡任务

b）梁平衡任务[58]

c）三连杆倒立摆平衡任务

图 2.24　三种流行基准任务的配置。在所有这些任务中，目标是通过施加某些控制信号在预定范围内调节系统状态。经 IEEE 许可转载

在光束平衡问题[58-60]中，控制器试图通过安装在光束中心的电机对光束施加扭矩来

平衡长光束。另外，在光束上还有一个球使这个任务复杂化。球可以根据光束与水平方向之间的角度沿光束滚动。该基准任务的目的是在将球的位移保持在一定范围内的同时，保持光束尽可能水平。

三连杆倒立摆平衡问题[27,32,33]是一个更为复杂的控制问题，如图 2.24c 所示。它类似于车杆平衡问题。然而，三连杆倒立摆平衡问题不仅需要平衡一根杆，还需要平衡可以相互相对旋转的三个连接杆。因此，需要调节四个状态变量，$\theta_1 \sim \theta_3$ 以及 x。除了这三个常见的基准，其他流行的基准是钟摆摆动任务[33,61]，车杆摆动任务[61-62]和体操机器人摆动任务[63]。

除了上述经典的控制基准，还可以使用许多更复杂的基准任务，例如 Swimmer 和 Hopper[64]。随着越来越多的计算资源可用来解决复杂的强化学习问题，这些基准变得越来越受欢迎。

2.5　深度学习

2.5.1　前深度学习时代

神经网络是几十年前建立的。在 20 世纪 80 年代和 20 世纪 90 年代，许多研究人员已经研究了多层感知器（MLP），它们与当今使用的深度神经网络非常接近。当时流行使用反向传播训练众多的神经网络。Hornik 等人证明只有一个隐藏层的神经网络可以用作通用函数逼近器[65]。神经网络已成功应用于各个领域，例如图像识别[52,66-67]、语音识别[68-69]、时间序列预测[70-71]和控制问题[72-73]。

但是，当时发现与其他流行的机器学习工具（例如支持向量机（SVM））相比，神经网络的性能并不特别出色。而且当时人们通常认为，对于神经网络，一个隐藏层就足够了，因为更多的隐藏层似乎无助于提高分类精度。此外，由于许多问题（例如过拟合和梯度消失），训练深度神经网络是一项艰巨的任务。在认识到这些困难之后，人工智能（AI）领域的研究人员逐渐将注意力从神经网络转移到其他机器学习方法。

2.5.2　深度学习的崛起

经过近十年的完全沉寂，加拿大高级研究学院（CIFAR）召集了几位研究人员，将精力重新集中在神经网络的训练上。这次，人们的兴趣是训练深度神经网络。这为深度学习打开了大门。深度学习的成功不能归因于一两项工作。众多研究人员的多年努力，为深度学习奠定了基础。

如前所述，深度神经网络的概念由来已久，但是直到 21 世纪 00 年代末，深度学习才兴起。如今，人们普遍认为深度学习的成功主要可归因于三个因素[74-75]。第一个因素是研究人员现在可以使用的前所未有的计算能力。在著名的摩尔定律的驱动下，我们每单位时间可以执行的计算量正在迅速增长。许多在 2000 年之前被认为不可能在合理时间内完成的任务可能是当今许多个人计算机每天运行的例行任务。此外，GPU 和定制硬件的引入也使训练具有大量数据的大规模神经网络成为可能。

第二个因素是可用数据量。由于网络的快速发展，在过去的几十年中，我们可以访问的数据量呈指数级增长。随着可用数据越来越多，研究人员可以更彻底地训练他们的深度网络。如前几节所述，训练深度神经网络的困难之一是过拟合问题。而这可以通过更多的训练数据来解决。

导致深度学习成功的第三个因素是算法的改进。即使更快的硬件和更大的数据集为深度学习的发展提供了必要的条件，研究人员仍然必须找出可以更好帮助训练深度网络的智能技巧和技术。在过去的十年中，我们见证了深度学习领域的兴趣激增。研究者提出、原型化和验证了许多出色的思想和算法。在下一节中，将介绍一些推进深度学习的代表性技术。

2.5.3　深度学习技术

近年来，研究者开发了许多深度学习技术。为了便于讨论，我们将这些技术分为两类。第一类技术着重于提高学习效果。由于我们对神经网络的硬件实现很感兴趣，因此我们还研究了另一组可以潜在地提高算法所映射到的硬件的效率的技术。

2.5.3.1　性能提升技术

2.5.3.1.1　无监督预训练

无监督预训练是最早在深度神经网络上进行有效训练的技术之一。该技术的动机是，对于有监督学习而言，需要许多标记数据。而标记数据通常非常有限，因为标签通常是由人们手动创建的。标记数据的缺乏是早期深度神经网络性能平庸的少数几个因素之一。在 Hinton 和 Osindero 于 2006 年提出无监督预训练技术之前[21]，训练神经网络的标准方法是随机初始化神经元权重。这样一个任意的初始值给深度网络的训练带来了困难，尤其是在所用数据集的规模较小的情况下。通过适当的无监督学习，人们可以利用大量未标记的数据来对神经网络进行预训练，以得到一个良好的神经网络初始权重。在无监督的预训练之后，进行监督微调，以将每个标签附加到深度网络的输出。

无监督的预训练通常是逐层贪婪地完成的。换句话说，首先仅在第一层进行无监督学习。训练完成后，固定第一层的权重，然后将第二层堆叠在第一层的顶部。然后在第一层和第二层的组合网络上进行无监督学习。重复此过程，直到完成所有层。然后，进行常规的基于反向传播的有监督学习来微调整个网络。基于 RBM[21,26,76] 的早期深度信任网络(DBN)和堆积式去噪自编码器[25]都使用了该技术。

尽管无监督预训练是最早用于训练深度神经网络的技术之一，但它在许多现代深度网络的训练中逐渐失去了其重要性。这主要是因为现在标记数据越来越多，与直接有监督训练相比，无监督的预训练的功效不再明显。但是，对于缺少标记数据的应用，无监督预训练仍然非常有效。

2.5.3.1.2　丢弃

训练神经网络经常遇到的两个常见问题是欠拟合和过拟合。这两种情况如图 2.7 所示。当训练数据过多而用于学习数据的神经网络不够复杂时，就会发生欠拟合。在这种情况下，我们的约束比自由度更多。因此，训练后的模型不能很好地表示数据。另一个极端是过拟合。当可用数据太少时，就会发生这种情况。在这种情况下，我们拥有的自由度比约束更多。在这种情况下，训练后的模型可能很好地拟合了训练数据，但是它不能被泛化来表示不在训练集中的其他数据。

丢弃是用于缓解过拟合问题的技术。这种方法最初是由 Hinton 等人提出的[77-78]。图 2.25 从概念上说明了丢弃技术。它依赖于随机丢弃某些神经元的活性来学习更强大的模型。丢弃有助于打破共适应，后者适用于训练数据而不适用于看不见的数据。直观地，对于每个输入，神经网络都需要使用一组随机的神经元来获得正确的答案。因此，每个神经元必须更独立地工作，来有效打破破坏神经网络泛化能力的共适应。在训练过程中，神经元的丢弃由一个目标丢弃率随机控制。

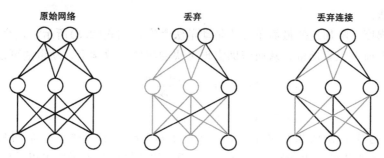

原始网络　　　　　　　丢弃　　　　　　　丢弃连接

图 2.25　丢弃和丢弃连接技术示意图。在丢弃时，一些随机选取的神经元的激活会被强制置 0。在丢弃连接中，某些突触的贡献被随机强制置零。激活或突触的随机下降有助于防止神经网络中的共适应

如图 2.25 所示，受丢弃启发，丢弃连接是正则化神经网络的一种更通用的方法[79]。丢弃连接不会丢弃某些神经元的激活，而是忽略了神经网络中的某些连接。显然，丢弃是丢弃连接的一种特殊情况，其中来自一个神经元的连接都被丢弃。

2.5.3.1.3　批归一化

批归一化是 Google 研究人员最近提出的一种技术[80]。在神经网络中，我们始终希望神经元的激活既不能太小也不能太大。数据的归一化通常是在学习的预处理阶段进行的，以提高学习的效果[81]。但是，这种归一化的输入往往会随着信号深入网络而扩展。这种现象在文献[80]中称为内部协变量偏移。

批归一化的思想是在每一层都使用归一化来保持每一层中激活的良好分布。分布是在最小批次中获得的，深度学习中使用最小批次，来利用现代计算机的并行特性。批归一化的详细过程在式(2.43)~式(2.46)中给出[80]。批次中的均值和方差用式(2.43)和式(2.44)计算。归一化激活使用式(2.45)来计算以获得具有零均值和单位方差分布的值。式中添加了一个小数字来解决数值稳定问题。在式(2.46)中，γ 和 β 是两个需要学习的参数，因为很难提前知道神经网络需要什么样的分布来达到好的表现。因此，这两个参数对于提升训练表现有帮助。

$$\mu_B = \frac{1}{m} \sum_{i=1}^{m} x_i \tag{2.43}$$

$$\sigma_B^2 = \frac{1}{m} \sum_{i=1}^{m} (x_i - \mu_B)^2 \tag{2.44}$$

$$\hat{x}_i = \frac{x_i - \mu_B}{\sqrt{\sigma_B^2 + \varepsilon}} \tag{2.45}$$

$$y_i = \gamma \hat{x}_i + \beta \tag{2.46}$$

批归一化不仅有助于训练深度网络，而且还可以使用更高的学习率并提供更好的正则化。由于批归一化使学习对参数规模更加稳健，因此可以将较大的学习率与批归一化一起使用。批归一化在整个最小批处理中使用了更多信息。

2.5.3.1.4 加速随机梯度下降过程

尽管各式各样的深度学习思想被不断提出，人工神经网络的学习核心仍然是随机梯度下降（SGD）方案。因此，如何在 SGD 的过程中实现更快更好的融合直接决定了学习的水平。正是由于 SGD 学习的重要性，近年来许多研究人员致力于开发具有更好收敛效果的技术和算法。

使常规梯度下降加速的最简单方法是动量法[82-84]，如式（2.3）所示。这个想法的核心是在正确的方向上积累动量，从而帮助实现更快的收敛。数学上，动量法可以写成

$$v[n] = \beta v[n-1] - \alpha \left. \frac{\partial L(\boldsymbol{w})}{\partial w} \right|_{w=w[n-1]} \tag{2.47}$$

$$w[n] = w[n-1] + v[n] \tag{2.48}$$

其中 $v[n]$ 是迭代 n 次的累积动量，β 是动量系数，α 是学习率，w 是网络中的参数，$L(\boldsymbol{w})$ 是需要最小化的损失函数。式（2.47）中所示的动量更新方程式可以看作是无限冲激响应（IIR）滤波器，可以滤除梯度中的噪声，并留下与真实梯度相对应的低频部分。

一种更高级的动量方法称为 Nesterov 加速梯度（NAG），以俄罗斯数学家 Yurii Nesterov[85] 的名字命名。我们可以将 NAG 视为常规动量方法的前瞻版本。NAG 的思路是：传统的动量方法会将参数带到 $w[n-1] + \beta v[n-1]$ 附近，那么为什么我们不直接在该点使用梯度呢？在形式上，NAG 可以表示为

$$v[n] = \beta v[n-1] - \alpha \left. \frac{\partial L(\boldsymbol{w})}{\partial w} \right|_{w=w[n-1]+\beta v[n-1]} \tag{2.49}$$

$$w[n] = w[n-1] + v[n] \tag{2.50}$$

显然，NAG 与常规动量方法的不同点仅在于通过评估前瞻位置处的梯度。

传统的动量法和 NAG 在训练许多神经网络方面可以表现良好。但是这两种方法的一个潜在问题是仍然需要选择学习率 α 和动量系数 β。选择 β 不太麻烦，因为它对详细的网络配置和输入数据没有很大的依赖性。根据学习阶段的不同，可以根据经验将其设置为 0.5 或 0.9。然而，选择 α 则比较困难而且通常会影响到整个学习过程。因此，近年来许多研究人员致力于开发新的算法来避免人工设置学习率。

为了解决这个问题，Duchi 等人提出了 ADAGRAD，这是一种通过选择学习率来帮助降低学习收敛性的方法[87]。该算法为每个参数提供自适应学习率，该学习率是从该组件梯度的历史记录中获得的：

$$w[n] = w[n-1] - \frac{\alpha}{\sqrt{G[n-1]} + \varepsilon} \cdot \left. \frac{\partial L(\boldsymbol{w})}{\partial w} \right|_{w=w[n-1]} \tag{2.51}$$

其中

$$G[n] = G[n-1] + \left(\left. \frac{\partial L(\boldsymbol{w})}{\partial w} \right|_{w=w[n-1]} \right)^2 \tag{2.52}$$

且 ε 是提高数值稳定性的小常数。

从直观上来看，频繁出现的特征带来的影响被较大的 $G[n]$ 所稀释，而偶尔出现特征的影响则增强了。此外，由于实际的学习率是由梯度的历史确定的，因此与朴素 SGD 方法相比，学习的收敛性较少依赖 α 的选择。式(2.51)中的分母 $\sqrt{G[n-1]+\epsilon}$ 是反馈项。当梯度大的时候，我们希望降低学习率以避免发散；而当梯度较小时，我们想增加学习率以加速收敛。这可以通过引入式(2.51)中的分母来完成。

还有许多其他与 ADAGRAD 类似的算法，例如 ADADELTA[88]、RMSprop[89] 和 Adam[90]。由于它们具有相似的功能，因此此处不再单独介绍。有兴趣的读者可以参考 Ruder 对这个问题的讨论[82]。

2.5.3.2 节能技术

除了改善深度神经网络的性能外，还开发了许多技术和算法来提高将算法部署在硬件上时的能效。从算法的角度来看，主要是通过减少神经网络模型中所需的操作数量来提高效率，因为能耗通常会随这网络模型的操作数量而增加。图 2.26 显示了减少 ANN 中计算量的两种常用方法。我们用矩阵-向量乘法作为示例，矩阵和向量中的元素在硬件实现中由二进制位数组表示，数学意义上的标量也是如此。图中长方体的深度表示数据所需的位数。

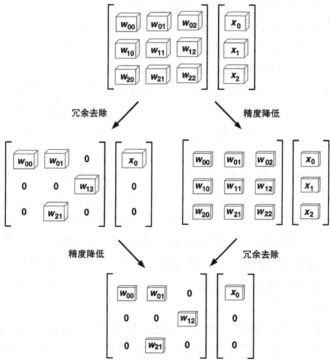

图 2.26 两种用于提高计算速度和能效的技术说明。消除神经网络中的冗余可减少所需的操作数量，而降低精度则取决于缩短表示数据所需的位宽

提高硬件能效的第一种技术是减少神经网络中非重要的数据的数量。例如，研究者已经证明在深度神经网络中存在大量的冗余权重[91]。通过消除网络中多余或不必要的权重，原始的密集矩阵将变成稀疏矩阵。类似地，也可以通过权重矩阵的低秩表示来减少网络中参数的数量。这样不仅可以显著减少相应的内存占用量，而且可以大大减少所需

的计算工作量。

提高硬件能效的第二项技术是降低精度。与第一种技术类似，降低精度也可以帮助降低内存需求，从而减少所需的内存空间以及内存访问能量。此外，神经网络加速器中大多数组件的功耗会根据所需的精度进行缩放。精度越低，执行计算所需的功率就越低。

从某种意义上说，这两种技术是相互正交的。我们可以在设计中同时利用两者来提高系统吞吐量和能效。本节将讨论这两种减少 ANN 计算工作量的主流方法，而这些方法的硬件实现将在第 3 章中介绍。

2.5.3.2.1 冗余去除

神经网络的突触权重占据了大部分存储空间。MAC 和内存访问等的耗能操作都直接取决于权重。直观地讲，如果可以以某种方式减少神经网络中参数的数量，则评估神经网络所需的能量和时间会更少。这可以通过权重修剪[92-99]和低秩近似[100-101]等方法来实现。所有这些方法的共同点都是消除网络冗余。在这里，我们以最常用的权重修剪为例。

修剪权重的想法具有较长的历史[92-93]。LeCun 等人提出了一种称为最佳脑损伤（OBD）的技术来减少网络规模[93]，其基本思想是削减那些对最终推断结果无明显贡献的突触权重。每个权重的相对重要性可以通过所谓的"显著性"来衡量，该"显著性"是借助目标函数的二阶导数来估算的。使用这种 OBD 方法，可以修剪最先进的网络，并且从结果来看，网络规模的减小有助于提高推理速度甚至识别率。

Han 等人基于相似的修剪方法，对深度神经网络的网络修剪进行了广泛的研究[94,102]，该方法在修剪阶段将同时关注突触的值和连接。首先训练常规的密集深度网络，并修剪掉较小的权重以压缩网络。然后，对修剪后的网络再次进行训练以对网络进行微调。这样的过程可以重复几次以达到更好的学习效果。结果表明，通过使用这种修剪方法，AlexNet 和 VGG-16 的参数数量可分别减少到原来的 1/9 和 1/13，同时也不会损失准确性[102]。

文献中的大多数修剪工作都集中在尽可能减少权重的数量上。直观地看，神经网络的参数数量与评估该网络所花费的能量之间似乎存在正相关关系。然而，Yang 等人证明，许多神经网络硬件中存在复杂的存储器层次结构，这种情况可能并不像直观看到的那样[99]。为了最大限度地通过权重修剪实现能耗降低，在文献[99]中提出了一种能源感知修剪方法。由于删除的突触权重数量增加时，修剪变得越来越困难，Yang 等人提出从最耗能的那一层开始修剪的方法。与深度压缩中使用的修剪方法相比，这种节能的修剪方法使能耗降低到 1/1.7[99]。

细精度的权重修剪方法存在一个潜在问题，即修剪后的网络可能变得非常不规则。尽管网络的大小可能缩小了，但这种不规则导致评估网络时会产生大量的开销。对于未针对执行稀疏计算步骤进行优化的通用硬件尤其如此。例如，文献[98]表明，删除了 80% 的权重的修剪网络性能实际上要比基准网络差。造成这种性能下降的原因是常规权重结构的损失。另外，在文献[103]中可观察到，粗精度修剪可以实现更高的压缩率，因为使用更规则的修剪结构来处理非零数据所需的索引数更少。

因此，近年来，研究人员花费了大量的精力来开发具有更粗精度的修剪[95-98]。例如，结构化稀疏学习（SSL）是一种尝试以较粗精度的方式修剪网络的技术[97]。SSL 的基本思想是利用组套索来正则化一组权重而不是单个权重,这种正则化方法可以应用于神经网络中的滤波器权重、滤波器的形状、通道,甚至深度结构。在最新的工作中,Scalpel 方法被采用来自适应地修剪网络[98],这是基于目标硬件平台具有的并行度的特性。Scalpel 的基本流程始于对硬件平台进行概要分析以确定并行度。然后执行两种修剪策略以匹配底层硬件中支持的并行度。据报道,采用 Scalpel 方法并将网络分别部署在微控制器、CPU 和 GPU 上,性能平均提高了 3.54 倍、2.61 倍和 1.25 倍。

除了稀疏权重矩阵之外,还可以稀疏 ANN 中的激活函数。例如,ReLU 激活函数导致了许多深度神经网络中的稀疏激活模式[104]。文献[105]表明,在几个代表性的深度网络中,几乎一半的激活是零。除此之外,还有一些网络结构通过条件门控来构建稀疏激活模式,以便增加模型容量而不会导致计算成本成比例的增长[106-108]。该方法背后的基本原则是,考虑到经常训练一个深度网络来识别各种对象,对于网络的特定输入仅需要神经网络的小部分来进行推理。因此,如果可以关闭网络的不需要部分,则可以显著降低计算成本。深度学习中的这些方法已逐步导致网络中的稀疏激活模式。第 3 章将讨论如何在有效的硬件中利用这些稀疏激活。

2.5.3.2.2 精度降低

用于缩小存储空间并提高计算速度的另一种技术是降低精度。降低精度的最常见、最有效的方法是量化。简单的线性量化可以用来显著提高计算速度而不会引入过多的开销[109],此外还可以采用更复杂的量化方法来非线性量化权重。深度网络中的权重和激活通常分布不均,尤其是当权重衰减[86]用于促进小权重时。在这种情况下利用对数量化方法可能更为合适,因为当使用相同数量的位时,它为数据提供了很大的动态范围。Mi-yashita 等人[110]研究了用对数形式在深度网络中表示参数的可能性,该方法大大减少表示权重和激活所需的位数。在实际应用中,该方法仅需 3 位精度即可对最新的深度网络进行编码。而这种激进的量化策略导致可忽略的性能下降。此外,在对数域中表示数据也有助于简化硬件实现,因为不再需要耗电的乘法器。

除了基于手动选择阈值进行量化外,还可以利用自适应方法从数据中学习更好的量化策略[94,111]。一种常见的技术是使用聚类方法(例如 K 均值方法)将权重划分为组,然后将原始的连续值权重量化为它所属的群集的质心值。这样做可以实现权重共享,所有可能的权重值都可以存储在查找表中而仅需要一个索引来表示权重。这种方法可以大大减少网络中所需参数的数量。

权重压缩的一种极端情况导致二进制权重,即 +1 或 -1。文献[112]探索了二进制连接的概念,即使用二进制数来表示突触权重以期使深度学习硬件受益。仅使用二进制权重训练神经网络是具有挑战性的。确保成功的一个关键步骤是仅在前向和反向传播阶段对权重进行二值化,而不在权重更新阶段进行二值化。这种方法对于从 SGD 获得的少量权重变化随时间累积是有益的。有了二进制权重,二进制连接方法能够实现近乎最好的性能。这种方法是有发展前景的,因为引入二进制权重已成功地将乘法次数减少了 2/3,更不用说节省了存储空间和带宽[112]。

二进制连接可以很自然地拓展到二值化的神经网络,该网络中突触权重和激活都是二进制的[113]。激活和权重二值化方法很有发展前景,因为最终的神经网络可能非常简单，至少在推理阶段如此。二值化的神经网络需要解决的一个问题是如何通过在二值化神经网络中表现不佳的 sigmoid 激活函数来传播梯度。针对此问题，文献[113]提出了一种直通估计器来近似梯度。与最新的深度神经网络相比，使用二值神经网络获得的结果仅稍差一些，但由于激活和权重两个神经网络的位宽都减小了，因此可以将能效提高近一个数量级。

近年来，为减轻由于二进制权重的极端压缩而导致的性能下降，研究者已经做了很多工作。Rastegari 等人在文献[114]中提出了 XNOR-Net 的概念，引入了比例因子并使用了不同的二值化方法，结果显著地优于二进制连接和二值化神经网络。为了减轻极端权重压缩引起的性能损失，文献[115]提出了三元权重网络来抵消突触权重的极端量化。通过将第三状态"0"添加到原始二进制权重，可以增强与每个突触相关的熵。但是权重为 0 的突触实际上没有任何额外的操作，因为它看起来像是断开的突触。因此，三元权重网络提供了介于常规的高精度神经网络和极度压缩的二值化网络之间的中间解决方案。为了进一步改善突触权重的熵，文献[116]引入了一种经过训练的三元量化策略，其基本思想是对兴奋性和抑制性突触使用不同的比例因子，这两个比例因子可以通过学习获得。通过允许正负权重具有不同的大小，Zhu 等人证明经过训练的三元量化方法可以比原始三元权重网络提升 3%。二进制和三进制网络的主要目的是为硬件 ANN 提供更有效的选择，而这些神经网络的引入也确实激发了许多节能型加速器，在第 3 章中将会详细讨论。

目前，探索网络中数据量化的许多研究主要集中在推理阶段。例如，在二值网络中，即使最终权重和激活仅具有一位精度，但仍需要全精度渐变来进行学习。为了加速学习过程，在学习中也采用了降低精度的概念[117-118]。与用于推理时间参数的确定性量化策略相反，通常需要随机量化以使 SGD 学习过程正确收敛。随机量化与抖动信号具有相似的目的，抖动信号广泛用于数字信号处理领域来消除量化噪声的数据依赖性[119]。

2.5.4　深度神经网络示例

基于技术发展，在过去的几十年中出现了许多成功的深度神经网络。在本节中，将简要介绍其中的一些网络。许多深度网络经常被用来对神经网络加速器进行基准测试，接下来的各章将对此进行讨论。

由 LeCun 等人开发的 LeNet-5[52] 是最早的深度神经网络之一。在 LeNet-5 中，输入特征先经过卷积层、池化层，然后进行非线性激活以生成精确的特征，最后以全连接层终止从而形成分类器。这个经典架构是许多之后的经典深度神经网络的基础。LeNet-5 开发的初衷是用来对 MNIST 数据集进行分类，它的输入是 28×28 尺寸的图像，网络使用 5×5 滤波器和 2×2 池化层。LetNet-5 的主要思路是，至少在前几层中使用全连接层来是浪费的，因为全连接层完全忽略了图像和音频中固有的空间或时间结构。利用 LeNet-5 结构，仅需要几个参数，这可以提高训练速度。

以其发明者 Alex Krizhevsky[120] 的名字命名的 AlexNet，是最早也是最受欢迎的深度神经网络之一，它是 2012 年 ILSVRC 的获胜者。AlexNet 的分类误差是 16.4%，几乎是该年第二名的网络分类误差的一半[54]。AlexNet 惊人的性能很快就引起了计算机视觉研究人员对深度神经网络的关注。从那时起，借助深度学习，研究人员完成了越来越多的计算机视觉任务。在 AlexNet 中，五个卷积层用于提取最终几个全连接层之前的有用特征。最后一层包含 1000 个神经元，与分类任务中的 1000 个类别相对应。AlexNet 的成功主要归功于三种技术。第一项技术是利用 GPU 训练深度网络，两个 GPU 被用来容纳大型网络[120]。得益于 GPU 的大规模并行计算功能，AlexNet 可以利用大量的增强训练数据，这有助于减少过拟合。AlexNet 中使用的第二种技术是丢弃，该方法在2.5.3.1.2 节中讨论，文献[120]提到使用丢弃显著解决了过拟合问题。文献[120]采用的第三种技术是 ReLU 激活函数的使用，ReLU 激活函数通过解决消失梯度问题而大大加速了学习过程。

由 Google 研究人员开发的 GoogLeNet 在 2014 年 ILSVRC[121]中获得了图像分类的冠军。GoogLeNet 的主要策略是精巧地安排网络拓扑，使其更深更广，同时仍可以保证在合理的时间内进行训练。GoogLeNet 的成功很大程度上归功于引入的 inception 模块，该模块可以在网络中重复使用。GoogLeNet 的网络深度是 22 层，尽管网络深度相对较深，但据称赢得了 2014 年 ILSVRC 的 GoogLeNet 的参数是 AlexNet 的 1/12，因为 GoogLeNet 中使用了 1×1 滤波器以减少通道数量。GoogLeNet 的分类误差为 6.7%，远低于 AlexNet在 2012 年实现的分类误差[54]。

VGG 深度网络在 2014 年 ILSVRC 的本地化任务和分类任务中分别赢得了第一和第二名[122]。VGG 的设计原理是使用小型和简单的 3×3 卷积滤波器，开发者认为通过级联两个 3×3 滤波器可以获得 5×5 滤波器，因此可以在减少参数数量的同时实现类似的性能。通过使用小的卷积滤波器可以使网络变得非常深，这有助于提高性能。通过这种设计方法，VGG 实现了 7.3% 的分类误差和 25.3% 的局部化误差[54]。

ResNet 是由微软的研究人员发明的 152 层深度神经网络[123]，该网络的深度是 VGG的 8 倍。ResNet 在分类任务上获得 2015 年 ILSVRC 的冠军，其分类误差低至 3.57%。ResNet 的成功主要归功于文献[123]中提出的深度残差学习，其基本构建模块如图 2.27所示，网络的输入直接转发并添加到网络的输出中。这种直接连接不需要任何额外的参数，有助于维持需要调整的参数数量。He 等人研究了一个有趣的性能下降问题：在网络中添加更多层实际上会使训练误差更严重。这个结论是违背直觉的，因为可以通过将浅层网络与身份层堆叠来配置简单的深度网络。这样的配置应该保证较深的网络至少能够拥有和较浅的网络一样的性能。这种现象表明优化求解器可能在学习身份映射时遇到麻烦。因此，通过提供快捷的方式进行身份连接，求解器可能会更容易提出近似身份映射。ResNet 中的身份快捷方式与 LSTM中使用的身份反馈具有异曲同工之妙，即使在网络很深的情况下，也有助于维护反向传播的误差。

考虑到边缘计算和移动设备的大量应用，开发轻量级的深度神经网络为未来发展趋势，该网络可以有效地移植到低功率设备上并在低功率设备上运行。例如，SqueezeNet 可以实现与 AlexNet 相似的识别率，但参数减少至 1/50[124]。SqueezeNet 主要由一堆 Fire 模块组

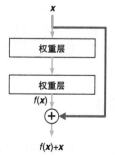

图 2.27　ResNet 的基本构建模块，网络创建了一个捷径来绕过几层神经元，旁路连接有助于传播误差。来源：摘自文献[123]

成，其中包含一个压缩层和一个扩展层。压缩层中只有 1×1 滤波器，而扩展层中同时使用 1×1 和 3×3 滤波器。SqueezeNet 中参数数量的减少在很大程度上归因于它自由地使用 1×1 滤波器，与 3×3 滤波器相比，它们需要的参数减少至 $1/9$。轻型深度网络的另一个很好的例子是 MobileNet[125]，MobileNet 的主要思想是深度可分离卷积。在常规的权重滤波器中，将通道内和通道间的计算混合在一起；而在深度方向可分离卷积中，卷积分为两层，分别应用于每个通道和每个 1×1 滤波器，这种分解有助于减少操作数量。此外，为了满足各种应用程序对精度的不同需求，MobileNet 提供了两个超参数，即宽度乘数和分辨率乘数，在准确性和计算成本之间取折中。与 SqueezeNet 相比，MobileNet 可以在 ImageNet 数据集上实现更高的识别率，同时所需的 MAC 操作减少至 $1/22$[125]。

除了用于监督学习的深度网络外，谷歌的研究人员还开发了深度 Q 网络用来实现玩 Atari 游戏时的人为控制[14]。该网络的结构如图 2.28 所示，类似于用作分类器的其他深度 CNN。实际上从推理的角度来看，深度网络可以被视为一个分类器，并利用其输出作为控制操作，而它们的主要区别在于学习方法。深度 Q 网络通过深度强化学习进行了训练，使用在深度监督学习中开发的技术和网络体系结构来从高维输入数据中提取的特征。然后，将提取的特征通过 Q 学习进行强化学习，这与 2.2.4 节中介绍的 ADHDP 算法密切相关。DeepMind 的研究人员证明了 Q 网络可以胜过以前的所有算法，甚至可以达到与 49 款游戏中的专业人类游戏测试人员相当的性能。

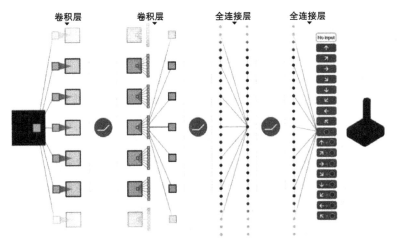

图 2.28 深度 Q 网络的结构[14]。网络本身类似于大多数用作分类器的 CNN。高维输入图像被输入到网络，最后一个全连接层得到控制决策。经 Springer 许可转载

参考文献

[1] Gupta, J.N.D. and Sexton, R.S. (1999). Comparing backpropagation with a genetic algorithm for neural network training. *Omega* 27 (6): 679–684.

[2] Yu, X.H. (1992). Can backpropagation error surface not have local minima. *IEEE Trans. Neural Networks* 3 (6): 1019–1021.

[3] Bianchini, M., Frasconi, P., and Gori, M. (1995). Learning without local minima in radial basis function networks. *IEEE Trans. Neural Networks* 6 (3): 749–756.

[4] Sexton, R.S., Dorsey, R.E., and Johnson, J.D. (1999). Optimization of neural networks: a comparative analysis of the genetic algorithm and simulated annealing. *Eur. J. Oper. Res.* 114 (3): 589–601.

[5] LeCun, Y., Bengio, Y., and Hinton, G. (2015). Deep learning. *Nature* 521 (7553): 436–444.

[6] P. Werbos, "Beyond regression: New tools for prediction and analysis in the behavioral sciences," *Dr. Dissertation,* Appl. Math. Harvard Univ., MA, August, p. 906, 1975.

[7] Werbos, P.J. (1982). Applications of advances in nonlinear sensitivity analysis. In: *System Modeling and Optimization,* 762–770. Berlin, Heidelberg: Springer.

[8] Rumelhart, D.E., Hinton, G.E., and Williams, R.J. (1986). Learning representations by backpropagation error. *Nature* 323 (6088): 533–536.

[9] Sutton, R.S. and Barto, A.G. (1998). *Reinforcement Learning: An Introduction,* vol. 9, no. 5. Cambridge, MA: MIT Press.

[10] Bellman, R. (2003). *Dynamic Programming.* Dover Publications.

[11] Liu, D., Xiong, X., and Zhang, Y. (2001). Action-dependent adaptive critic designs. In: *Neural Networks, 2001. Proceedings. IJCNN'01. International Joint Conference on* vol. 2, 990–995. IEEE.

[12] Prokhorov, D.V. and Wunsch, D.C. (1997). Adaptive critic designs. *IEEE Trans. Neural Networks* 8 (5): 997–1007.

[13] Watkins, C.J.C.H. and Dayan, P. (1992). Q-learning. *Mach. Learn.* 8 (3–4): 279–292.

[14] Mnih, V., Kavukcuoglu, K., Silver, D. et al. (2015). Human-level control through deep reinforcement learning. *Nature* 518 (7540): 529–533.

[15] Rummery, G.A. and Niranjan, M. (1994). *On-Line Q-Learning Using Connectionist Systems,* vol. 37, no. September. University of Cambridge, Department of Engineering.

[16] Powell, W.B. (2011). *Approximate dynamic programming solving the curses of dimensionality,* Hoboken, NJ: Wiley.

[17] Kohonen, T. (1998). The self-organizing map. *Neurocomputing* 21 (1–3): 1–6.

[18] Kohonen, T., Oja, E., Simula, O. et al. (1996). Engineering applications of the self-organizing map. *Proc. IEEE* 84 (10): 1358–1383.

[19] Vesanto, J. and Alhoniemi, E. (2000). Clustering of the self-organizing map. *IEEE Trans. Neural Networks* 11 (3): 586–600.

[20] Hinton, G.E. and Salakhutdinov, R.R. (2006). Reducing the dimensionality of data with neural networks. *Science* 313 (5786): 504–507.

[21] Hinton, G.E. and Osindero, S. (2006). A fast learning algorithm for deep belief nets. *Neural Comput.* 1554 (7): 1527–1554.

[22] Fischer, A. (2015). Training restricted Boltzmann machines. *KI - Künstliche Intelligenz* 29 (4): 441–444.

[23] Erhan, D., Bengio, Y., Courville, A. et al. (2010). Why does unsupervised pre-training help deep learning? *J. Mach. Learn. Res.* 11, no. Feb: 625–660.

[24] Vincent, P., Larochelle, H., Bengio, Y., and Manzagol, P.-A. (2008). Extracting and composing robust features with denoising autoencoders. In: *Proceedings of the 25th International Conference on Machine Learning,* 1096–1103. ACM.

[25] Vincent, P., Larochelle, H., Lajoie, I. et al. (2010). Stacked denoising autoencoders: learning useful representations in a deep network with a local denoising criterion. *J. Mach. Learn. Res.* 11 (Dec): 3371–3408.

[26] Bengio, Y., Lamblin, P., Popovici, D., and Larochelle, H. (2007). Greedy layer-wise training of deep networks. In: *Advances in Neural Information Processing Systems* (eds. J.C. Platt and T. Hoffman), 153–160. MIT Press.

[27] Zheng, N. and Mazumder, P. (2018). A scalable low-power reconfigurable accelerator for action-dependent heuristic dynamic programming. *IEEE Trans. Circuits Syst. I Regul. Pap.* 65 (6): 1897–1908.

[28] Wang, F.Y., Zhang, H., and Liu, D. (2009). Adaptive dynamic programming: an introduction. *IEEE Comput. Intell. Mag.* 4 (2): 39–47.

[29] Lewis, F.L., Vrabie, D., and Vamvoudakis, K.G. (2012). Reinforcement learning and feedback control: using natural decision methods to design optimal adaptive controllers. *IEEE Control Syst.* 32 (6): 76–105.

[30] Lewis, F.L. and Vrabie, D. (2009). Reinforcement learning and adaptive dynamic programming for feedback control. *IEEE Circuits Syst. Mag.* 9 (3): 32–50.

[31] Liu, F., Sun, J., Si, J. et al. (2012). A boundedness result for the direct heuristic dynamic programming. *Neural Networks* 32: 229–235.

[32] He, H., Ni, Z., and Fu, J. (2012). A three-network architecture for on-line learning and optimization based on adaptive dynamic programming. *Neurocomputing* 78 (1): 3–13.

[33] Si, J. and Wang, Y.T. (2001). On-line learning control by association and reinforcement. *IEEE Trans. Neural Networks* 12 (2): 264–276.

[34] Sokolov, Y., Kozma, R., Werbos, L.D., and Werbos, P.J. (2015). Complete stability analysis of a heuristic approximate dynamic programming control design. *Automatica* 59: 9–18.

[35] Mu, C., Ni, Z., Sun, C., and He, H. (2017). Air-breathing hypersonic vehicle tracking control based on adaptive dynamic programming. *IEEE Trans. Neural Networks Learn. Syst.* 28 (3): 584–598.

[36] Broomhead, D. S. and Lowe, D. "Radial basis functions, multi-variable functional interpolation and adaptive networks," Royal Signals and Radar Establishment, Malvern, United Kingdom, 1988.

[37] Park, J. and Sandberg, I.W. (1993). Approximation and radial-basis-function networks. *Neural Comput.* 5 (2): 305–316.

[38] Park, J. and Sandberg, I.W. (1991). Universal approximation using radial-basis-function networks. *Neural Comput.* 3 (2): 246–257.

[39] Musavi, M.T., Ahmed, W., Chan, K.H. et al. (1992). On the training of radial basis function classifiers. *Neural Networks* 5 (4): 595–603.

[40] Chen, S., Billings, S.A., and Grant, P.M. (1992). Recursive hybrid algorithm for non-linear system identification using radial basis function networks. *Int. J. Control* 55 (5): 1051–1070.

[41] Chen, S., Mulgrew, B., and Grant, P.M. (1993). A clustering technique for digital communications channel equalization using radial basis function networks. *IEEE Trans. Neural Networks* 4 (4): 570–590.

[42] Hopfield, J.J. (1982). Neural networks and physical systems with emergent collective computational abilities. *Proc. Natl. Acad. Sci.* 79 (8): 2554–2558.

[43] Werbos, P.J. (1988). Generalization of backpropagation with application to a recurrent gas market model. *Neural Networks* 1 (4): 339–356.

[44] Hochreiter, S. and Schmidhuber, J. (1997). Long short-term memory. *Neural Comput.* 9 (8): 1735–1780.

[45] Schmidhuber, J. (2015). Deep learning in neural networks: an overview. *Neural Networks* 61: 85–117.

[46] Greff, K., Srivastava, R.K., Koutník, J. et al. (2017). LSTM: a search space odyssey. *IEEE Trans. Neural Networks Learn. Syst.* 28 (10): 2222–2232.

[47] Gers, F. A., Schmidhuber, J., and Cummins, F. "Learning to forget: Continual prediction with LSTM," IET Conference Proceedings, Institute of Engineering and Technology, pp. 850–855(5), 1999.

[48] Gers, F.A., Schraudolph, N.N., and Schmidhuber, J. (2002). Learning precise timing with LSTM recurrent networks. *J. Mach. Learn. Res.* 3 (Aug): 115–143.

[49] Sutskever, I., Vinyals, O., and Le, Q.V. (2014). Sequence to sequence learning with neural networks. In: *Advances in Neural Information Processing Systems* (eds. Z. Ghahramani, M. Welling, C. Cortes, et al.), 3104–3112. Curran Associates.

[50] Vinyals, O., Toshev, A., Bengio, S., and Erhan, D. (2015). Show and tell: a neural

image caption generator. In: *Proceedings of the IEEE Computer Society Conference on Computer Vision and Pattern Recognition*, vol. 07–12–June, 3156–3164.

[51] Graves, A. "Generating sequences with recurrent neural networks," *arXiv Prepr. arXiv1308.0850*, 2013.

[52] LeCun, Y., Bottou, L., Bengio, Y., and Haffner, P. (1998). Gradient-based learning applied to document recognition. *Proc. IEEE* 86 (11): 2278–2323.

[53] Krizhevsky, A. and Hinton, G. "Learning multiple layers of features from tiny images," Citeseer, 2009.

[54] Russakovsky, O., Deng, J., Su, H. et al. (2015). Imagenet large scale visual recognition challenge. *Int. J. Comput. Vision* 115 (3): 211–252.

[55] "Yelp Dataset." [Online]. Available at: https://www.yelp.com/dataset. [Accessed: 19 April 2018].

[56] Merity, S., Xiong, C., Bradbury, J., and Socher, R. "Pointer sentinel mixture models," *arXiv Prepr. arXiv1609.07843*, 2016.

[57] "Open datasets for deep learning & Machine learning – Deeplearning4j: Open-source, distributed deep learning for the JVM." [Online]. Available: https://deeplearning4j.org/opendata. [Accessed: 19 Apr 2018].

[58] Zheng, N. and Mazumder, P. (2018). A low-power circuit for adaptive dynamic programming. In: *2018 31st International Conference on VLSI Design and 2018 17th International Conference on Embedded Systems (VLSID)*, 192–197. IEEE.

[59] Ni, Z., He, H., and Wen, J. (2013). Adaptive learning in tracking control based on the dual critic network design. *IEEE Trans. Neural Networks Learn. Syst.* 24 (6): 913–928.

[60] Ni, Z., He, H., Zhong, X., and Prokhorov, D.V. (2015). Model-free dual heuristic dynamic programming. *IEEE Trans. Neural Networks Learn. Syst.* 26 (8): 1834–1839.

[61] Doya, K. (1999). Reinforcement learning in continuous time and space. *Neural Comput.* 12 (1): 1–28.

[62] Kimura, H. and Kobayashi, S. (1999). Stochastic real-valued reinforcement learning to solve a nonlinear control problem. In: *Systems, Man, and Cybernetics, 1999. IEEE SMC '99 Conference Proceedings. 1999 IEEE International Conference on*, vol. 5, 510–515. IEEE.

[63] Murray, R.M. and Hauser, J.E. (1991). *A Case Study in Approximate Linearization: The Acrobot Example*. Electronics Research Laboratory, College of Engineering, University of California.

[64] Duan, Y., Chen, X., Houthooft, R. et al. (2016). Benchmarking deep reinforcement learning for continuous control. In: *International Conference on Machine Learning*, 1329–1338.

[65] Hornik, K., Stinchcombe, M., and White, H. (1989). Multilayer feedforward networks are universal approximators. *Neural Networks* 2 (5): 359–366.

[66] Lawrence, S., Giles, C.L., Tsoi, A.C., and Back, A.D. (1997). Face recognition: a convolutional neural-network approach. *IEEE Trans. Neural Networks* 8 (1): 98–113.

[67] Rowley, H.A., Baluja, S., and Kanade, T. (1998). Neural network-based face detection. *IEEE Trans. Pattern Anal. Mach. Intell.* 20 (1): 23–38.

[68] Lang, K.J., Waibel, A.H., and Hinton, G.E. (1990). A time-delay neural network architecture for isolated word recognition. *Neural Networks* 3 (1): 23–43.

[69] Waibel, A. (1989). Modular construction of time-delay neural networks for speech recognition. *Neural Comput.* 1 (1): 39–46.

[70] Azoff, E. (1994). *Neural Network Time Series Forecasting of Financial Markets*. Wiley.

[71] Kaastra, I. and Boyd, M. (1996). Designing a neural network for forecasting financial and economic time series. *Neurocomputing* 10 (3): 215–236.

[72] Gomi, H. and Kawato, M. (1993). Neural network control for a closed-loop system using feedback-error-learning. *Neural Networks* 6 (7): 933–946.

[73] Noriega, J.R. and Wang, H. (1998). A direct adaptive neural network control for unknown nonlinear systems and its application. *IEEE Trans. Neural Networks* 9 (1): 27–34.

[74] Sze, V., Chen, Y.H., Yang, T.J., and Emer, J.S. (2017). Efficient processing of deep neural networks: a tutorial and survey. *Proc. IEEE* 105 (12): 2295–2329.

[75] Chollet, F. (2017). *Deep Learning with Python*. Manning Publications Co.

[76] Lee, H., Grosse, R., Ranganath, R., and Ng, A.Y. (2009). Convolutional deep belief networks for scalable unsupervised learning of hierarchical representations. In: *Proceedings of the 26th Annual International Conference on Machine Learning - ICML '09*, 1–8. ACM.

[77] Srivastava, N., Hinton, G.E., Krizhevsky, A. et al. (2014). Dropout: a simple way to prevent neural networks from overfitting. *J. Mach. Learn. Res.* 15 (1): 1929–1958.

[78] Hinton, G. E., Srivastava, N., Krizhevsky, A. et al., "Improving neural networks by preventing co-adaptation of feature detectors," *arXiv Prepr. arXiv1207.0580*, 2012.

[79] Wan, L., Zeiler, M., Zhang, S. et al. (2013). Regularization of neural networks using dropconnect. In: *Proceedings of the 30th International Conference on Machine Learning (ICML-13)*, 1058–1066.

[80] Ioffe, S. and Szegedy, C. (2015). Batch normalization: accelerating deep network training by reducing internal covariate shift. In: *International Conference on Machine Learning*, 448–456.

[81] Kotsiantis, S.B., Kanellopoulos, D., and Pintelas, P.E. (2006). Data preprocessing for supervised leaning. *Int. J. Comput. Sci.* 1 (2): 111–117.

[82] Ruder, S. "An overview of gradient descent optimization algorithms," *arXiv Prepr. arXiv1609.04747*, 2016.

[83] Sutskever, I., Martens, J., Dahl, G., and Hinton, G. (2013). On the importance of initialization and momentum in deep learning. In: *International Conference on Machine Learning*, 1139–1147.

[84] Polyak, B.T. (1964). Some methods of speeding up the convergence of iteration methods. *USSR Comput. Math. Math. Phys.* 4 (5): 1–17.

[85] Nesterov, Y. (1983). A method for unconstrained convex minimization problem with the rate of convergence O (1/k2). *Doklady an USSR* 269 (3): 543–547.

[86] Hinton, G.E. (2012). A practical guide to training restricted Boltzmann machines. In: *Neural Networks: Tricks of the Trade* (eds. G. Montavon, G. Orr and K.-R. Müller), 599–619. Berlin, Heidelberg: Springer.

[87] Duchi, J., Hazan, E., and Singer, Y. (2011). Adaptive subgradient methods for online learning and stochastic optimization. *J. Mach. Learn. Res.* 12 (Jul): 2121–2159.

[88] Zeiler, M. D. "ADADELTA: An adaptive learning rate method," *arXiv1212.5701 [cs]*, 2012.

[89] Tieleman, T., Hinton, G.E., Srivastava, N., and Swersky, K. (2012). Lecture 6.5-rmsprop: divide the gradient by a running average of its recent magnitude. *COURSERA Neural Networks Mach. Learn.* 4 (2): 26–31.

[90] Kingma, D.P. and Ba, J. (2014). Adam: a method for stochastic optimization. In: *Proc. International Conference for Learning Representations*, 1–15.

[91] Denil, M., Shakibi, B., Dinh, L., and De Freitas, N. (2013). Predicting parameters in deep learning. In: *Advances in Neural Information Processing Systems* (eds. J.C. Burges, L. Bottou, M. Welling, et al.), 2148–2156. Curran Associates, Inc.

[92] Hassibi, B. and Stork, D.G. (1993). Second order derivatives for network pruning: optimal brain surgeon. In: *Advances in Neural Information Processing Systems* (eds. S.J. Hanson, J.D. Cohen and C.L. Giles), 164–171. Morgan-Kaufman.

[93] LeCun, Y., Denker, J.S., and Solla, S.A. (1990). Optimal brain damage. In: *Advances in Neural Information Processing Systems* (ed. D.S. Touretzky), 598–605. Morgan-Kaufman.

[94]　Han, S., Mao, H., and Dally, W. J. "Deep compression: Compressing deep neural networks with pruning, trained quantization and Huffman coding," *arXiv Prepr. arXiv1510.00149*, 2015.

[95]　Li, H., Kadav, A., Durdanovic, I. et al., "Pruning filters for efficient convnets," *arXiv Prepr. arXiv1608.08710*, 2016.

[96]　Lebedev, V. and Lempitsky, V. (2016). Fast ConvNets using group-wise brain damage. In: *2016 IEEE Conference on Computer Vision and Pattern Recognition (CVPR)*, 2554–2564.

[97]　Wen, W., Wu, C., Wang, Y. et al. (2016). Learning structured sparsity in deep neural networks. In: *Advances in Neural Information Processing Systems* (eds. D.D. Lee, M. Sugiyama, U.V. Luxburg, et al.), 2074–2082. Curran Associates.

[98]　Yu, J., Lukefahr, A., Palframan, D. et al. (2017). Scalpel: customizing DNN pruning to the underlying hardware parallelism. In: *Proceedings of the 44th Annual International Symposium on Computer Architecture*, 548–560. Toronto, Canada: ACM.

[99]　Yang, T.J., Chen, Y.H., and Sze, V. (2017). Designing energy-efficient convolutional neural networks using energy-aware pruning. In: *Proceedings of 30th IEEE Conf. Comput. Vis. Pattern Recognition, CVPR 2017*, vol. 2017, 6071–6079.

[100]　Denton, E.L., Zaremba, W., Bruna, J. et al. (2014). Exploiting linear structure within convolutional networks for efficient evaluation. In: *Advances in Neural Information Processing Systems* (eds. Z. Ghahramani, M. Welling, C. Cortes, et al.), 1269–1277. Curran Associates.

[101]　Jaderberg, M., Vedaldi, A., and Zisserman, A. "Speeding up convolutional neural networks with low rank expansions," *arXiv Prepr. arXiv1405.3866*, 2014.

[102]　Han, S., Pool, J., Tran, J., and Dally, W. (2015). Learning both weights and connections for efficient neural network. In: *Advances in Neural Information Processing Systems* (eds. C. Cortes, N.D. Lawrence, D.D. Lee, et al.), 1135–1143. Curran Associates.

[103]　Mao, H., Han, S., Pool, J., et al., "Exploring the regularity of sparse structure in convolutional neural networks," *arXiv Prepr. arXiv1705.08922*, 2017.

[104]　Glorot, X., Bordes, A., and Bengio, Y. (2011). Deep sparse rectifier neural networks. In: *Proceedings of the Fourteenth International Conference on Artificial Intelligence and Statistics*, 315–323.

[105]　Albericio, J., Judd, P., Hetherington, T. et al. (2016). Cnvlutin: ineffectual-neuron-free deep neural network computing. In: *Proceedings of the 43rd International Symposium on Computer Architecture*, 1–13.

[106]　Bengio, Y., Léonard, N., and Courville, A., "Estimating or propagating gradients through stochastic neurons for conditional computation," *arXiv Prepr. arXiv1308.3432*, 2013.

[107]　Bengio, E., Bacon, P.-L., Pineau, J., and Precup, D., "Conditional computation in neural networks for faster models," *arXiv Prepr. arXiv1511.06297*, 2015.

[108]　Shazeer, N., Mirhoseini, A., Maziarz, K., et al., "Outrageously large neural networks: The sparsely-gated mixture-of-experts layer," *arXiv Prepr. arXiv1701.06538*, 2017.

[109]　Vanhoucke, V., Senior, A., and Mao, M.Z. (2011). Improving the speed of neural networks on CPUs. In: *Proc. Deep Learning and Unsupervised Feature Learning NIPS Workshop*, vol. 1, 1–8.

[110]　Miyashita, D., Lee, E. H., and Murmann, B., "Convolutional neural networks using logarithmic data representation," *arXiv Prepr. arXiv1603.01025*, 2016.

[111]　Gong, Y., Liu, L., Yang, M., and Bourdev, L., "Compressing deep convolutional networks using vector quantization," *arXiv Prepr. arXiv1412.6115*, 2014.

[112]　Courbariaux, M., Bengio, Y., and David, J.-P. (2015). BinaryConnect: training deep neural networks with binary weights during propagations. In: *Advances in Neural*

Information Processing Systems (eds. C. Cortes, N.D. Lawrence, D.D. Lee, et al.), 3123–3131. Curran Associates.

[113] Hubara, I., Courbariaux, M., Soudry, D. et al. (2016). Binarized neural networks. In: *Advances in Neural Information Processing Systems* (eds. D.D. Lee, M. Sugiyama, U.V. Luxburg, et al.), 4107–4115. Curran Associates.

[114] Rastegari, M., Ordonez, V., Redmon, J., and Farhadi, A. (2016). XNOR-net: ImageNet classification using binary convolutional neural networks. In: *European Conference on Computer Vision*, 525–542.

[115] F. Li, B. Zhang, and B. Liu, "Ternary weight networks," *arXiv Prepr. arXiv1605.04711*, 2016.

[116] Zhu, C., Han, S., Mao, H., and Dally, W. J., "Trained ternary quantization," *arXiv Prepr. arXiv1612.01064*, 2016.

[117] Gupta, S., Agrawal, A., Gopalakrishnan, K., and Narayanan, P. (2015). Deep learning with limited numerical precision. In: *International Conference on Machine Learning*, 1737–1746.

[118] Zhou, S., Wu, Y., Ni, Z., et al., "DoReFa-Net: Training low bitwidth convolutional neural networks with low bitwidth gradients," *arXiv Prepr. arXiv1606.06160*, 2016.

[119] Schuchman, L. (1964). Dither signals and their effects on quantization noise. *IEEE Trans. Commun.* 12 (4): 162–165.

[120] Krizhevsky, A., Sutskever, I., and Hinton, G.E. (2012). Imagenet classification with deep convolutional neural networks. In: *Advances in Neural Information Processing Systems* (eds. F. Pereira, C.J.C. Burges, L. Bottou and K.Q. Weinberger), 1097–1105. Curran Associates.

[121] Szegedy, C., Liu, W., Jia, Y. et al. (2015). Going deeper with convolutions. In: *Proceedings of the IEEE Computer Society Conference on Computer Vision and Pattern Recognition*, vol. 07–12–June, 1–9.

[122] Simonyan, K., and Zisserman, A., "Very deep convolutional networks for large-scale image recognition," *arXiv Prepr. arXiv1409.1556*, 2014.

[123] He, K., Zhang, X., Ren, S., and Sun, J. (2016). Deep residual learning for image recognition. In: *Proceedings of the IEEE Conference on Computer Vision and Pattern Recognition*, 770–778.

[124] Iandola, F. N., Han, S., Moskewicz, M. W., et al., "Squeezenet: Alexnet-level accuracy with 50× fewer parameters and <0.5 mb model size," *arXiv Prepr. arXiv1602.07360*, 2016.

[125] Howard, A. G., Zhu, M., Chen, B., et al., "Mobilenets: Efficient convolutional neural networks for mobile vision applications," *arXiv Prepr. arXiv1704.04861*, 2017.

Learning in Energy-Efficient Neuromorphic Computing: Algorithm and Architecture Co-Design

硬件中的人工神经网络

学如不及，犹恐失之。

——孔子

3.1 概述

神经网络的发展是为了模拟生物大脑的显著特征，比如它们具有模式识别和在有噪声的情况下探测运动的能力。第 2 章讨论了许多与人工神经网络(ANN)学习和推理相关的基本概念。作为一种算法，神经网络需要在特定的硬件平台上执行，然后才能部署到各种应用中。本章讨论在不同硬件平台上实现的神经网络，考虑不同平台的优缺点。一般来说，有三种类型的硬件平台可以部署神经网络算法：通用处理器、现场可编程门阵列(FPGA)和专用集成电路(ASIC)。这三种硬件平台在能效和灵活性方面的比较如图 3.1 所示。

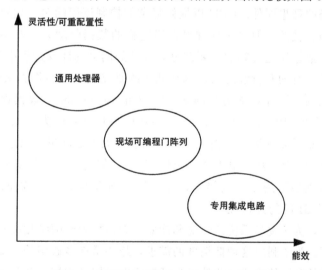

图 3.1 不同硬件平台实现神经网络的比较

中央处理器(CPU)和图形处理单元(GPU)等通用处理器具有高度的灵活性，因为它们可以执行由高级语言(例如 C++和 Python)编译的指令。大多数人工智能领域的科学家和研究人员最熟悉这种类型的硬件平台，因为它们具有广泛的可操作性。但是，通用处理器的缺点是其能效低。对于由电池供电的便携式设备，低能效显然是一个问题。另外，越来越多的数据中心也开始寻找节能解决方案，因为电力成本已占总运营成本的很大一部分。

为了获得更高的能源效率，通常采用 ASIC 解决方案。ASIC 是为特定类型的应用而设计的定制芯片，在我们的例子中是神经形态计算。由于 ASIC 的结构可以针对目标应用进行专门优化，因此 ASIC 通常具有最高的性能和最低的能耗。ASIC 的缺点是许多逻辑和算术运算是固定的，它通常只能实现一个固定的功能（尽管其中一些确实提供了一定程度的可重构性）。因此，当算法或应用程序发生变化时，原有的 ASIC 可能无法进行相应的调整。该解决方案的另一个问题是其较长的开发周期和高成本。开发一个功能强大的 ASIC 芯片通常需要数年时间和数百万美元。如此长的开发周期是许多研究人员和公司负担不起的。

除了这两个极端之外，FPGA 还提供了一个中间解决方案，它可以提供一定程度的可编程性和灵活性，同时与通用处理器相比，它可以实现更高的能效。由于本书的重点是节能的神经形态硬件，我们的大多数讨论是关于 ASIC 的方法，因为它提供了最节能的解决方案。尽管如此，为了与 ASIC 方法对比，本书还简要讨论了在通用处理器和 FPGA 上执行 ANN 的方法。

3.2   通用处理器

从早期提高工作频率到如今提高并行度，基于冯·诺依曼结构的处理器仍然是持续改进性能的主力。随着深度学习开始在越来越多的应用中发挥关键作用，对高吞吐量和低延迟计算的需求不断增长。深度学习算法通常可以在通用 CPU 上实现，最初流行在 CPU 上实现神经网络，主要是由于 CPU 的高度可用性及其通用编程能力。但是，CPU 可能不是神经网络的理想硬件。CPU 以提供复杂的控制流而闻名，这对于更常规的基于规则的计算可能是有益的，但对于像神经网络这样的数据驱动方法却不是那么有用。在神经网络计算中，数据流是计算的主要部分，在神经网络的计算过程中几乎不需要控制。

在认识到算法固有的并行性之后，越来越多的研究人员开始将算法移植到通用 GPU 中，以利用其庞大的并行计算能力。例如，2012 年 ImageNet 大规模视觉识别挑战赛的冠军 AlexNet 在两个 GPU 上进行了训练[1]。GPU 最初是专门为图像渲染而设计的，图像中的数百万个像素需要在短时间内处理，这需要巨大的吞吐量，对于常规 CPU 实际上是不可行的。大多数 GPU 基于单指令多线程（SIMT）架构，该架构显式地利用了数据级并行性。这种计算模型适用于实现神经网络，因为所涉及的大多数操作都是矩阵乘法，可以极大地受益于 GPU 的并行性[2-3]。

如第 2 章所述，为了提高系统的性能和能效，大多数神经网络相关的任务都可以进行低精度的算术运算。为了利用这种低精度的需求，趋势是许多通用处理器开始为新兴的深度学习应用[4]提供低精度的模式。此外，为了加速在通用处理器上的深度学习的发展，已经开发了各种框架来方便和有效地实现神经网络。流行的框架有 Torch[5]、Caffe[6]，以及最近的 TensorFlow[7] 和 PyTorch[8]。通过引入这些框架，工程师可以更多地关注深度学习算法的高层实现，而不是底层的计算细节。

3.3   数字加速器

3.3.1   数字 ASIC 实现方法

尽管采用 GPU 大大加快了深度学习算法的速度，但是 GPU 的通用特性仍然导致大量的能量和时钟周期的浪费。未来在人工智能领域的许多应用，如自动驾驶汽车和自动机器人，需要更大、更复杂的神经网络，需以更低的延迟和更低的能耗进行推理。受此启发，许多学术和工业上的努力都致力于开发专门的加速器，专门用于深度神经网络。本节介绍几种有代表性的数字加速器。此外，还介绍三种常用的实现节能加速器的策略，即减少数据移动、缩放精度和利用神经网络的稀疏性，以方便对文献中各种神经网络加速器的讨论。

3.3.1.1 数据移动和内存访问优化

对于大多数神经网络加速器来说，内存访问通常会消耗很大一部分能量。目前最先进的神经网络正在向更深、更大的方向发展，网络中的参数也越来越多。因此，优化计算以使数据移动最小化已成为构建节能加速器的关键步骤。在许多神经网络加速器中，采用了类似于现代处理器中使用的缓存结构的内存层次结构。

图 3.2 显示了不同类型的内存访问[4] 的归一化能耗。在图中，假设每个处理单元（PE）都有一个专用的寄存器堆（RF）。不同的处理单元也可以相互通信，交换信息。芯片上的全局缓冲区可以保存频繁使用的信息，这有助于避免重复访问大型动态随机存取存储器（DRAM）。与现代 CPU 中使用的内存架构类似，内存越大访问数据所花费的能量就越大。与片上存储器相比，片外存储器访问容易耗费一两个数量级多的能量。此外，频繁访问的数据应该尽可能地靠近算术逻辑单元（ALU），以减少内存访问的能量消耗。这与 CPU 设计具有相同的原理，在 CPU 设计中常常使用多级缓存结构。这里的区别在于，在 CPU 设计中，数据流通常很难预测。因此，为了减少缓存丢失，常常使用统计法和试探法。但是，对于神经网络加速器，数据流通常是固定的，并且在编译时就已经知道了。因此，设计人员可以更好地控制如何优化数据移动和内存访问。在过去的几年中，已经提出了许多策略来优化神经网络加速器的数据流。本节将讨论一些代表性示例。

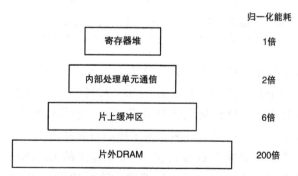

图 3.2   一个典型的神经网络加速器的内存层次结构和数据移动的能量消耗的例子。靠近
计算单元的小型存储单元更节能，归一化的能量消耗来自文献[4]

3.3.1.1.1 平铺矩阵运算

平铺是一种众所周知的技术，可在进行矩阵计算时利用数据局部性[9]。它已被广泛应用于人工神经网络加速器中，以提高数据重用的水平。图 3.3 所示的伪代码说明了平铺的基本思想。在计算矩阵乘法时，最初的三个循环被嵌入三个平铺循环中。这三个最外层的循环本质上把大矩阵乘法问题分解成更小的矩阵乘法问题，如图 3.4 所示。这样，在从具有有限大小的片上数据缓冲器中逐出数据之前，可以充分地重用数据。平铺块的

大小可以根据缓冲区的大小方便地调整。值得注意的是，图 3.3 中所示的排列并不是唯一的，因为还有其他方法可以排列平铺和平铺计算。不同的排列对每个矩阵的数据重用级别有不同的影响。一般来说，增加一个矩阵中的数据重用会降低其他矩阵中的数据重用。

```
for(int Bk = 0; Bk < N; Bk += T){                    /*
    for(int Bi = 0; Bi < N; Bi += T){                平铺
        for(int Bj = 0; Bj < N; Bj += T){            */
            for(int i = Bi; i < Bi + T; ++i){        /*
                for(int k = Bk; k < Bk + T; ++k){    矩阵乘法
                    for(int j = Bj; j < Bj + T; ++j){
                        y[i][k] += w[i][j] * x[j][k]  */
                    }
                }
            }
        }
    }
}
```

图 3.3　使用平铺的矩阵乘法运算的伪代码。最外层的三个 for 循环用于平铺，最内层的循环用于计算小矩阵上的矩阵乘法

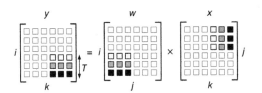

图 3.4　基于平铺的矩阵乘法示意图，矩阵被分解成小矩阵，这样计算所需的数据就可以放入片上缓冲区中，并可以有效地重用

　　平铺作为提高片上数据复用水平的有效方法，在人工神经网络加速器的构建中得到了广泛的应用[10-14]。一个很好的例子就是 DianNao 系列，这是一组机器学习加速器，主要由中国科学院计算技术研究所的研究人员开发[11-15]。它是构建用于加速机器学习任务的专用硬件的最早作品之一，已成为许多后续工作的最新基准。

　　这个系列的第一个成员是陈天石等人在 2014 年提出的 DianNao 加速器[14]。它利用基于平铺的矩阵运算来最小化内存访问，这有助于降低功耗。DianNao 加速器中的主要数据流概念如图 3.5 所示。计算由神经功能单元（NFU）完成，它包括三个阶段：乘、加和激活。对于神经网络中的不同层，每个阶段的计算可能有所不同。例如，即使 NFU 的第二阶段对全连接层执行加法运算，它也包含用于池化层的移位和最大化操作。为了有效地重用数据，在设计中分配了三个数据缓冲区，即输入缓冲区、神经突触缓冲区和输出缓冲区，以利用数据局部性。此外，还开发了一个专门的指令集，使 DianNao 加速器完全可编程，以适应不同的网络配置和操作。在文献[14]中表明，与 128 位的 2GHz 单指令多数据（SIMD）核心相比，可以实现 117.87 倍的加速和能耗降低至 1/21.08。

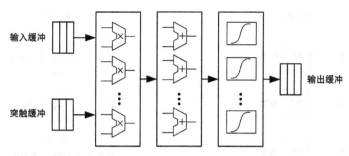

图 3.5　DianNao 加速器[14]主要数据流概念图，神经网络所需的算术运算可分为三个阶段。三个缓冲区用于利用数据局部性。来源：摘自文献[14]。经 ACM 许可转载

　　为了克服频繁访问主存所带来的性能和能效损失，陈天石等人在 DianNao 加速器的升级版 DaDianNao[11]中提出在整个芯片上分配存储单元，其利用嵌入式动态随机存取存储器(eDRAM)来实现高存储密度。通过在整个芯片上分配内存，与集中式内存体系结构(大型内存可容纳所有信息)相比，可以使突触权重更接近计算单元。此外，神经元的激活值被传递，而不是突触的权重，因为前者的数量少得多。这将大大节省能源和时钟周期。为了支持高的内部带宽，DaDianNao 采用了基于平铺的设计，NFU 以平铺的形式分布在芯片中，每个 NFU 都可以同时进行计算。据文献[11]，在新架构下 DaDianNao 加速器的性能比单个 GPU 高出 450.64 倍，而能耗可降低至 1/150.31。

3.3.1.1.2　空间架构

　　大规模并行计算可以通过时间或空间架构实现[4]。在这两种架构中，大量的 PE 被利用来执行并行计算。在时间架构中，PE 直接从统一内存中获取操作数，并且通常不存在 PE 间通信，此体系结构通常用于 CPU 和 GPU。另一方面，在空间架构中，每个 PE 通常都有自己的控制逻辑和存储器，并且可以与其他 PE 交换信息。当 PE 的规模较小时，一个灵活的 PE 间通信的开销可能会相对较大。这是许多用于通用计算的常规体系结构未在此级别上使用 PE 间通信的原因之一。对于加速 ANN，数据流在编译时就已经知道了，并且变化不大。因此，许多加速器利用空间架构来传递可重用的数据，以节省到芯片上的全局缓冲区或芯片外的 DRAM 的数据访问[16-20]。

　　在文献[4]和文献[19]中分析并比较了四种在计算卷积神经网络(CNN)中利用数据局部性的策略，即权重固定、输出固定、无局部重用和行固定。尽管在文献[21]中已经指出分类的数据流并不覆盖整个设计空间，但是我们在这里借用它们来讨论文献中重用数据的常见方法，因为这种对数据流策略进行分组的方法很容易理解。权重固定数据流集中在滤波器权重的重用上[22-23]，权重固定数据流的示例如图 3.6a 所示，它可以固定 PE 中的权重，并运行需要滤波器的所有计算。通过权重重用，可以减少滤波器权重的移动。在从 PE 中回收之前，每个权重都可以充分地重复使用。为了利用此数据流，需要在缓冲区和 PE 之间或在 PE 和 PE 之间移动输入激活值和部分和。输出固定数据流是另一种体系结构，在这种体系结构中，神经网络产生的部分和的积累被保存在 PE 中[12,24]。图 3.6b 显示了此类数据流的一个示例，由 PE 产生的部分和被保留在 PE 的本地。通过对部分和求和，可以最小化部分和的移动。

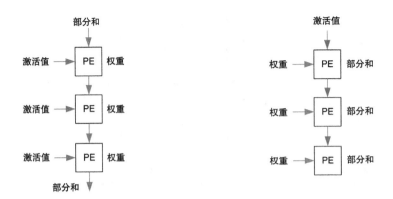

a）权重固定数据流的一个例子，其中权重
储存在本地的PE，以便充分利用

b）输出固定数据流的一个例子，其中部分和被储存
在PE本地中，以便部分和的积累能够就地发生

图 3.6　两种广泛应用于神经网络加速器的数据流比较。来源：摘自文献[4]

另一种数据流称为行固定数据流，是在文献[18-19]中为 Eyeriss 提出的，Eyeriss 是由麻省理工学院的 Chen 等人开发的一种深度学习加速器。这个数据流的概念如图 3.7 所示，卷积被分解为一系列一维卷积基元，这些基元分别作用于一行的滤波器权重和一行的输入激活值，通过 PE 可以有效地计算出这些一维基元。然后，在这些一维基元计算的基础上使用二维空间体系结构来组合和形成最终的卷积结果。滤波器的权重可以在一行内共享，输入特征可以沿对角线方向共享，这有助于提高数据重用。生成的部分和可沿垂直方向方便地累加，减少了数据的移动。在文献[19]中，研究表明，与输出固定、权重固定、无局部重用的数据流相比，使用 AlexNet[1] 进行基准测试时，行固定数据流在卷积层中更节能。

在设计中利用空间架构的另一个例子是张量处理单元（TPU），它是由谷歌[20] 的工程师开发的专用集成电

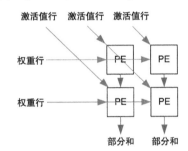

图 3.7　行固定技术[18] 中使用的数据重用方案示意图。滤波器权重可沿行共享，输入特征映射可沿对角线方向共享，输出部分和沿垂直方向累加。来源：摘自文献[18]

路。这一设计背后的主要动机是越来越多的用户开始在数据中心使用神经网络进行运算。预测结果表明，这一需求将使 2013 年数据中心的计算需求增加一倍。因此，谷歌开始考虑建立自己的定制 ASIC，可以提供良好的性能和卓越的能效。在 TPU 项目中，谷歌团队仅用了 15 个月就完成了加速器在数据中心中的设计、验证和部署。

TPU 的核心是一个矩阵乘法单元（MMU），它负责执行有效的矩阵乘法。它包含 256×256 乘法累加（MAC）单元，执行 8 位乘和加运算。MMU 采用脉动式数据流，概念如图 3.8a 所示。输入激活值输入到 MMU 中，并与预加载的权重相乘，然后将生成的部分和垂直累积。为了更好地理解 MMU 的工作方式，图 3.8b 显示了一个脉动阵列的典型配置。权重存储在每个本地 PE 中，激活值水平地提供给 PE。为了获得正确的计算结果，需要对脉动阵列的每一行的输入进行适当的排列。然后，一组 MAC 运算沿着对角线方向进行，它像波阵面一样移动。

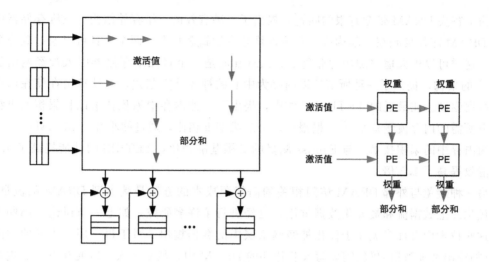

a）TPU的脉动式数据流示意图　　　　b）如何在脉动阵列中进行计算的详细演示

图 3.8　来源：摘自文献[20]

在 TPU 中，指令由主机通过 PCIe 总线发送。指令缓冲区用于临时保存指令。复杂指令集计算机（CISC）的指令集用作 TPU 指令集的基础，TPU 指令的每条指令的平均时钟周期（CPI）通常为 10～20。片上权重先进先出（FIFO）有助于缓冲来自芯片外 8 GiB DRAM 的数据，该 DRAM 保存所有突触的权重。中间结果临时存储在片上统一缓冲区中。TPU 采用 28 纳米互补金属氧化物半导体（CMOS）技术来实现。据报道，该芯片在 700MHz 的时钟频率下运行时消耗 40W 的能量。

文献[20]中最有价值的贡献之一是，由于 TPU 已部署在数据中心，因此可以使用实际应用程序的性能指标。需要指出的是，即使大多数现有的神经网络结构都旨在加速 CNN，但 CNN 应用程序在数据中心中占据的工作量实际上仅为 5%。因此，作者认为，加速全连接神经网络（FCNN）和长短期记忆网络（LSTM）需要付出更多的努力，因为它们在使用范围中占据了更多的份额。在数据中心中观察到的另一个趋势是，响应时间的需求实际上非常严格。在推理阶段，延迟明显优于吞吐量。例如，开发人员要求 7ms 的延迟。这样的响应时间要求自然会对可以在推理时使用的批大小设置一个上限，如 2.3.1 节所述。

3.3.1.1.3　片外流量优化

除了需要优化片内数据流外，片外流量对神经网络加速器的设计也提出了严峻的挑战。对于神经网络应用来说，内存访问的数量是巨大的。片外带宽已经成为许多神经网络加速器性能和能效的瓶颈。例如，Gao 等人进行了一项研究，比较了随着 PE 数量的增加，所需的功耗和片外 DRAM 峰值带宽[25]。数据来自 Eyeriss 架构，该模型假设 VGG-Net 在加速器上运行。利用高度优化的片内数据流，从片外 DRAM 中读取的数据可以被有效地重用，但需要很大的片内缓冲区，占用了很大的芯片面积，大大地增加了芯片的静态功耗。另一个关键的发现是，即使使用有效的数据流和大型片上静态随机存取存储器（SRAM），当 PE 的数量扩展到 400 时，DRAM 带宽仍然可以超过 25GBps。如此大的片外流量所需的接口电路功耗为 1.5W，远远高于加速器芯片本身的功耗。

为了解决 DRAM 带宽有限的问题，提出了一种有效的三维存储结构。三维存储器由多个 DRAM 芯片堆叠在一起构成。它可以堆叠在逻辑芯片上，两个模具可以通过硅通孔连接。这样可以极大地增加内存带宽。Neurocube 是一个将三维存储器引入神经网络加速器[27]的架构，提出了一种所谓的以内存为中心的神经计算范式，即计算由存储在内存中的数据驱动。在最近的 TETRIS 工作中，提出了一种内存中累积技术以将累积输出特征映射所需的内存流量减半[25]。据报道，与二维基准相比，通过缩小片上 SRAM 的大小并利用内存中的累积技术，与 Eyeriss 测量的二维基准相比，TETRIS 的性能提高了 4.1 倍，能效提高了 1.5 倍。

另一种避免与外部 DRAM 访问相关的高能源成本的方法是减少到 DRAM 的流量。为了优化片上数据流和最大化数据重用，已经进行了许多研究，如上一节讨论的那些方法。这些技术中有许多关注于优化神经网络层中的数据重用。对于每一层，生成的中间结果（如输出特征映射）仍然需要写入芯片外的 DRAM 中，然后读入，以便在下一层进行处理。对于 CNN 的前几层尤其如此，因为生成的中间结果通常太大，无法装入芯片缓冲区。如图 3.9a 所示。为了减少这种 DRAM 流量，可以利用不同的计算顺序[28]，如图 3.9b 所示。通过利用 CNN 的局部性，可以处理由多个层的像素组成的图像金字塔。通过这样，只需要从 DRAM 获得第一层的激活，所有中间结果都可以在芯片上生成和使用，从而节省了到 DRAM 的时间。使用这种新提出的技术，据报道，与基准[28]相比，可以节省 95% 的 DRAM 流量。

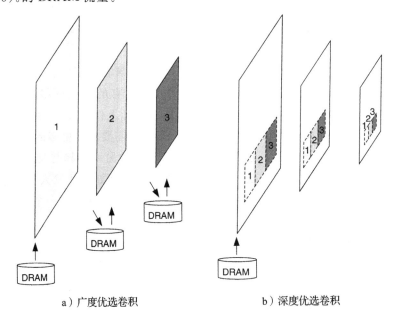

a）广度优选卷积   b）深度优选卷积

图 3.9 传统的广度优先卷积与深度优先卷积的比较。在传统方法中，生成的中间结果需要临时存储在 DRAM 中，而在深度优先卷积方法中，跨几个层的计算一起执行，以消除对中间结果的缓冲需要

DRAM 流量也可以通过量化和剪枝来减少，如第 2 章所述。这些方法从根本上减少外部内存带宽。如果做得到位，DRAM 访问甚至可以完全避免。下面几节将讨论如何构建加速器来支持降低精度和修剪后的网络。

3.3.1.2　标定精度

大多数通用处理器执行浮点计算，它具有非常宽的动态范围，可以适应各种应用程序的需要。然而，对于大多数神经网络应用程序来说，这样的选择可能不是最优的，因为研究发现，降低精度对神经网络的算法精度只有很小的影响。因此，大多数加速器都采用定点计算。

用于表示神经网络中数据的位的数量的选择可以用作设计衡量，以平衡性能和功耗[29-33]。神经网络加速器的许多组件的能耗与用于表示信息的位的数量成比例，有些块，如加法器，可以粗略地线性伸缩，而有些块，如乘法器，可以超线性伸缩。此外，当网络的精度降低到一定程度时，可以避免 DRAM 等消耗能量的外部存储器，从而使能效得到更显著的提高。

一般来说，降低网络精度有两种策略。第一种是开环策略，首先使用经过良好训练的具有完全精度（通常是浮点精度）的神经网络。然后进行标定精度，并将基准性能作为在引入过多性能损失之前能够容忍的精度降低程度的指导原则。该策略不需要再训练，也不需要调整参数，使得该方法易于实现和使用。

第二种策略是在训练时进行精度降低的闭环方法。也就是说，在学习过程中，精度被设置为超参数。在这种情况下，学习作为一种反馈来补偿精度下降。显然，闭环方法倾向于产生更好的结果，但它需要软件硬件协同优化。硬件设计人员可能不具备对网络进行再训练的资源或知识。另一方面，开环方法的优点是可以很好地确定软件和硬件之间的界限。

在硬件实现方面，还有两种流行的降低精度的方式。第一种是在设计时设置的固定精度降低。第二种类型是动态精度缩放，它可以在运行时调整计算精度。显然，当所需精度范围很广时，动态方法可以提供更大的灵活性，并可以节省更多能耗和提高性能。另一方面，为了支持精度缩放，精度缩放通常会动态地向加速器添加额外的电路，从而导致额外开销，这可能会对能效产生不利影响。

3.3.1.2.1　降低设计时的精度

通常可以通过量化数据或近似计算的结果来降低精度[34]。为了降低设计时的精度，可以对系统中的所有数据进行统一的量化[14,18]，也可以基于数据类型[31]进行量化。例如，Minerva 是哈佛大学研究人员为优化神经网络加速器[31]而开发的一种自动化协同设计方法，根据数据类型使用不同的量化策略。将突触权重、神经元激活水平和中间生成值分别量化为 8 位、6 位和 9 位定点数。与传统的统一 16 位基准相比，这种类型量化策略使该工作中考虑的所有数据集（包括 MNIST、20 Newsgroups 等）的功耗平均降至原来的 1/1.5。

统一量化方案在设计时通过减小运算电路的位宽，可以直接降低功耗。还可以利用一些特殊的非均匀量化方案直接节能。例如，对于 2.5.3.2.2 节中讨论的对数量化，乘法可以作为对数域[35]的加法而有效地执行。对于更一般的非均匀量化，直接将量化的数据应用于算术单元可能不会有效地降低功耗，例如，对于只有 16 个可能的权重值的权重共享方案。每个权重可能仍然是 16 位，即使编码权重所需的有效位数只有 4 位。因此，可能需要特殊的方案来充分利用这种减少的量化水平。例如，可以使用基于量化表的矩阵乘法对任意量化的权重[32]执行有效的乘法。图 3.10 从概念上说明了这种技术。第一步是构造量化表，由于主动量化了权重，因此可以计算输入激活值和权重之间的所有可能乘积。例如，图 3.10 中假设了 16 个可能的权重值 $w_0 \sim w_{15}$。由于输入向量在进入计算引擎后将被重用多次，因此可以预先计算和存储乘法结果。这些预先计算的乘积存储在构造阶段的量化表中。在矩阵乘法中，可以根据权重索引读出相应的预计算乘积。这种技术与分布式算术[36]具有相同的原理，即在运行时以更少的计算交换存储空间。

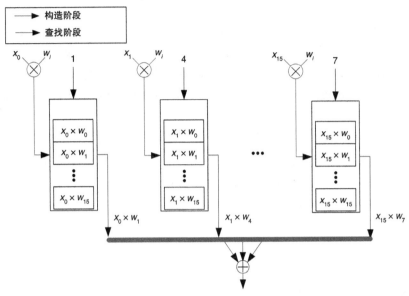

图 3.10   基于量化表的矩阵乘法示意图。在构造阶段，预先计算输入激活值和权重之间的乘积，以构建量化表。当进行矩阵乘法时，根据量化权重的索引读出预先计算的结果。来源：摘自文献[32]

作为压缩数据的极端方法，第 2 章介绍了二进制权重网络和二值化网络。这些网络的主要优点是它们可以进行更高效的硬件实现。这种能效上的优势确实通过二进制权重网络[37]和二值化网络[38-39]的硬件实现得到了证实。为了演示二值化网络如何简化硬件实现，图 3.11 演示了需要在二值化网络硬件[39]中实现的典型操作。当权重和激活值都是二进制数时，乘法简化为一个简单的 XNOR 运算。此外，sigmoid 激活函数本质上是取最终总和的符号位。通过这些简单的运算，可以在内存附近执行计算，从而减少数据移

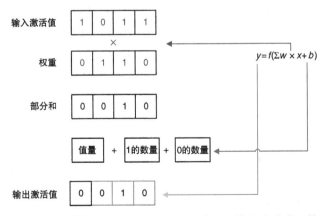

图 3.11   二值化网络加速器所需运算的示意图。乘法运算变为异或运算，激活操作退化为硬性阈值化。来源：摘自文献[39]

动。此外，通过简单地引入一个掩码位，就可以自然地实现三元加权，而不会产生太多的开销。二进制和三元网络的另一个优点是，通过将权重和激活值压缩成二进制或三元值，可以大大减小神经网络的大小。这样的降低可以消除对芯片外 DRAM 的需求，从而显著节省能源[38-39]。

3.3.1.2.2　运行时精度缩放

除了减少设计时精度之外，运行时精度缩放也是利用减少的精度的一种有吸引力的方法。进行运行时精度缩放的动机之一是，加速神经网络所需的精度和动态范围不仅在不同的网络结构中不同，而且在同一网络的不同层中也不同。例如，表 3.1[29] 给出了三种常用的深度网络结构中不同层所需的精度。可以看出，精度要求一般不是太高，特别是对于相对简单的网络，如 LeNet，其目标是更简单的任务。此外，如果能够容忍识别精度的轻微下降，则可以进一步降低所需的精度。如果底层硬件支持动态精度缩放，则可以很容易地利用这种每个网络和每个层的精度要求来提高系统的性能和能效。

表 3.1　每个卷积层需要的位数

网络	每一层的精确度（位）	
	100% 精确度	99% 精确度
LeNet	3-3	2-3
AlexNet	9-8-5-5-7	9-7-4-5-7
GoogLeNet	10-8-10-9-8-10-9-8-9-10-7	10-8-9-8-8-9-10-8-9-10-8

来源：数据摘自文献[29]。经 IEEE 许可转载

如前所述，在神经网络加速器中经常使用定点算法来提高能效。定点数字表示法的一个缺点是其有限的动态范围。一种补救方法是使用动态定点数字表示[33]。通过这样做，在加速器中表示数字所需的位数可以大大减少。此外，还可以使用对小数长度的逐层缩放来进一步减少位宽。例如，在文献[32]中使用了一个在线自适应方案来实现这种效果。用于表示系统中数字的小数部分的位的数目根据溢出条件进行了调整。结果表明，所提出的在线自适应方法不仅优于定点数表示法，而且优于不需要在线自适应的动态定点数表示法。与 32 位浮点基准实现的 69.9% 的 top-1 精度相比，4 位字长可以实现 66.3% 的 top-1 精度。

为了真正利用不同网络或网络中不同层所需要的动态精度，通常需要具有可配置精度的加速器，因为可以用降低的精度来换取能效或吞吐量。为了以功耗换取精度，可以很容易地利用近似计算的各种技术，如使用近似算术单元和电压超标度[40-41]。降低计算精度的一个直观方法是直接丢弃较低的位[30,42]。以一个乘法器为例，通过防止输入的较低位的转换，可以减少转换活动，这有助于降低功耗。此外，在许多算术电路如加法器和乘法器中，关键路径从输入的最低位开始。因此，如果我们可以忽略较低的位，电路的关键路径就可以缩短，这就提供了降低电源电压的机会。这种电源电压的降低对降低功耗有二次效应。该方法在文献[30]中称为动态电压精度调解（DVAS）。

为了以精度换取吞吐量，一种流行的方法是将一个高精度的计算划分为多个低精度的计算。使用这种方法，系统中的基本构件通常是低位宽的算术单元。当需要进行低精度计算时，这些构建块可以直接使用。另一方面，当需要进行高精度计算时，这些低位宽算术

单元中的每一个都被用来作为计算结果的一部分。然后将几个单元的输出按时间[29,35,43-44]或按空间[45-46]进行聚合，以形成最终结果。图 3.12 从概念上比较了这两种聚合方法。

在时间聚合中，操作数中的位按顺序输入算术单元。例如，为了利用深度神经网络中每一层在数值精度上的差异，Stripes[29]采用了位串行策略。二进制数是逐位处理的，以适应可变长度的数字表示，对部分结果进行了时间上的聚合。如果并行度保持不变，位串行计算必然会延长计算时间。值得注意的是，在神经网络计算时所存在的固有并行性使 Stripes 能够利用其他维度上的并行性来补偿折中的吞吐量。在文献[43]中，与分布式算法[36]类似的预计算被用来将计算成本分摊到相同输入向量的多次重用上，而不是直接进行位串行计算。除了在时域内对部分结果进行累加外，还可以展开累加循环，在空间域内进行累加[45-46]，如图 3.12 所示。

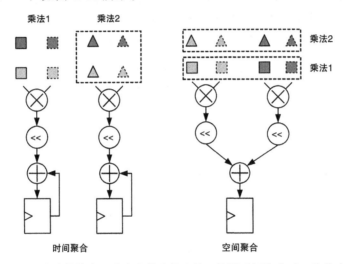

图 3.12   位精度可缩放结构中两种聚合模式的比较。使用时间聚合时，将位串行地输入乘法器，计算结果需要几个周期。通过空间聚合，位可以被并行地输入到乘法器中。来源：摘自文献[46]。经 ACM 允许转载

3.3.1.3   利用稀疏性

许多常见信号在自然界中是稀疏的。某些形式的稀疏性可能在高维原始形态中直接可见，而其他形式的稀疏性可能只出现在低维特征空间中。这种类型的稀疏性依赖于实际的输入，直到运行时才知道，因此在一些文献中它也被称为动态稀疏性。另一种类型的稀疏性来自网络结构，它可能来自如网络修剪。这类的几个代表性的例子已经在 2.5.3.2.1 节中介绍过了。这种稀疏性不会随着输入信号的变化而改变，并且在编译时就已经知道了。因此，它常被称为静态稀疏性。对于这两种稀疏性，为了充分利用它们，需要在硬件上进行特殊处理。

3.3.1.3.1   稀疏连接

稀疏连接可以有多种形式。例如，卷积层是一种稀疏连接，只有接受域的输入神经元连接到输出神经元。这种连接中的结构稀疏性很容易被利用，而不需要在硬件中进行太多的调整。类似地，正如在第 2 章中讨论的，结构化剪枝方法通常也会导致突触权重的规则结构，从而有利于高效的硬件实现。

稀疏连接的一个直接好处是减少了需要存储的参数。突触权重的减少可能有助于避免外部的耗电 DRAM。例如，Han 等人[47]的研究表明，从 DRAM 到 SRAM 可以利用网络的稀疏性将能量消耗降至原来的 1/120。与结构稀疏性不同，随机稀疏性通常需要一些编码和解码方案来存储稀疏权重矩阵。常用的方法是压缩稀疏行（CSR）和压缩稀疏列（CSC）格式[4,47-48]。

利用计算中突触权重的稀疏性的一个困难是，通过非结构化剪枝获得的稀疏连接通常没有规则的模式。因此，通常需要专门设计的硬件来利用这种分散的稀疏性。例如，在 Cambricon-X 中，一个专门为加速稀疏神经网络[49]而设计的加速器，在编码跳过零权重的地方使用了权重压缩。索引模块用于选择神经网络中有效计算所需的神经元。与 DianNao 基准加速器相比，Cambricon-X 的性能提高了 7 倍以上，能效提高了 6 倍以上[49]。

3.3.1.3.2 稀疏激活

与通常在剪枝后的网络中看到的稀疏连接不同，在几乎所有使用校正线性单元（ReLU）激活函数的现代深度网络中都可能遇到稀疏激活值。在文献[50]中发现，在各种有名的深度网络结构中，大约有 40%～50% 的神经元激活为零。激活向量中的零携带的信息很少，但它们仍然可能占用大量的存储空间和通信带宽。因此，利用激活中的稀疏性的一个直接方法是压缩激活信息，以减少存储和移动激活信息所消耗的能量[18,30]。例如，在 Eyeriss 中，为了节省通信能耗，使用了一种运行长度压缩方案来压缩稀疏的激活向量。

除了减少内存占用和通信带宽之外，利用稀疏激活的另一个机会是在计算中。典型 ANN 中的零值激活不会传播到后续层。因此，可以安全地删除零激活，而无须更改最终结果。请注意，许多 ANN 加速器都利用了零激活，以提高能效或吞吐量。有两种利用这种稀疏性的方法：绕过或跳过零激活。

利用稀疏激活的一种比较直观的方法是对数据路径设置数据门控[18,30-31]。例如，在 Eyeriss 中使用数据门控来禁用滤波器权重获取，并防止 MAC 单元在检测到零输入激活后进行切换，以节省能耗。使用这种数据门控逻辑，节省了 45% 的电能。除了零激活，小激活值也可以修剪掉，以提高效率。在 Minerva 中，为了跳过不必要的计算[31]，利用小激活值作为稀疏性。与其他大激活值相比，小激活值对最终输出的影响很小。因此，可以在不显著降低系统性能的情况下丢弃小激活值。在 Minerva 的数据路径中，使用比较器来确定激活是否大于预定义的阈值。如果激活值太小，则不会从 SRAM 存储器中获取突触权重，从而节省了存储器访问的功耗。此外，当检测到较小的激活时，可以对以下寄存器进行时钟门控，从而降低了系统的动态功耗。这种修剪和数据门控策略在该工作中使用的所有数据集上平均节省了 1/2 的电量[31]。

另一个可能产生更高回报的更复杂方法是跳过零激活。跳过零激活比跳过零权重更难。这是因为突触权重的稀疏性是在编译时就可知道的静态信息。因此，只要目标加速器足够灵活，就可以将实现有效映射和计算的负担转移到编译器方面。另一方面，激活的稀疏性只能在运行时观察到，这就要求硬件自己找出如何最佳地安排计算和跳过零值。为了有效地跳过激活中的零值，近年来提出了许多硬件体系结构。其中一些专注于跳过零激活[50]，而另一些既可以跳过零激活，也可以跳过零突触权重[47,51-52]。

例如，Han 等人开发了高效推理机（Efficient Inference Engine，EIE），利用动态和

静态稀疏性[47]，加速压缩深度神经网络的计算。通过这样，可以有效地跳过权重矩阵中的零值。除了网络结构中存在稀疏性之外，还可以通过仅计算非零激活级别来利用数据级稀疏性。前导非零检测模块可以检测到非零激活，并将其传递到 PE 中的激活队列。

为了适应更多的层结构（如卷积层），Parashar 等人[52]提出了稀疏卷积神经网络（SC-NN）架构。SCNN 基于一个输入平稳的数据流，在这个数据流中，神经元的激活值和突触的权重都以压缩的形式进行编码，以避免不必要的计算。数据流将非零输入激活值和非零突触权重传递给乘法器阵列，以形成有效的计算。通过这样，将复杂度转移到所得的部分的总和。这可以通过基于稀疏部分和的坐标来完成。

许多试图同时跳过零权重和零激活值的加速器所面临的一个常见问题是负载平衡问题，这是由激活或突触权重中零值的不均匀分布所引起的[47,51-52]。突触权重的零值不平衡可以通过给一组 PE 分配相同数量的零值来解决，因为这些权重在编译时是已知的[51]。对于输入激活中的不平衡，通常可以使用队列结构来缓解这个问题[47]。

在文献[53]中，Albericio 等人进一步采用了跳过零值的概念。在该工作中，在位串行处理的帮助下，不仅跳过了零激活，而且还跳过了非零激活中的零值。零有两种类型：静态零和动态零。这两种零如图 3.13 所示。在图中，假设系统的精度为 8 位，而当前的任务只需要 5 位的精度。静态无效的零值是指可以在编译时发现的零值。例如，在图 3.13 中，前两个零值和最后一个零值是静态零值，因为我们事先知道对于我们感兴趣的任务，这些位将是零。另一方面，动态无效零值是指只能在运行时检测到的零值。能够跳过零位可能是一种非常有效的技术，可以提高能效以及加速器的吞吐量，如文献[53]所示，在现代 CNN 中，激活的位中约有 92% 为零。实用主义背后的思想在概念上很简单：原来的并行乘法可以分解为串行-并行的移位和加法运算，因此可以跳过零位。为了实现位串行处理，提出了几种设计方法。在所有提出的策略中，与 16 位 DaDianNao 基准相比，结果为 4.31 倍的速度提高和 1.70 倍的能效增加，而区域开销为 1.68 倍。

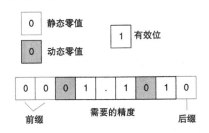

图 3.13　文献[53]中定义的静态和动态零值。静态零值和动态零值分别指那些可以和不能由先验确定的零值。假设系统使用 8 位定点数表示，所需的精度仅为 5 位。来源：摘自文献[53]。经 ACM 允许转载

尽管文献中有很多工作侧重于利用输入激活中的稀疏性，但输出激活中的稀疏性也可以利用。实际上，前层中的输出激活是下一层的输入激活。然而，这两种稀疏性的使用方式是完全不同的，如图 3.14 所示。对于一个输入零值的激活，可以在不影响最终结果的情况下，去除连接到相应突触前神经元的乘法部分。在硬件实现中，可以通过数据限制 MAC 操作或直接跳过激活来实现，如前所述。深度神经网络中的零激活通常是应用 ReLU 激活函数的结果，其中负数部分的函数值为零。因此，如果我们事先知道突触

后神经元的部分和是负的，我们就可以安全地移除连接的突触，直接输出零值而不改变最终的结果。然而，这里的困难在于因果关系。怎样才能在不实际计算的情况下求出部分和的符号呢？事实证明，在所有的计算执行之前，有方法知道这些信息。例如，在文献[54]中显示，如果所有的输入激活都是正的，则如果观察到负的部分和，则通过将权重按特定的顺序排列，可以提前终止数据通道。这种相对保守的方法不会对神经网络的分类精度造成任何损失。一种更积极的方法是对部分和的符号进行推测。可以基于某些规则[54]或通过权重矩阵的低秩近似的试验计算[55-57]来实现推测。

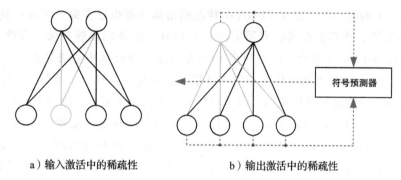

a）输入激活中的稀疏性　　　　　　　　b）输出激活中的稀疏性

图 3.14　两种典型的稀疏性方法的比较。通过跳过涉及那些激活的计算，可以直接利用输入零值激活。另一方面，跳过输出激活通常需要推测

3.3.2　FPGA 加速器

FPGA 是可以重新配置以进行不同类型的计算和运算的硬件。它通常用作原型，用于在构建昂贵的 ASIC 之前验证算法和体系结构。如图 3.1 所示，FPGA 为通用处理器和 ASIC 提供了一种有吸引力的替代方案。与通用处理器相比，它通常每瓦提供更多的性能，而与固定功能 ASIC 相比，它具有更大的灵活性。因此，许多研究人员已将其用作原型设计的原型，甚至一些大型公司也将其用作进行深度学习的平台。

在 FPGA 上实现神经网络甚至在深度学习变得流行之前很久就开始了[58-60]。在许多情况下，FPGA 被用作快速原型来演示算法的有效性。最近，随着深度学习的重新兴起，对高效能、高吞吐量的硬件有着巨大的需求，以执行深度学习任务。建立低功耗、高性能的基于 FPGA 的人工神经网络加速器的策略与前一节介绍的类似。例如，优化数据访问模式[61]、融合层卷积[62-63]、对系统中的数据进行量化[64-65]，以及利用网络的稀疏性[66-67]，在基于 FPGA 的加速器环境中也被证明是非常有效的。

然而，FPGA 的许多设计约束与 ASIC 不同。尽管 FPGA 具有更高的编程灵活性，但它的资源（如可用编程单元的数量和 DRAM 带宽）通常是硬性限制的。因此，如何在资源约束下获得最优的性能和能效一直是众多学者研究的课题[61,65,68]。例如，Zhang 等人在文献[61]中介绍了一种在 FPGA 上实现 CNN 的设计方法。对于每个特定的 FPGA 平台，可以建立一个 Roofline 模型，探索相应的设计空间。Roofline 模型的基本思想是计算引擎的性能受到可用计算资源（计算边界）或可用内存带宽（内存边界）的限制。最优设计应该选择能够利用系统中所有计算资源的并行度，但是内存带宽要尽可能低。通过这样的设计方法，提出了一个基于 FPGA 的加速器，并与一个 16 线程的软件解决方案相比拥有 4.8 倍的加速。

前面曾提到，与 ASIC 相比，FPGA 的一个最大的优势是它的灵活性。然而，编程的灵活性并不等于编程的轻松。事实上，与通用处理器相比，在 FPGA 上编程可能更具挑战性，特别是对于那些对底层硬件了解不多的设计人员来说。因此，为了方便在 FP-GA 结构上部署神经网络，最近有许多研究提出了一种在 FPGA 上映射神经网络的方法[69-71]。利用高级编程工具对 FPGA 进行编程通常是一个具有挑战性的问题[72]。然而，最先进的深度神经网络具有非常规则的网络结构，并且只涉及几种类型的规则算术运算。因此，可以利用模块化设计方法将用高级编程语言描述的网络映射到底层 FPGA 平台[69,71]。

除了学术上的努力外，基于 FPGA 的神经网络加速器也已在商业领域得到采用。微软研究院报告[73]，他们正在通过利用 Catapult 中开发的基础设施来加速深度 CNN，该项目是微软在 2014 年宣布的，旨在利用 FPGA 加速各种数据中心级任务[74]。据说，与 GPU 相比，FPGA 方法能够提供良好的吞吐量，而功耗仅为其一小部分。能效的这种提高对于数据中心来说是很有价值的，因为功耗已成为近年来需要解决的主要问题之一。

最近，微软宣布了它的 Brainwave 项目，该项目的目标是建立硬件平台来加速深度学习任务[75-76]。这里的原理是使用批处理大小为 1，即不进行批处理，以避免由大量的批处理导致的延迟损失。另一方面，可以通过利用服务请求中的并行性来优化吞吐量。据报道，采用这种策略，只需一个 FGPA，就可以在 1ms 内完成计算成本为 ResNet-50 的 5 倍的大型门控递归单元模型。这种低延迟转化为 39.5 TFLOPS 的有效吞吐量[75]。

3.4   模拟/混合信号加速器

自人工神经网络诞生以来，研究人员已开始研究构建模拟神经网络硬件的可能性。在 20 世纪 90 年代，许多研究人员认为基于模拟的神经网络硬件可能是正确的方法[77-80]，因为人工神经网络的灵感来自进行模拟计算的大脑。但是，随着 2000 年左右技术的发展，新技术节点更喜欢数字电路，而不是模拟电路。此外，基于硬件的神经网络的实现趋势不再流行，因为当时神经网络的用途非常有限。

因此，在这段时期内，基于模拟的神经网络的工作在文献中似乎很少。最近，由于深度学习取得了巨大的成功，人们对基于硬件的神经网络的兴趣重新燃起。由于神经网络中所需的矩阵-向量乘法可以借助物理定律方便地建立在模拟电路中，因此模拟计算又重新成为焦点。在本节中，将介绍模拟神经网络的一些最新工作。

3.4.1   传统集成技术中的神经网络

3.4.1.1   内存内计算/近内存计算

许多模拟实现所用的方法之一是内存内计算/近内存计算。在图 3.15 中，在加速神经网络应用的情况下，比较了传统的基于数字的计算和一种流行的内存内计算/近内存计算类型，即 SRAM 中的模拟计算。在数字加速器中，突触权重通常存储在 SRAM 阵列中。因此，权重需要先读出并锁存到寄存器中，然后才能输入 MAC 阵列进行进一步处理。考虑到所涉及的大量权重，这种存储器内容的读出和数据传输是代价比较大的。为了解决这个问题，通常利用内存内计算。通常不将数据从 SRAM 中读取，而是将数据发送到 SRAM，并且直接在 SRAM 阵列内部进行计算。为此，通常需要模数转换器（ADC）和数模转换器（DAC）。对于大多数 SRAM 单元，通常暴露于外围电路的两个端口是字线（WL）和位线（BL）。因此，为了与就地存储在 SRAM 单元中的位交互，需要以某种方式从 WL 或 BL 注入信息。文献[81-85]中已经证明了实现这一目标的各种方法。为了说明这一思想，我们以三种不同的实现方式作为示例进行讨论。

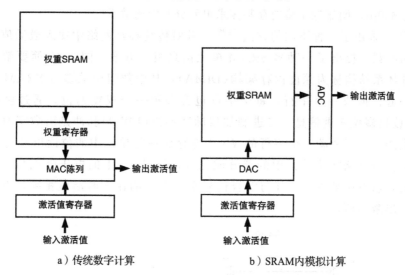

图 3.15　传统数字计算与 SRAM 内模拟计算的比较。在传统的方法中，存储在 SRAM 阵列中的突触权重需要在实际计算发生之前被读出并传送到寄存器。大量的内存访问在能耗上的代价较大。另一方面，当使用内存内计算方法时，MAC 操作直接在内存中执行，从而节省了内存访问的能量

　　由许多增强的线性分类器组成的分类器是由普林顿大学的研究人员实现的[82]。图 3.16 说明了这种方法背后的主要策略。该分类器的结构类似于一列传统的 SRAM 单

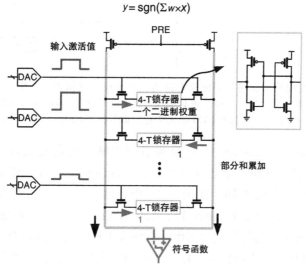

图 3.16　SRAM 内分类器的架构。SRAM 单元的字线由 DAC 驱动，DAC 的输入由输入激活值决定。然后将存储在单元中的二进制权重与输入激活值相乘，形成单元电流。单元电流在位线上累加得到部分和。来源：摘自文献[82]

元。这里的不同之处在于，WL 是由模拟电压驱动的，而不是数字电压。DAC 通过电流 DAC 和单元复制电路将数字输入特征转换为模拟 WL 电压，单元电流大约与输入激活值的大小成比例。然后存储在 SRAM 单元中的二进制权重决定从哪个 BL 中释放电荷，这起了乘法的作用。输入激活值和二进制权重之间的乘积在 BL 上求和。然后使用一个轨对轨比较器对结果进行硬性阈值处理，形成分类结果。这种 SRAM 内处理使每个分类的能量度量为 630pJ，明显低于将内存和算术单元分开的离散系统。

Kang 等人采用了一种不同的方法[84-85]。针对传统神经网络中输入激活值和权重均为多比特的问题，提出了一种多 SRAM 单元信息组合方案。图 3.17 简要解释了这个想法。硬件体系结构称为深度内存架构（DIMA），其中数组中的多行 SRAM 单元逻辑地组合在一起，形成一个字行。每个字行包含表示一个权重的位。通过声明相应的 WL，可以读出多位权重信息。二进制加权脉宽调制（PWM）脉冲是由数字时间转换器（DTC）产生的，用于驱动一个字行的 WL。将存储在位单元中的位读出并对 BL 求和。由于单元电流与存储在位单元中的部分成比例，所以 BL 上的电压降也与权重近似成比例。然后，该电压被感知，并与混合信号乘法器中的输入激活值相乘，以得到部分和，然后输出激活值。

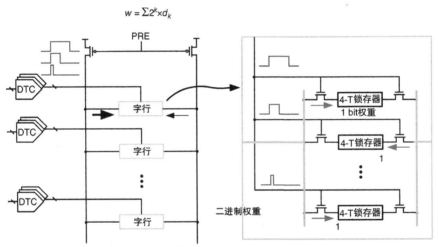

图 3.17　DIMA 中采用的技术实现了多位权重读出。每个权重存储在一个字行中，该字行由若干个 SRAM 单元的物理行组成。将二进制加权 PWM 脉冲通过 DTC 注入 WL 中。在 BL 上流动的电流和 BL 上的电压大约与 SRAM 单元中存储的权重成比例。来源：摘自文献[85]

第三种方法采用了 conv-RAM，这是麻省理工学院的研究人员开发的一种计算技术[83]。这项工作的目标是加速第 2 章中介绍的二进制权重网络。图 3.18 说明了这种技术。与图 3.16 所示的方法不同，在图 3.16 中，输入特性通过调节 WL 电压输入到 SRAM 单元中，conv-RAM 通过 SRAM 阵列的 BL 注入输入。注入是通过向 BL 注入电流源来完成的。电流源接通的持续时间由一个输入为输入激活值的 DTC 控制。因此，预充电后，BL 上的电压与输入特性成正比。文献[83]认为，与文献[82]相比，这种方法可以产生容忍度更高的设计。此外，由于使用了 10-T 单元，BL 上的信号的动态范围可以提高，而不必担心使用 6T SRAM 单元时可能发生的写入干扰。在读取阶段，取决于存储在位单元中的信息，两个 BL 之一会接地。这等效于将 1 位权重信息与输入激活值相乘。然后，在乘平均（MAV）电路的帮助下，将不同的部分总和相加。最后，基于电荷共享的 ADC 用于将模拟结果转换为数字形式。

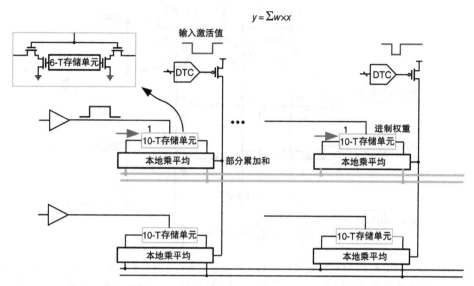

图 3.18　conv-RAM 中使用的技术。输入激活值通过预充电 BL 注入一定的电压水平。存储在 SRAM 单元中的二进制权重被读出并乘以 BL 电压。然后使用电荷共享对所有部分和进行求和。来源：摘自文献[83]

　　除了数字存储的权重之外，以模拟形式存储的权重在过去也已在模拟加速器中得到利用[86-88]。Chen 等人报道了一种用于极限学习机（ELM）的模拟加速器，称为机器学习协处理器（MLCP）[87]。ELM 是 Huang 等人在 2004 年[89]提出的一种神经网络。其与其他神经网络相比的独特之处在于其输入权重无须调整[90]。只需要学习与输出层相关的突触权重，这种机制为硬件实现提供了一些好处。例如，在模拟设计中利用 ELM 的一个吸引人的优势是，输入层中固定的随机权重可以通过具有制造失配的电流镜像阵列轻松实现[87]。

　　图 3.19 显示了 MLCP 中主要数据路径的基本思想，当前的镜像阵列用于实现 MAC 操作。由于局部工艺变化，晶体管对之间的不匹配自然而然地获得了隐藏层中所需的随机权重。Chen 等将电流镜像偏置到亚阈值区域，这不仅实现了低功耗，而且电流放大率变化很大，网络的输入被转换为电流，并根据电流镜像阵列的增益进行放大。获得的部分和为电流形式，并垂直求和。电流被输入电流控制振荡器（CCO），CCO 将输入电流转换成数字脉冲串。脉冲由计数器收集，有利于进行模拟到数字的转换。激活函数可以通过 CCO 的非线性传递函数来实现，如图 3.19 所示。

　　Lu 等人提出了另一个使用模拟权重进行内存内计算的例子，其中演示了一个基于浮点门的模拟深度学习引擎（ADE）[88]。ADE 由浮栅存储器组成，用于为学习和推理所需的参数、可重构模拟计算单元、距离处理单元和训练控制电路提供非易失性存储。所采用的学习算法为 K 均值聚类。电流模式电路以及晶体管的亚阈值偏置被广泛用于有效地实现神经网络。浮栅存储器提供电流输出，可以由电流模式电路直接利用。该加速器每秒能够处理 8300 个输入向量，在 3V 电源电压时仅消耗 11.4μW。

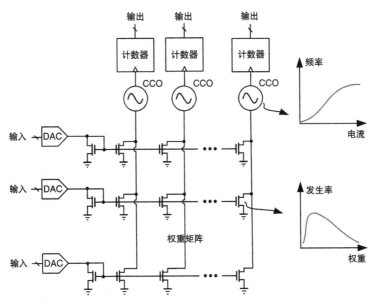

图 3.19　MLCP 实现 ELM 的示意图[87]。输入层被实现为当前的镜像。晶体管之间的不匹配很
　　　　容易被用来实现 ELM 中的随机权重。隐藏层神经元以电流控制振荡器的形式实现，
　　　　电流控制振荡器驱动输出计数器。来源：摘自文献[87]

3.4.1.2　近传感器计算

对于内存内计算，可以减少读取内存所消耗的功率。类似地，对于就近对传感数据进行推理的系统，模拟计算可以用来直接处理从传感器收集的数据，以节省 ADC 消耗的能量。图 3.20 说明了这个想法。在传统方法中，首先对模拟信号进行采样和量化，然后利用数字神经网络加速器进行推理。另一种方法是直接对传感器采集的模拟信号进行操作，将提取出的模拟域特征转换成数字形式以进行进一步处理。这种方法的主要目的是降低 ADC 的功耗。事实上，在许多神经网络中，高维的原始数据被逐渐细化成低维的特征。因此，即使经过一层特征提取，需要处理的数据量也可以大大减少。因此，通过利用 ADC 前的高能效模拟处理，可以显著减少功耗高的 ADC 的工作负载。近传感器计算通常涉及存储在数字存储器中的模拟原始输入数据和突触权重。因此，常常需要混合信号的 MAC 操作。以混合信号方式进行 MAC 有许多方法，图 3.21 中显示了两种常见的方法。

a）在传统方法中，模拟信号首先由ADC进行采样和量化，然后
　　使用后端数字加速器执行MAC操作

b）直接对模拟域的接收数据进行模拟/混合信号计算

图 3.20　直接对传感器采集的数据进行推理的两种方法的比较。通过这样，需要大量能耗
　　　　的 ADC 的工作负载通常可以显著降低

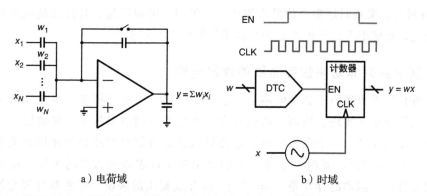

a) 电荷域　　　　　　　　　　　　b) 时域

图 3.21　在电荷域(摘自文献[91])和时域(摘自文献[92])中实现混合信号 MAC 操作。在电荷域中计算时，输入激活值与电容值编码的权重相乘，并转换成电荷。在时域中计算时，将输入激活值转换为脉冲序列，脉冲序列的相位在时间窗口中累加，时间窗口的持续时间由突触权重控制

第一种方法是在电荷域[91,93-94]中实现 MAC 操作。输入到混合信号 MAC 单元的模拟电压首先被转换为电荷，并存储在电容器中。输入电容器根据需要乘以的权重进行编程。在这种电压到电荷的转换过程中，会通过经典方程 $Q=CV$ 进行乘法运算，其中 Q 是存储在每个输入电容器上的电荷，C 是输入电容器的电容，可以编程为权重的值，V 是输入电压。在图 3.21a 中，计算结果仍处于模拟域。也可以将混合信号的 MAC 单元与 ADC 合并[93-94]。例如，Wang 等人在文献[94]中将开关电容反馈分频块加入逐次逼近寄存器(SAR)ADC 中以实现乘法运算。这个想法是，只要系统的环路增益足够高，反馈路径上的分频就表现为与外界的乘法。除法电路可以方便地实现为无源电路，与有源电路相比，该电路通常可以实现更好的线性度。在电荷域中进行计算的一个优点是这通常是节能的，因为电荷在泄漏之前可以尽可能多地重用。这与数字电路相反，在数字电路中，电路中的电容器反复充电和放电。另外，与全摆幅数字乘法器和加法器树相比，电荷守恒节点处相对较小的信号摆幅也可以帮助节省能量[95]。

实现混合信号 MAC 单元的第二个示例是在时域(或相位域)中对信号进行编码[92,96]。在图 3.21b 中，电压控制振荡器(VCO)用于将模拟输入转换成频率与输入电压在一定范围内近似成正比的脉冲串。DTC 用于将数字存储的权重转换为时域信号。通过这样，两个操作数被转换成一个脉冲串和一个脉宽调制脉冲，如图 3.21b 所示。当 DTC 输出高的时候，乘法结果可以作为 VCO 的累积相位。为了帮助理解这一过程，VCO 的频率可以描述为 $f=K_{VCO}x$，其中 x 是该 VCO 的输入，K_{VCO} 是与该 VCO 的输入电压及其振荡频率相关的常数。DTC 的脉冲宽度可以建模为 $T=K_{DTC}w$，其中 w 为数字形式的突触权重，K_{DTC} 为 DTC 的增益。因此，累积相位可以表示为

$$\phi=2\pi\int_0^T f\,\mathrm{d}t=2\pi\int_0^{K_{DTC}w}K_{VCO}x\,\mathrm{d}t=2\pi K_{DTC}K_{VCO}wx \tag{3.1}$$

显然，VCO 的累积阶段与突触权重和输入激活值的乘积成正比。为了读出相位累积，我们仍然需要时间-数字转换器(TDC)来将时间/相位域的信息转换回数字域。这可以通过一个计数器方便地实现，如图 3.21b 所示。有了这个计数器，MAC 操作所需的累积可以在计数器中自然发生。此外，ADC、VCO 以及计数器可以一起实现一个一阶的 Σ-Δ 调制[97]。换句话说，量化振荡器相位时的量化残差在 VCO 中累积，这有助于提高

ADC 的分辨率。采用时域混合信号电路的一个吸引人的原因是，与传统的电压域混合信号电路相比，时域混合信号电路通常从技术指标中获益更多[98]。

3.4.2　基于新兴非易失性存储器的神经网络

由于现代技术更倾向于数字电路而不是模拟电路，因此近年来许多计算密集型应用都趋向于以数字形式实现。然而，通过混合一些更先进的纳米技术，模拟加速器有时可以显示出一定的优势。一个很好的例子是在模拟或混合信号加速器中使用忆阻器。自从忆阻器于 2008 年首次被证明[99]以来，它们就引起了许多研究人员的关注。作为缺失的第四电路元件，忆阻器的存在是 Chua[100] 在 40 年前提出的假设。忆阻器可视为带有记忆的电阻器。忆阻器件的电阻是由通过该器件的电荷量控制的[101]。迄今为止，已经制造并展示了多种类型的忆阻器件，例如铁电忆阻器[102]、基于单根纳米线的忆阻器[103]、基于 TiO_2 的忆阻器[104]、基于氧化物异质结构的忆阻器件[104] 等。除了忆阻器，还有许多其他类型的新兴非易失性存储器(NVM)技术。多年来，人们花了很多精力来实现基于这些新兴 NVM 技术的神经形态硬件[1053106]。

3.4.2.1　交叉开关作为大规模并行引擎

高密度基于 NVM 的 ANN 可以以交叉开关的形式实现，这在文献中非常流行。忆阻器交叉开关的一个示例如图 3.22 所示。利用欧姆定律和基尔霍夫定律进行计算，通过将阵列中忆阻器的电导编程为权重矩阵中各元素的值，可以很自然地进行矩阵-向量乘法。当输入向量以电压的形式在字线上表示时，每一列上获得的电流的大小对应于输出向量中的每一个元素。这样的计算模型是大规模并行化的，因为整个矩阵-向量乘法可以一次完成。由于交叉开关的输入和输出通常是数字形式，所以通常需要 ADC 和 DAC 来执行转换。

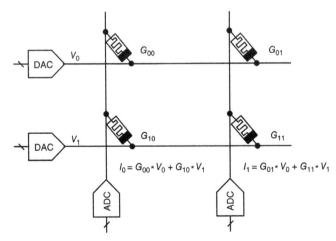

图 3.22　模拟域中使用忆阻器件进行矩阵-向量乘法的示意图。电压施加在字线(水平线)上，位于交叉点的忆阻器件将电压转换成与电导值成正比的权重电流。对同一位线(垂直线)上的电流求和，形成计算结果

与通常用于存储数字 ANN 加速器的突触权重的 SRAM 单元相比，新兴的基于 NVM 的单元通常更小，并且具有存储多位值的潜力。因此，突触权重可以方便地直接存储在一个基于 NVM 的交叉开关上，这消除了对其他非易失性存储或 DRAM 的需要。

因此，可以避免功耗的片外通信流，这有助于降低功耗。此外，内存内计算可以很自然地以交叉开关结构进行，这样可以减少数据的移动，进一步提高系统的能效。

然而，基于 NVM 交叉开关的矩阵乘法确实给设计者带来了一些挑战。第一个挑战是如何对交叉开关进行准确编程。考虑到各种非理想因素（例如器件变化、互连电阻等），将交叉开关中的每个 NVM 单元的电导值编程为所需值并不容易。解决该问题的一种方法是通过可以直接调整 NVM 单元中权重的片上学习。对于仅需要推理的应用而言，这种方法可能过于繁重。另外，需要一种闭环方法来持续监视每个目标 NVM 单元的电导[105,107-110]。Hu 等人提出了一种将任意矩阵映射到交叉开关矩阵上的转换算法[109]。这种映射方法依赖于一个高效率的求解器，它可以帮助模拟阵列中的电压和电流。最终的映射可以通过几个调优和优化步骤获得。利用所提出的映射算法，将神经网络映射到一个基于存储器的交叉开关上，与软件基准相比，没有观察到性能的下降。此外，由于高效的交叉开关结构，与数字 ASIC 方法相比，速度效率的比较结果提高了 3 到 4 个数量级。

除了初始化交叉开关阵列外，随着推理的进行，施加在交叉开关上的小电压可能会使忆阻元件的电导偏离其初始值。这样一个逐渐偏离期望突触权重的过程可能会降低推理的准确性。因此，有时需要特殊处理来抵消这种电阻漂移。例如，在 Harmonica 中，一个带有忆阻器交叉开关的异构计算系统框架[111]，片内校准被用来周期性地刷新突触权重，以解决权重漂移的问题。

与基于交叉开关的计算相关联的第二个挑战来自模拟计算的精度相对较低。例如，在图 3.22 中假设线性常数电导用于执行矩阵-向量乘法。然而，在实际过程中，每个 NVM 单元的电导可能依赖于输入电压。这种非线性不可避免地会在最终的计算结果中引入误差。另外，在模拟计算中，通常很难达到较高的计算精度。尽管已知神经网络可以容忍计算中的不精确性，但文献中的许多神经网络加速器仍尝试保持 16 位定点精度。为了实现这个准确率，一个简单的方法是要求阵列中的每个忆阻器能够存储 2^{16} 个不同的电导级，并且每个 ADC 的精确度高于 16 位。在模拟计算系统中实现如此高的精度既困难又成本高。因此，为了抵消忆阻器中的非线性以及模拟方法中的低精度，通常仅几位存储在忆阻器件中。例如，在 ISAAC 中，一个基于记忆器交叉开关的神经网络加速器[112]，每个忆阻器只存储 2 位信息，多个忆阻器用于存储一个突触权重。此外，将输入向量一位一位地输入交叉开关中，通过移位和加法得到最终结果。这种方法本质上用多个低精度计算代替了一个高精度计算。低精度运算在空间和时间上分布，以利用交叉开关阵列的高密度和大规模并行化。同样，在 PRIME 中，另一个基于忆阻器交叉开关的神经网络加速器[113]，每个忆阻器用于存储 4 位信息，并且两个单元组合起来代表一个 8 位突触权重。

有趣的是，如果实现二进制权重或二值化网络，NVM 交叉开关的上述两个问题可以得到极大的缓解。当神经网络的权重限定为二进制值时，一个 NVM 单元的两个稳定状态自然可以作为二进制权重。在这种情况下，交叉开关阵列的编程是简单地设置和重置位单元，与需要仔细进行闭环编程的多位情况相比，这种二进制编程要容易得多。当交叉开关阵列的输入和输出都是二进制向量时，NVM 设备的非线性特性将不再有问题。此外，传统的交叉开关阵列所需的 A/D 和 D/A 转换通常会消耗大量电能。在文献[114]

中发现，即使使用低精度的 3 位 ADC 和 DAC，与 ADC 和 DAC 相关的开销也大约是系统功耗的一半。采用二值化神经网络可以避免对多位 ADC 和 DAC 的需求，显著提高了系统的能效。由于这些优点，许多基于 NVM 交叉开关的二值化网络最近已经通过仿真模拟[115-116]或在预制原型上的实验[114,117-118]得到了证明。

二值化网络是算法-架构协同设计的一个很好的例子，它将设计的复杂性大大转移到离线训练方面，这样就可以在硬件上进行快速和低功耗的推理。Li 等人[119]提出了一个有趣的、具有类似原理的工作。这项工作的主要动机是将需要大量电能的 A/D 和 D/A 接口合并到交叉开关中，从而降低系统的电能消耗。这是通过直接在二进制模式上训练神经网络来实现的。由于在二进制编码方案中，与最低有效位(LSB)相比，最高有效位(MSB)对推理结果的影响更大，因此对损失函数进行了修改，使与 MSB 相关的误差具有更大的权重。有了这种方法，到交叉开关的输入和输出就可以进行二进制编码，这就不需要 ADC 和 DAC 了。

3.4.2.2 交叉开关学习

正如前一节所提到的，基于 NVM 交叉开关的神经引擎面临的一个挑战是如何精确地编程所需的突触权重，这种困难可以通过片内学习来克服。事实上，学习是一个闭环反馈过程，可以校准电路中的许多非理想性。传统的基于反向传播的梯度下降学习也涉及大量的矩阵乘法。因此，理论上，一个优化矩阵乘法的 NVM 交叉开关也可以用来加速学习过程。然而，学习本身是一项艰巨的任务。从概念上讲，训练比推理更复杂，因为在这个阶段存在更复杂的数据依赖关系。为了解决这个问题，文献[120]提出了一种流水线架构，称为 PipeLayer，它可以加速训练和推理阶段。为了加速训练阶段，在层间和层内的流水线方案上进行了创新，以更有效地利用算法的并行性和固有的数据流。使用新提出的架构，在涉及训练和推理的任务中，与基准 GPU 相比，速度提高了 42 倍以上。

基于 NVM 交叉开关的在线训练的另一个难点是设备的非理想性。图 3.23 展示了将一串编程脉冲应用于 NVM 设备时电导变化的典型曲线[105,121-122]。如图所示，三种常见的非理想性是：(1)一个有限的可实现的电导范围；(2)更新权重的随机性；(3)电导增加和减少的不对称性。这三种非理想性对学习性能有不同程度的影响。

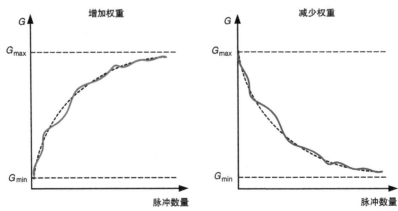

图 3.23 展示了 NVM 单元编程中几个典型的非理想性。可以达到的最小和最大电导是有界的，并且可能会因设备而异。设备电导的增减也是不对称的

与权重更新相关的噪声可能是无影响的,因为大多数神经网络都是用随机梯度下降法训练的,该方法对无偏噪声具有良好的容错能力。实际上,在每次迭代中获得的权重更新是累积的。这种过程类似于对其进行低通过滤,只要噪声没有偏置,就可以帮助滤除噪声。

而电导的增减不对称则会对学习结果产生较大的负面影响。在 5.3.5 节中,这种不对称在权重更新中引入了一个偏置项,使得突触权重无法收敛到最优值。更糟糕的是,某些 NVM 单元,如基于相变存储器(PCM)和双极电阻式随机存取存储器(RRAM)的单元,具有高度不对称的电导变化特性,其中权重的更新在一个方向是渐变的,而在另一个方向是突变的。

为了使学习在真正的基于 NVM 交叉开关的神经引擎上可行,最近进行了许多研究来处理 NVM 设备中的非理想性[123-128]。例如,一个神经网络通常需要两个交叉开关来存储突触权重,因为一个 NVM 单元自然只能存储正权重。一个交叉开关存储权重矩阵 G^+,而另一个交叉开关存储权重矩阵 G^-。神经网络的实际权重矩阵为这两个矩阵之差 $G = G^+ - G^-$。在这种情况下,对于只能逐渐向一个电导变化方向调谐的器件,一种常见的技术是只向电导可以平稳变化的方向进行更新[123,125,127-128]。向另一个方向的权重更新可以通过改变互补权重矩阵来实现。当然,为了使 G^+ 和 G^- 保持在可调范围内,需要定期刷新以突然改变它们。然而,这样的刷新被证明是不常发生的[123]。

除了上述常见的非理想性之外,另一个经常被忽略的重要非理想性是 NVM 单元的有效性。在文献[129]中显示,训练 ResNet-50 需要 50 万次迭代。因此,对于 500 万耐力极限的 RRAM 交叉开关,在 RRAM 阵列耗尽之前只能进行 10 次训练。为了延长 NVM 交叉开关的寿命,可以使用结构化的梯度稀疏化来减少交叉开关的写操作次数。换句话说,只需要更新梯度最大的行或单元。另外,通过平衡每一行所需的写入操作,可感知老化的行交换方案在延长交叉开关阵列的寿命方面也很有效。此方案将交叉开关阵列中大量写入的行与更新频率较低的行交换。据报道,这些技术有助于将 NVM 交叉开关的寿命延长大约两个数量级,同时实现类似的性能[129]。

除了架构级和电路级的探索外,器件优化也是许多研究者追求的另一个研究方向[130-133]。如果能够从源头上直接解决设备的非理想性,那么就不再需要许多电路和架构级的解决方案和补偿,从而有可能显著提高系统的能效。一般来说,具有双向、对称和线性电导变化特性的 NVM 设备是非常理想的,因为这样的设备可以帮助实现与作为交叉开关的传统软件方法相同的分类精度[122,127]。

3.4.3　光学加速器

利用光作为计算介质的尝试从未停止过。甚至在许多版本的 ANN 被制造出来之前,光学学习系统就已经被实现了[134-135]。矩阵-向量乘法在集成光电子学中已经被证明是可能的[136]。随着深度学习的突破,近年来许多研究人员也开始尝试利用光学设备的功能。

在文献[137]中,采用仿生角度敏感像素(ASP)传感器作为第一卷积层的传感器和计算设备。利用 ASP 传感器直接对输入端进行光学卷积。其主要目的是将一些计算工作移到 ADC 前面,以减少系统功耗,这与 3.4.1.2 节中讨论的近传感器处理的原理类似。由于 ASP 传感器从原始图像中提取边缘，因此需要 ADC 量化并反馈到系统其余部分的有效数据可以显著减少。

最近，人们努力将光学计算扩展到深度网络的更多层，并使网络的参数可编程[138]。在光子电路中实现了一个神经网络，如图 3.24 所示，芯片上实现了 56 个可编程 Mach-Zehnder 干涉仪(MZI)。利用奇异值分解(SVD)实现神经网络中的权重矩阵。这种类型的光神经网络有两个优点。首先，它可以提供高吞吐量和低延迟。在典型的 100GHz 光检测速率下，一个 n 节点光神经网络可以提供每秒 10^{11} 次 n 维矩阵-向量乘法的吞吐量。第二个特点是，光神经网络理论上可以是低功耗的，因为光在光子电路中传播时所完成的矩阵-向量乘法是完全无源的[138]。

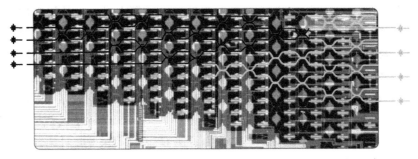

图 3.24   光学神经接口单元示意图[138]。芯片中负责矩阵乘法的部分用红色(单色图中为黑色)高亮显示。负责减弱信号的部分用蓝色(单色图中为浅灰色)高亮显示。经 Springer 许可转载

3.5   案例研究：一种节能的自适应动态规划加速器的程序设计

在本案例研究中，演示了文献[139]中开发的定制加速器，用于 2.2.4 节中介绍的自适应动态规划(ADP)算法。尽管 ADP 算法在解决各种现实生活中的控制和决策问题方面近年来广为流行，但在通用处理器上运行的高度迭代算法却无法为许多应用提供节能解决方案，在这些应用中，能耗是一个重要的设计考虑。最近，越来越多的微型机器人[140-143]和物联网(IoT)设备[144-146]得到了验证。对于这些微型机器人和物联网设备来说，通用处理器可能不是一个可行的选择，它们主要依靠从环境中获取的能量或者储存在一个小电池里的能量。因此，迫切需要为高度迭代和交互式 ADP 算法开发定制的加速器，以促进其在这些低功耗平台上的部署。

正如 3.3 节和 3.4 节所述，最近已经演示了许多定制的加速器，主要用于监督学习任务。尽管深度监督学习加速器和 ADP 加速器都涉及了神经网络，但 ADP 加速器也存在一些独有的挑战。例如，大多数现有的加速器只实现推理功能，而突触权重的学习被认为是离线进行的。这种假设确实适用于分类任务，在这种任务中，耗时耗力的训练可以由具有高精度计算能力的耗电量大的 GPU 来完成。训练好的突触权重被下载到加速器中进行分类。但是，这种操作模式不太可能适用于 ADP 加速器。大多数 ADP 算法的目标是控制系统或在动态环境中做出最优决策。因此，ADP 加速器需要学习它所控制的系统或与之在线交互的环境的最优策略。因此，在 ADP 加速器中学习很可能是一项永久的实时任务。考虑到这一需求，在文献[139]中引入了 ADHDP 加速器的硬件架构和设计方

法，这有助于高效地进行推理和学习。

在文献[139]中提出的架构是灵活的、可扩展的和节能的。这种灵活性得到了一组定制指令的支持，这些定制指令可用于为不同的任务和应用程序编写加速器。为了提供可扩展性，采用了基于平铺的计算策略。低功耗操作是通过利用和分区数据缓冲区以减少数据移动来实现的。此外，架构中还支持虚拟更新技术，该技术在 2.2.4.3 节中进行了概述，以加速学习过程。

3.5.1　硬件架构

ADP 加速器的总体架构如图 3.25 所示。架构分为三个主要部分：片上存储器、数据路径和控制器。片上存储器存储所有的突触权重、神经元激活值和中间结果。数据路径是 ADP 加速器的核心，处理 ADP 算法中所需的所有算术操作。控制器监督加速器中的所有操作，并负责指令流。在下面的几节中，我们将分别详细讨论这三个分区。

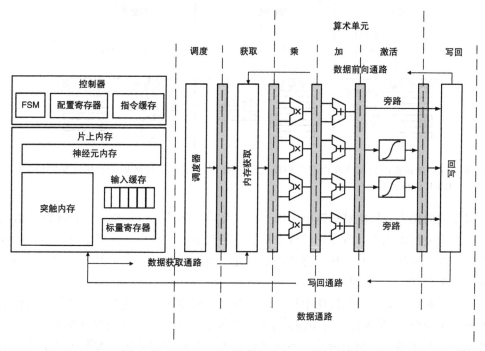

图 3.25　ADP 加速器的硬件架构[139]。加速器可分为三部分：(1) 存储所有突触权重、神经元激活值和中间结果的片上存储器；(2) 执行推理和学习阶段所需的各种算术操作的数据路径；(3) 对加速器执行的所有操作进行编程和监督的控制器。通过利用多个数据路径通路数据级并行性。每个数据通路都使用可重新配置的五/六段流水线。经 IEEE 许可转载

3.5.1.1　片上存储器

我们系统中的存储器在物理结构上由一个 SRAM 阵列和寄存器组成。逻辑上，片上存储器可以进一步划分为突触存储器、神经元存储器、输入缓冲区和标量寄存器。密集 SRAM 阵列用于存储神经网络的突触权重，因为突触的数量随神经网络的大小呈二次增长。神经元的激活被储存在一组寄存器中。为了利用数据的局部性，可以将经常使用的数据存储在输入缓冲区中以便重用。为了提高加速器的吞吐量，通过采用 SIMD 架构，

充分利用了神经网络固有的并行性。换句话说，对于在加速器上执行的大多数指令，处理后的数据是向量形式的。因此，为了便于访问，大多数存储单元以向量形式排列。然而，ADP 算法的某些步骤中确实产生了一些中间标量结果。因此，还需要一组标量寄存器。

正如 3.3.1.1 节所讨论的，构建节能加速器的一个重要策略是优化数据流和内存访问。图 3.26 说明了数据流和内存访问模式在提出的加速器中的使用。前向操作的计算如公式(2.13)~公式(2.17)所示，主要是矩阵乘法运算。与许多其他机器学习加速器类似[11,15]，通过将矩阵分割成几个较小的块，采用了 3.3.1.1.1 节中讨论的基于分块的矩阵乘法策略。选择平铺大小 4 是因为这样的大小足以容纳所有的目标基准测试任务。尽管如此，可以通过增加设计的数据路径中的通道数量来使用更大的块大小，以适应数据更大的问题。

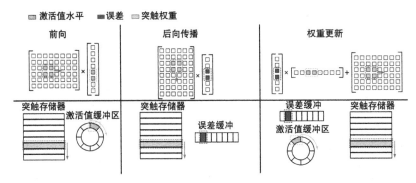

图 3.26 ADP 加速器的数据流和内存访问模式示意图[139]。数据缓冲区用于利用数据的局部性。经 IEEE 许可转载

对于前向操作，依次对矩阵中的每一行进行乘法运算。由于包含神经元激活值的列向量需要重复使用几次，所以它们首先被加载到激活缓冲区中。这样做可以避免重复访问相对较大的神经元内存，从而降低能量消耗。激活缓冲区是一个循环缓冲区，每次循环时一个矩阵和一个向量相乘。

对于后向操作，交替调度两个任务，即误差反向传播和权重更新。误差反向传播操作也是一个矩阵-向量乘法。传播的误差存储在线性缓冲区中，以便数据重用。与前向操作类似，使用了基于平铺的乘法。不同之处在于，本例中的乘法是按顺序对矩阵中的每一列进行的。这种安排的目的是，无论是前向操作还是后向操作，内存访问模式都是连续的，如图 3.26 所示。

在设计中，一个平铺操作所需的突触权重被存储在一个内存字中，以便可以一起读取或写入数据。因此，当使用片外存储器时，顺序内存访问模式是有帮助的。对于权重更新操作，行向量中的元素存储在循环缓冲区中，而与列向量相关的元素存储在误差缓冲区中。为了重用相同的突触权重，误差反向传播和权重更新交替进行。通过这样做，还可以有效地重用误差缓冲区中存储的传播误差。

3.5.1.2 数据路径

加速器中的数据路径执行神经网络所需的算术操作。此外，为了增加系统的吞吐量，将数据路径划分为六个可重新配置的流水线：调度、获取、乘法、加法、激活和写回。

3.5.1.2.1　**数据路径操作**

数据路径的第一阶段是计划和调度操作。指令从控制器的指令存储器中取出。解码的指令用作后续数据路径阶段的指南。除了为接下来的获取阶段生成和锁定源地址之外，调度器的主要职责是检测任何潜在的数据危险。一旦检测到潜在的数据危险，调度器就会寻找直接进行数据转发的可能性，如图 3.25 所示。在数据转发无效的情况下，将一个停止操作作为空操作插入流水线中，以等待相关数据准备就绪。一旦某个操作被调度，它就会流经数据路径通路中。在获取阶段，根据调度阶段中锁定的地址获取和锁定源数据。

由乘法、加法和激活阶段组成的算术单元是在神经网络中进行推理和学习的核心。为了将同一硬件重用于不同的操作（例如正向，反向传播和权重更新），可以将加法阶段中的加法器配置为并行加法器、加法器树或两者的混合。对于激活阶段，选择双曲正切函数，因为它是 ADP 算法在文献[147-152]中最常用的选择。在本设计中，激活函数是通过分段线性插值实现的，类似于文献[14]和文献[153]。激活阶段的工作原理如图 3.27[154]所示。首先用分段线性函数逼近激活函数。从近似中得到一组系数 k_i 和 b_i，并将其存储在一个查找表中。在激活操作期间，将读取相应的系数，然后将其相乘并相加以形成激活值。为了减小关键路径长度，实际上在前面的加法阶段实现了系数的读出以平衡延迟。取决于进行的操作，激活阶段可以被绕开，因为仅在正向阶段需要激活操作。在这种情况下，六级流水线被简化为五级流水线。最后的写回阶段负责将计算结果写回存储单元。

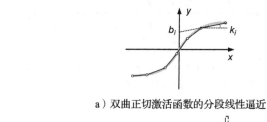

a）双曲正切激活函数的分段线性逼近

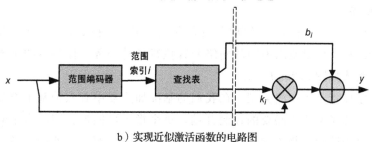

b）实现近似激活函数的电路图

图 3.27　激活阶段的工作原理。[154]经 IEEE 许可转载

3.5.1.2.2　**数据路径量化**

正如 3.3.1.2 节所讨论的，在设计定制加速器时，一个重要的考虑因素是选择用于表示系统中数据的位宽。在机器学习加速器[11,14,18,30-32,47]中使用定点数字表示法是非常流行的，因为它易于实现并且具有较好的计算效率。

在 2.4 节中提出了三个流行的基准测试任务，即车杆平衡问题、波束平衡问题和三连杆倒立摆问题，为选择系统中表示数据所需的位数提供了一些参考。对于每个任务，算法中使用的数据（包括突触权重、神经元状态和其他临时结果）都被量化为具有小数位宽 Q_f 的数值。

对于每个基准测试任务，将执行 50 次模拟，其中每一次模拟包含若干次试验。agent 在每次试验中都要学习执行任务，试验从开始到结束是一个完整的过程。试验可能由于失败或达到最大允许时间步长而终止。在模拟中，通过 agent 能够在所需范围内调节被控系统状态的累积时间来衡量学习的效果。所获得的结果如图 3.28 所示，根据使用双精度浮点数表示的计算获得的基准性能进行了归一化。图中的误差线用于表示 95% 的置信区间。Q_f 代表用于表示数据小数部分的位数。从图中可以看出，随着用于表示系统中信息的位数的增加，降低精度的计算所获得的性能开始与基准匹配。从图中可以看出，Q_f 为 12 时可以得到比较好的性能。为了给设计留一些余地，我们使用一个 6 位整数部分（包括一个 1 位符号信息）和一个 18 位小数部分来表示加速器中的数据。

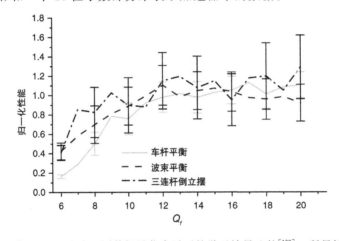

图 3.28   三种经典 ADP 基准在不同数据量化水平下的学习效果比较[139]。所得性能与双精度浮点计算结果进行了归一化处理。经 IEEE 许可转载

3.5.1.3 控制器

为了提供更大的灵活性，为 ADP 加速器开发了定制的指令集。通过使用提供的指令对加速器进行编程，可以使用不同的网络配置执行各种任务。控制器的主要作用是确定指令流。指令格式如图 3.29a 所示。

操作代码字段指定指令的类型。在我们的基准加速器中有六种基本类型的指令，如图 3.29b 所示。为了减少不必要的控制开销，每个指令可能包含跨越多个时钟周期的工作负载。与一个矩阵运算相关的操作可以方便地组合在一起，并使用一条指令执行。代码"FF"表示前向操作，这是最常用的指令。代码"SCA"用于标量操作，例如计算时间差异。代码"BP_WU"用于需要误差反向传播和权重更新的层，例如隐藏层。代码"BP"用于误差反向传播，而"WU"用于执行权重更新。它们在只需要一个操作的层中使用。例如，"WU"代码可以用于不需要反向传播的输入层。当错误从评论家网络传播到演员网络时，可以使用"BP"。在这种情况下，评论家网络中的突触权重不需要更新。"CC"代码调用控制器操作。"Source Addr"、"Synapse Addr"和"Destination Addr"字段分别用于指定源数据的地址，突触权重的地址和要写回的地址。

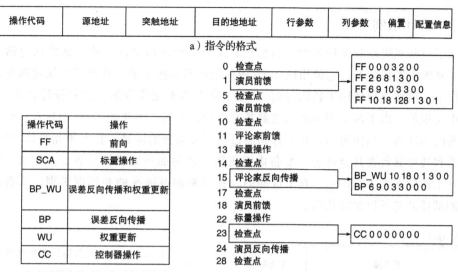

图 3.29 加速器中使用的指令示意图[139]

突触存储器有自己的地址空间,而所有其他寄存器共享一个统一的地址空间。这样的安排是基于考虑到芯片外存储器可能用于下一代加速器。"♯ of Row"(行数)和"♯ of Column"(列数)表示加速器当前操作的矩阵的大小。"Offset"字段指定计算矩阵乘法时的任何偏移量。例如,只需要对一个 $a(t)$ 执行演员网络的反向传播。因此,可以跳过与 $x(t)$ 相关的元素。这可以通过在指令中指定"Offset"字段来轻松实现。最后,"Config"字段用于配置目的:例如,指定是否应该绕过数据路径中的激活阶段。

调度程序可以根据指令中提供的信息调度操作。在提出的体系结构中,一条指令指定在一个矩阵上执行的所有操作。为了说明如何使用定制的指令以及加速器的灵活性和可重构性,图 3.29c 中给出了一个与第 2 章中图 2.13 所示伪代码对应的指令示例。为了简洁,只显示了部分指令。图中的所有指令都对应于由数据路径执行的一系列操作,但"Check Point"操作除外,在"Check Point"操作中,控制器在简单的有限状态机(FSM)的帮助下执行条件跳转。显然,使用定制的指令集,加速器可以方便地进行编程,执行不同网络配置的各种任务。

为了利用提出的虚拟更新技术,在基准指令集中增加了一个额外的指令"VU"。新添加的指令通过两组操作实现了虚拟更新算法。当首次显示当前输入向量时,第一组操作计算并存储 Λ_c。第二组操作是乘法和加法操作。累积 $E_i(i_c)$ 的操作被合并到正常的"BP"或"BP_WU"操作中,而没有在计算时间上引入任何开销。这是因为在使用常规更新的误差反向传播操作期间,加法器是空闲的。

虚拟更新算法需要一些内存空间来保存新添加的中间结果 $o_i^c(0)$ 和 $E_i(i_c)$。根据体系结构的内存访问模式,这两个向量可以方便地存储在突触存储器中,注意到在虚拟更新操作期间没有使用权重存储器。由于存储这两个临时项而导致的存储器开销可以忽略不计,特别是当神经网络的大小很大时。事实上,这两项的大小与网络的大小呈线性关系,而对突触权重的存储器需求则呈二次关系。

3.5.2 设计示例

为了对常规更新和虚拟更新进行比较，本节将展示两个加速器。基准加速器在常规更新的基础上进行学习。它使用图 3.29 中所示的基本指令集。升级后的加速器采用虚拟更新技术。该加速器使用了新添加的 "VU" 指令的扩充指令集。这些设计是在 65 纳米技术中实现的。由于两个版本的加速器具有类似的布局，因此图 3.30 中只有一个带有虚拟更新的加速器。如图所示，片上存储器占用了大部分的区域。算术单元是第二大区域。控制器和调度器负责其余部分。配备虚拟更新算法的加速器规格如表 3.2 所示。加速器的设计工作频率为 175MHz。有了这样的时钟频率和可选择的并行度级别，所有的目标基准测试任务都可以实时执行。

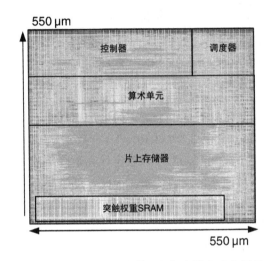

图 3.30　采用虚拟更新算法的加速器芯片布局及
　　　　　平面布置图[139]。经 IEEE 许可转载

表 3.2　ADHDP 加速器规格概述

工艺	65nm
面积	$550\mu m \times 550\mu m$
线程数	4
算术精度	24-bit 定点数
供电电压	1.2V
时钟频率	175MHz
功耗	25mW

来源：数据摘自文献[139]。经 IEEE 许可转载

为了研究 ADP 加速器的架构和设计技术，设计了两个模拟器来模拟加速器。一个模拟器通过提供相同的输入-输出映射来模拟加速器芯片的处理行为。该模拟器用于检查 ADP 加速器执行各种基准测试任务的性能如何，为了简化设计，这些进行了某些修改。进行修改的一个示例是数据精度降低。另一个模拟器用于对执行某些任务所需的周期数进行建模。该模拟器用于模拟最终加速器的吞吐量。根据布局后仿真估算其他指标，例如面积、速度和功耗。

首先需要确保的是，与软件方法相比，使用加速器不会降低执行各种控制任务的性能。3.5.1.2.2 节中使用的三个流行的基准测试任务用于测试执行控制任务的加速器的性能。这里使用的是相同的度量，即累计时间步长。

所得结果如图 3.31 所示。在该图中，为了便于比较，加速器实现的累计时间步长与软件方法实现的时间步长进行了归一化。图中的结果是由芯片的行为级模型生成的。用于模拟这些基准任务的数学模型可以在文献[147-148，150-151，155-156]中找到。显然，ADHDP 算法的有效性并没有因为使用设计的加速器而降低。

值得注意的是，基准加速器和更新后的加速器的性能并不相同。理想情况下，由于虚拟更新算法不使用任何近似，因此这两个加速器产生的结果应该是相同的。但是，由于使用了定点数表示，这两个加速器之间由于量化顺序的不同而存在轻微的差异。尽管有这个微小的差别，两个加速器应该能够产生相似的结果，如图 3.31 所示。

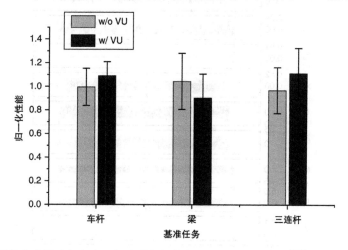

图 3.31 三种常用的基准测试任务中，加速器与软件方法的学习效果比较[139]。将加速器得到的结果与软件得到的结果进行归一化处理。误差线对应 95％置信区间。经 IEEE 许可转载

为了更深入地了解提出的加速器在复杂控制问题上的表现，基准测试任务中被控系统状态的瞬态波形如图 3.32～图 3.34 所示。对于前两个任务，四个状态变量作为网络的

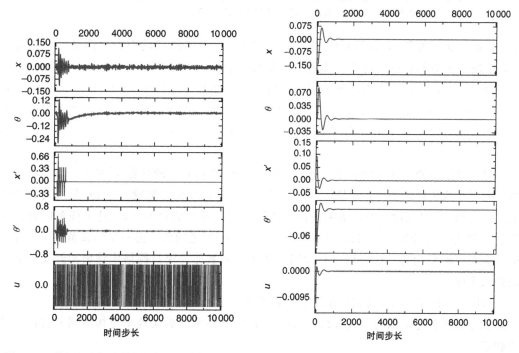

图 3.32 使用基准加速器执行车杆平衡任务时得到的典型波形[154]。距离和角度的单位分别是米和度。经 IEEE 许可转载

图 3.33 使用基准加速器执行波束平衡任务时得到的典型波形[154]。距离和角度的单位分别是米和度。经 IEEE 许可转载

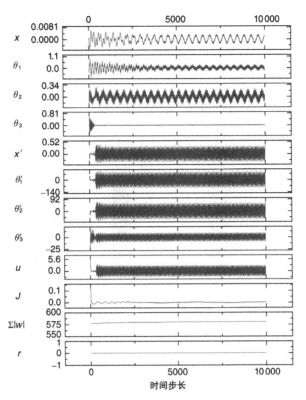

图 3.34　使用基准加速器执行三连杆倒立摆任务时得到的典型波形[139]。距离和
角度的单位分别是米和度。经 IEEE 许可转载

输入：偏置 x、角度 θ，以及对应的导数 x' 和 θ'。车杆平衡问题中的动作是一个二进制
量，它决定了力的极性。这个二进制动作是通过对演员网络的输出进行硬性阈值化得到
的。另一方面，在波束平衡任务中的动作可以不断变化。车杆平衡问题的目的是维持状
态量 x 和 θ 分别稳定在 $[-2.4\mathrm{m}, 2.4\mathrm{m}]$ 和 $[-12°, 12°]$ 的范围的。同样，波束平衡任务
的目的是维持状态量 x 和 θ 分别稳定在 $[-0.48\mathrm{m}, 0.48\mathrm{m}]$ 和 $[-13.75°, 13.75°]$ 的范
围内。

　　对于更复杂的三连杆倒立摆任务，x 和 $\theta_1 \sim \theta_3$ 及其对应的导数 x' 和 $\theta'_1 \sim \theta'_3$ 是演员
网络需要的八个状态变量，u 是应用的控制电压，J 是评估的奖励，$\Sigma|w|$ 是所有权重的
绝对值之和，r 是奖励信号，如果被控系统超过了范围取值就为 -1。这个任务的目标是
控制 x 和 $\theta_1 \sim \theta_3$ 分别在 $[-1\mathrm{m}, 1\mathrm{m}]$ 和 $[-20°, 20°]$ 的范围内。另一个约束条件是施加的
电压应以 $\pm 30\mathrm{V}$ 为界。这可以通过使用双曲正切函数作为演员网络中输出神经元的激活
函数来实现。

　　从图 3.32～图 3.34 可以看出，加速器成功地学习了有效的控制策略，并将系统状态
很好地保持在目标范围内。这些结果表明，ADP 电路可以成功地学习如何调节被控系统
的状态。

　　为了说明虚拟更新算法如何影响加速器的吞吐量和能效，图 3.35～图 3.37 分别比较
了两个加速器的吞吐量、功耗和能效。为了深入了解神经网络的大小如何影响改进的水平，
我们使用了三种不同的神经网络。在图中，标记为"4-6-1，5-6-1"和"4-10-1，5-12-1"

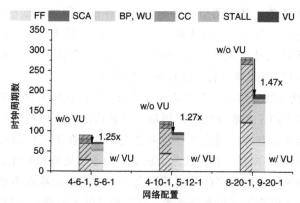

图 3.35 每次评论家/演员更新迭代所需的时钟周期数的比较[139]。前两组数据来自车杆平衡任务,而第三组数据来自三连杆倒立摆任务。前向和后向操作消耗大部分时钟周期。随着神经网络规模的增大,标量运算和控制运算的开销会迅速减少。经 IEEE 许可转载

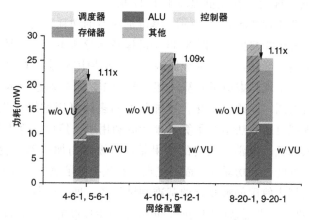

图 3.36 两种加速器功耗细分比较[139]。前两组数据来自车杆平衡任务,而第三组数据来自三连杆倒立摆任务。算术单元和存储器消耗了大部分的能量。虚拟更新技术稍微提高了功耗。经 IEEE 许可转载

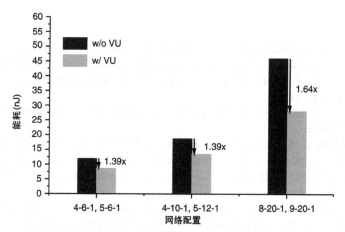

图 3.37 每次评论家/演员更新迭代的能耗比较[139]。前两组数据来自车杆平衡任务,而第三组数据来自三连杆倒立摆任务。虚拟更新技术有效地提高了能源效率。对于较大的神经网络,这种改进更为显著。经 IEEE 许可转载

的结果来自车杆平衡任务，其中两组数字分别表示评论家网络和演员网络的大小。例如，
"4-6-1，5-6-1"指的是一个有 4 个输入神经元、6 个隐藏层神经元、1 个输出神经元的演
员网络和一个有 5 个输入神经元、6 个隐藏层神经元、1 个输出神经元的评论家网络。标
记为"8-20-1，9-20-1"的结果来自三连杆倒立摆任务。

图 3.35 比较了两个加速器的每个评论家和演员更新迭代所需的平均时钟周期数。很明
显，前向和后向操作占用了大部分的时钟周期，并且这两种操作占用的部分随着神经网络
的增长而增加。原因是随着神经网络变得越来越大，可以在不被控制或分支操作中断的情
况下通过数据路径的矩阵-向量操作的数量增加了。与通用处理器相比，减少的控制开销是
定制加速器能够加速某些应用程序的主要原因之一，通用处理器在不必要的复杂控制流中
浪费了许多周期。由于使用了虚拟更新技术，这三种情况下的吞吐量都有了提高。

此外，对于较大的网络，改进更为明显。改进的主要原因是虚拟更新算法有效地将
二次缩放操作替换为线性缩放操作。因此，节省的时钟周期数量随着问题规模的增加而
增加。对于最大的网络规模，吞吐量提高了 1.47 倍。

两种加速器的功耗比较如图 3.36 所示。基准加速器的功耗略高，如图所示。功耗的降
低主要是由于存储器操作的减少，如图 3.36 中的绿色部分所示。同时还发现，算术单元的
功耗略有提高。这种趋势可以归因于两个原因。第一个原因可能是在算术单元中添加了额
外的多路复用器。为了实现与虚拟更新算法相关的操作，需要通过引入多路复用器对数据
路径中的数据流进行微调，以适应变化。这种额外的多路复用逻辑产生了一个小的开销。
第二个原因可能是虚拟更新算法增加了算术单元的利用率。然而，算术单元功耗的小幅增
加被存储单元功耗的降低所抵消。最终的结果是，升级后的加速器消耗的能量略有降低。
虚拟更新算法结合了吞吐量和功耗两方面的优点，有效提高了 ADP 算法的能效，如图 3.37
所示。对于我们在模拟中使用的最复杂的基准测试任务，即三连杆倒立摆任务，最多可提
高 1.64 倍。当涉及更大、更复杂的问题时，可以进一步提高能效。如此高的吞吐量和良好
的能效使复杂的 ADP 算法可以部署在需要最佳决策或控制的许多不同能源受限应用中。

参考文献

[1] Krizhevsky, A., Sutskever, I., and Hinton, G.E. (2012). Imagenet classification with deep convolutional neural networks. In: *Advances in Neural Information Processing Systems* (eds. F. Pereira, C. Burges, L. Bottom and K.Q. Weinberger), 1097–1105. Curran Associates.

[2] Owens, J.D., Houston, M., Luebke, D. et al. (2008). GPU computing. *Proc. IEEE* 96 (5): 879–899.

[3] Fatahalian, K., Sugerman, J., and Hanrahan, P. (2004). Understanding the efficiency of GPU algorithms for matrix-matrix multiplication. In: *Proceedings of the ACM SIGGRAPH/EUROGRAPHICS Conference on Graphics Hardware – HWWS '04*, 133–137. ACM.

[4] Sze, V., Chen, Y.H., Yang, T.J., and Emer, J.S. (2017). Efficient processing of deep Neural networks: a tutorial and survey. *Proc. IEEE* 105 (12): 2295–2329.

[5] Collobert, R., Kavukcuoglu, K., and Farabet, C. (2011, no. EPFL-CONF-192376). Torch7: a matlab-like environment for machine learning. In: *BigLearn, NIPS Workshop*, 1–6.

[6] Jia, Y., Shelhamer, E., Donahue, J. et al. (2014). Caffe: convolutional architecture for fast feature embedding. In: *Proceedings of the 22nd ACM International Conference on Multimedia*, 675–678.

[7] Abadi, M., Barham, P., Chen, J. et al. (2016). TensorFlow: a system for large-scale machine learning. In: *12th USENIX Symposium on Operating Systems Design and Implementation (OSDI 16)*, 265–283.

[8] Paszke, A., Gross, S., Chintala, S., et al., "Automatic differentiation in pytorch," 2017.

[9] Patterson, D.A. and Hennessy, J.L. (2013). *Computer Organization and Design MIPS Edition: The Hardware/Software Interface* Newnes.

[10] Bang, S., Wang, J., Li, Z. et al. (2017). 14.7 a 288μW programmable deep-learning processor with 270KB on-chip weight storage using non-uniform memory hierarchy for mobile intelligence. In: *2017 IEEE International Solid-State Circuits Conference (ISSCC)*, 250–251.

[11] Chen, Y., Luo, T., Liu, S. et al. (2014). DaDianNao: a machine-learning supercomputer. In: *2014 47th Annual IEEE/ACM International Symposium on Microarchitecture*, 609–622.

[12] Du, Z., Fasthuber, R., Chen, T. et al. (2015). ShiDianNao: shifting vision processing closer to the sensor. In: *Proceedings of the 42nd Annual International Symposium on Computer Architecture*, 92–104.

[13] Liu, D., Chen, T., Liu, S. et al. (2015). PuDianNao: a polyvalent machine learning accelerator. In: *Proceedings of the Twentieth International Conference on Architectural Support for Programming Languages and Operating Systems*, 369–381.

[14] Chen, T., Du, Z., Sun, N. et al. (2014). Diannao: a small-footprint high-throughput accelerator for ubiquitous machine-learning. In: *Proceedings of the 19th International Conference on Architectural Support for Programming Languages and Operating Systems*, 269–284.

[15] Chen, Y., Chen, T., Xu, Z. et al. (2016). DianNao family: energy-efficient hardware accelerators for machine learning. *Commun. ACM* 59 (11): 105–112.

[16] Wang, S., Zhou, D., Han, X., and Yoshimura, T. (2017). Chain-NN: an energy-efficient 1D chain architecture for accelerating deep convolutional neural networks. In: *2017 Design, Automation & Test in Europe Conference & Exhibition*, 1032–1037.

[17] Jo, J., Cha, S., Rho, D., and Park, I. (2018). DSIP: a scalable inference Accelerator for convolutional Neural networks. *IEEE J. Solid-State Circuits* 53 (2): 605–618.

[18] Chen, Y.H., Krishna, T., Emer, J.S., and Sze, V. (Jan. 2017). Eyeriss: an energy-efficient reconfigurable accelerator for deep convolutional neural networks. *IEEE J. Solid-State Circuits* 52 (1): 127–138.

[19] Chen, Y.H., Emer, J., and Sze, V. (2016). Eyeriss: a spatial architecture for energy-efficient dataflow for convolutional neural networks. In: *Proceedings – 2016 43rd International Symposium on Computer Architecture, ISCA*, 367–379.

[20] Jouppi, N.P., Young, C., Patil, N. et al. (2017). In-datacenter performance analysis of a tensor processing unit. In: *Proceedings of the 44th Annual International Symposium on Computer Architecture*, 1–12.

[21] Yang, X., Gao, M., Po, J., et al., "DNN Dataflow Choice Is Overrated," *arXiv Prepr. arXiv1809.04070*, 2018.

[22] Chakradhar, S., Sankaradas, M., Jakkula, V., and Cadambi, S. (2010). A dynamically configurable coprocessor for convolutional neural networks. In: *Proceedings of the 37th Annual International Symposium on Computer Architecture*, 247–257.

[23] Park, S., Bong, K., Shin, D. et al. (2015). 4.6 A1.93TOPS/W scalable deep learn-

ing/inference processor with tetra-parallel MIMD architecture for big-data applications. In: *Digest of Technical Papers – IEEE International Solid-State Circuits Conference*, vol. 58, 80–81.

[24] Peemen, M., Setio, A.A.A., Mesman, B., and Corporaal, H. (2013). Memory-centric accelerator design for convolutional neural networks. In: *2013 IEEE 31st International Conference on Computer Design, ICCD 2013*, 13–19.

[25] Gao, M., Pu, J., Yang, X. et al. (2017). TETRIS: scalable and efficient neural network acceleration with 3D memory. In: *Proceedings of the Twenty-Second International Conference on Architectural Support for Programming Languages and Operating Systems*, 751–764.

[26] Loh, G.H. (2008). 3D-stacked memory architectures for multi-core processors. In: *Proceedings of the 35th Annual International Symposium on Computer Architecture*, 453–464.

[27] Kim, D., Kung, J., Chai, S. et al. (2016). Neurocube: a programmable digital neuromorphic architecture with high-density 3D memory. In: *Proceedings of the 43rd International Symposium on Computer Architecture*, 380–392.

[28] Alwani, M., Chen, H., Ferdman, M., and Milder, P. (2016). Fused-layer CNN accelerators. In: *The 49th Annual IEEE/ACM International Symposium on Microarchitecture*, 22:1–22:12.

[29] Judd, P., Albericio, J., Hetherington, T. et al. (2016, vol. 16, no. 1). Stripes: bit-serial deep neural network computing. In: *2016 49th Annual IEEE/ACM International Symposium on Microarchitecture (MICRO)*, 1–12.

[30] Moons, B. and Verhelst, M. (2017). An energy-efficient precision-scalable ConvNet processor in 40-nm CMOS. *IEEE J. Solid-State Circuits* 52 (4): 903–914.

[31] Reagen, B., Whatmough, P., Adolf, R. et al. (2016). Minerva: enabling low-power, highly-accurate deep neural network accelerators. In: *Proceedings of the 43rd International Symposium on Computer Architecture*, 267–278.

[32] Shin, D., Lee, J., Lee, J., and Yoo, H.-J. (2017). 14.2 DNPU: an 8.1 TOPS/W reconfigurable CNN-RNN processor for general-purpose deep neural networks. In: *2017 IEEE International Solid-State Circuits Conference (ISSCC)*, 240–241.

[33] Gysel, P., "Ristretto: Hardware-oriented approximation of convolutional neural networks," *arXiv Prepr. arXiv1604.03168*, 2016.

[34] Kung, J., Kim, D., and Mukhopadhyay, S. (2015). A power-aware digital feedforward neural network platform with backpropagation driven approximate synapses. In: *2015 IEEE/ACM International Symposium on Low Power Electronics and Design (ISLPED)*, 85–90.

[35] Ueyoshi, K., Ando, K., Hirose, K. et al. (2018). QUEST: A 7.49TOPS multi-purpose log-quantized DNN inference engine stacked on 96MB 3D SRAM using inductive-coupling technology in 40 nm CMOS. In: *2018 IEEE International Solid-State Circuits Conference (ISSCC)*, 216–218.

[36] White, S.A. (1989). Applications of distributed arithmetic to digital signal processing: a tutorial review. *IEEE ASSP Mag.* 6 (3): 4–19.

[37] Andri, R., Cavigelli, L., Rossi, D., and Benini, L. (2018). Yodann: an architecture for ultralow power binary-weight CNN acceleration. *IEEE Trans. Comput. Des. Integr. Circuits Syst.* 37 (1): 48–60.

[38] Moons, B., Bankman, D., Yang, L. et al. (2018). BinarEye: an always-on energy-accuracy-scalable binary CNN processor with all memory on chip in 28nm CMOS. In: *2018 IEEE Custom Integrated Circuits Conference, CICC*, 1–4.

[39] Ando, K., Ueyoshi, K., Orimo, K. et al. (2018). BRein memory: a single-chip binary/ternary reconfigurable in-memory deep Neural network accelerator achiev-

ing 1.4 TOPS at 0.6 W. *IEEE J. Solid-State Circuits* 53 (4): 983–994.

[40] Venkataramani, S., Chakradhar, S.T., Roy, K., and Raghunathan, A. (2015). Approximate computing and the quest for computing efficiency. In: *Proceedings of the 52Nd Annual Design Automation Conference*, 120:1–120:6.

[41] Han, J. and Orshansky, M. (2013). Approximate computing: an emerging paradigm for energy-efficient design. In: *2013 18th IEEE European Test Symposium (ETS)*, 1–6.

[42] Venkataramani, S., Ranjan, A., Roy, K., and Raghunathan, A. (2014). AxNN: energy-efficient neuromorphic systems using approximate computing. In: *Proceedings of the 2014 International Symposium on Low Power Electronics and Design*, 27–32.

[43] Lee, J., Kim, C., Kang, S. et al. (2018). UNPU: a 50.6TOPS/W unified deep neural network accelerator with 1b-to-16b fully-variable weight bit-precision. In: *2018 IEEE International Solid – State Circuits Conference – (ISSCC)*, 218–220.

[44] Sharify, S., Lascorz, A.D., Siu, K. et al. (2018). Loom: exploiting weight and activation precisions to accelerate convolutional Neural networks. In: *Proceedings of the 55th Annual Design Automation Conference*, 20:1–20:6.

[45] Moons, B., Uytterhoeven, R., Dehaene, W., and Verhelst, M. (2017). 14.5 Envision: a 0.26-to-10TOPS/W subword-parallel dynamic-voltage-accuracy-frequency-scalable convolutional neural network processor in 28nm FDSOI. In: *2017 IEEE International Solid-State Circuits Conference (ISSCC)*, 246–247.

[46] Sharma, H., Park, J., Suda, N. et al. (2018). Bit fusion: bit-level dynamically composable architecture for accelerating deep neural network. In: *2018 ACM/IEEE 45th Annual International Symposium on Computer Architecture (ISCA)*, 764–775.

[47] Han, S., Liu, X., Mao, H. et al. (2016). EIE: efficient inference engine on compressed deep neural network. In: *Proceedings of the 43rd International Symposium on Computer Architecture*, 243–254.

[48] Vuduc, R.W. and Demmel, J.W. (2003). *Automatic Performance Tuning of Sparse Matrix Kernels*, vol. 1. University of California, Berkeley.

[49] Zhang, S., Du, Z., Zhang, L. et al. (2016). Cambricon-X: an accelerator for sparse neural networks. In: *The 49th Annual IEEE/ACM International Symposium on Microarchitecture*, 20:1–20:12.

[50] Albericio, J., Judd, P., Hetherington, T. et al. (2016). Cnvlutin: ineffectual-neuron-free deep neural network computing. In: *Proceedings of the 43rd International Symposium on Computer Architecture*, 1–13.

[51] Kim, D., Ahn, J., and Yoo, S. (2017). A novel zero weight/activation-aware hardware architecture of convolutional neural network. In: *2017 Design, Automation & Test in Europe Conference & Exhibition*, 1462–1467.

[52] Parashar, A., Rhu, M., Mukkara, A. et al. (2017). SCNN: an Accelerator for compressed-sparse convolutional neural networks. In: *Proceedings of the 44th Annual International Symposium on Computer Architecture*, 27–40.

[53] Albericio, J., Judd, P., Delmás, A. et al. (2016). Bit-pragmatic deep neural network computing. In: *Proceedings of the 50th Annual IEEE/ACM International Symposium on Microarchitecture*, 382–394.

[54] Akhlaghi, V., Yazdanbakhsh, A., Samadi, K. et al. (2018). SnaPEA: predictive early activation for reducing computation in deep convolutional neural networks. In: *2018 ACM/IEEE 45th Annual International Symposium on Computer Architecture (ISCA)*, 662–673.

[55] Zhu, J., Jiang, J., Chen, X., and Tsui, C. (2018). SparseNN: an energy-efficient neural network accelerator exploiting input and output sparsity. In: *2018 Design,*

Automation & Test in Europe Conference & Exhibition, 241–244.

[56] Zhu, J., Qian, Z., and Tsui, C.-Y. (2016). LRADNN: high-throughput and energy-efficient deep neural network accelerator using low rank approximation. In: *2016 21st Asia and South Pacific Design Automation Conference (ASP-DAC)*, 581–586.

[57] Davis, A., and Arel, I., "Low-rank approximations for conditional feedforward computation in deep neural networks," *arXiv Prepr. arXiv1312.4461*, 2013.

[58] Maeda, Y. and Tada, T. (2003). FPGA implementation of a pulse density neural network with learning ability using simultaneous perturbation. *IEEE Trans. Neural Networks* 14 (3): 688–695.

[59] Cox, C.E. and Blanz, W.E. (1992). GANGLION – a fast field-programmable gate array implementation of a connectionist classifier. *IEEE J. Solid-State Circuits* 27 (3): 288–299.

[60] Zhu, J. and Sutton, P. (2003). FPGA implementations of neural networks – a survey of a decade of progress. In: *International Conference on Field Programmable Logic and Applications*, 1062–1066.

[61] Zhang, C., Li, P., Sun, G. et al. (2015). Optimizing FPGA-based accelerator design for deep convolutional neural networks. In: *Proceedings of the 2015 ACM/SIGDA International Symposium on Field-Programmable Gate Arrays – FPGA '15*, 161–170.

[62] Li, G., Li, F., Zhao, T., and Cheng, J. (2018). Block convolution: towards memory-efficient inference of large-scale CNNs on FPGA. In: *2018 Design, Automation & Test in Europe Conference & Exhibition*, 1163–1166.

[63] Xiao, Q., Liang, Y., Lu, L. et al. (2017). Exploring heterogeneous algorithms for accelerating deep convolutional neural networks on FPGAs. In: *Proceedings of the 54th Annual Design Automation Conference 2017*, 62:1–62:6.

[64] Li, Y., Liu, Z., Xu, K. et al. (2017). A 7.663-TOPS 8.2-W energy-efficient FPGA accelerator for binary convolutional neural networks. In: *Proceedings of the 2017 ACM/SIGDA International Symposium on Field-Programmable Gate Arrays*, 290–291.

[65] Qiu, J., Wang, J., Yao, S. et al. (2016). Going deeper with embedded FPGA platform for convolutional neural network. In: *Proceedings of the 2016 ACM/SIGDA International Symposium on Field-Programmable Gate Arrays – FPGA '16*, 26–35.

[66] Aimar, A., Mostafa, H., Calabrese, E. et al. (2018). NullHop: a flexible convolutional neural network accelerator based on sparse representations of feature maps. *IEEE Trans. Neural Netw. Learn. Syst.*: 1–13.

[67] Han, S., Kang, J., Mao, H. et al. (2017). ESE: efficient speech recognition engine with sparse LSTM on FPGA. In: *Proceedings of the 2017 ACM/SIGDA International Symposium on Field-Programmable Gate Arrays*, 75–84.

[68] Motamedi, M., Gysel, P., Akella, V., and Ghiasi, S. (2016). Design space exploration of FPGA-based deep convolutional Neural networks. In: *2016 21st Asia and South Pacific Design Automation Conference (ASP-DAC)*, 575–580.

[69] Sharma, H., Park, J., Mahajan, D. et al. (2016). From high-level deep neural models to FPGAs. In: *The 49th Annual IEEE/ACM International Symposium on Microarchitecture*, 17:1–17:12.

[70] Venieris, S.I. and Bouganis, C.-S. (2017). fpgaConvNet: automated mapping of convolutional neural networks on FPGAs. In: *Proceedings of the 2017 ACM/SIGDA International Symposium on Field-Programmable Gate Arrays*, 291–292.

[71] Wang, Y., Xu, J., Han, Y. et al. (2016). DeepBurning: automatic generation of FPGA-based learning accelerators for the neural network family. In: *Proceedings of the 53rd Annual Design Automation Conference*, 110:1–110:6.

[72] Nane, R., Sima, V.M., Pilato, C. et al. (2016). A survey and evaluation of FPGA high-level synthesis tools. *IEEE Trans. Comput. Des. Integr. Circuits Syst.* 35 (10): 1591–1604.

[73] Ovtcharov, K., Ruwase, O., Kim, J., et al., "Accelerating deep convolutional neural networks using specialized hardware," Microsoft Whitepaper, vol. 2, no. 11, pp. 3–6, 2015.

[74] Putnam, A., Caulfield, A.M., Chumg, E.S. et al. (2014). A reconfigurable fabric for accelerating large-scale datacenter services. In: *2014 ACM/IEEE 41st International Symposium on, Computer Architecture (ISCA)*, 13–24.

[75] Chung, E., Flowers, J., Ovtcharov, K. et al. (2018). Serving DNNs in real time at datacenter scale with project brainwave. *IEEE Micro* 38 (2): 8–20.

[76] Fowers, J., Ovtcharov, K., Papamichael, M. et al. (2018). A configurable cloud-scale DNN processor for real-time AI. In: *Proceedings of the 45th Annual International Symposium on Computer Architecture*, 1–14.

[77] Almeida, A.P. and Franca, J.E. (1996). Digitally programmable analog building blocks for the implementation of artificial neural networks. *IEEE Trans. Neural Netw.* 7 (2): 506–514.

[78] Satyanarayana, S., Tsividis, Y.P., and Graf, H.P. (1990). A reconfigurable analog VLSI neural network chip. In: *Advances in Neural Information Processing Systems*, 758–768.

[79] Verleysen, M., Thissen, P., Voz, J.-L., and Madrenas, J. (1994). An analog processor architecture for a neural network classifier. *IEEE Micro* 14 (3): 16–28.

[80] Holler, M., Tam, S., Castro, H., and Benson, R. (1989). An electrically trainable artificial neural network (ETANN) with 10240 'floating gate' synapses. In: *International 1989 Joint Conference on Neural Networks*, vol. 2, 191–196.

[81] Khwa, W.S., Chen, J.J., Li, J.F. et al. (2018). A 65 nm 4 kb algorithm-dependent computing-in-memory SRAM unit-macro with 2.3 ns and 55.8 TOPS/W fully parallel product-sum operation for binary DNN edge processors. In: *2018 IEEE International Solid – State Circuits Conference – (ISSCC)*, vol. 61, 496–498.

[82] Zhang, J., Wang, Z., and Verma, N. (2017). In-memory computation of a machine-learning classifier in a standard 6T SRAM Array. *IEEE J. Solid-State Circuits* 52 (4): 915–924.

[83] Biswas, A. and Chandrakasan, A.P. (2018). Conv-RAM: an energy-efficient SRAM with embedded convolution computation for low-power CNN-based machine learning applications. In: *2018 IEEE International Solid – State Circuits Conference – (ISSCC)*, 488–490.

[84] Kang, M., Gonugondla, S.K., Keel, M.-S., and Shanbhag, N.R. (2015). An energy-efficient memory-based high-throughput VLSI architecture for convolutional networks. In: *2015 IEEE International Conference on Acoustics, Speech and Signal Processing (ICASSP)*, 1037–1041.

[85] Kang, M., Lim, S., Gonugondla, S., and Shanbhag, N.R. (2018). An in-memory VLSI architecture for convolutional neural networks. *IEEE J. Emerg. Sel. Top. Circuits Syst.* 8 (3): 494–505.

[86] Merrikh-Bayat, F., Guo, X., Klachko, M. et al. (2018). High-performance mixed-signal neurocomputing with nanoscale floating-gate memory cell arrays. *IEEE Trans. Neural Netw. Learn. Syst.* 29 (10): 4782–4790.

[87] Chen, Y., Yao, E., and Basu, A. (2015). A 128 channel extreme learning machine based neural decoder for brain machine interfaces. *IEEE Trans. Biomed. Circuits Syst.* 10 (3): 679–692.

[88] Lu, J., Young, S., Arel, I., and Holleman, J. (2015). A 1 TOPS/W analog deep machine-learning engine with floating-gate storage in 0.13 μm CMOS. *IEEE J. Solid-State Circuits* 50 (1): 270–281.

[89] Huang, G.B., Zhu, Q.Y., and Siew, C.K. (2004). Extreme learning machine: a new learning scheme of feedforward neural networks. In: *2004 IEEE International Joint Conference on Neural Networks*, vol. 2, 985–990. vols.2-985–990 2.

[90] Huang, G.B., Zhu, Q.Y., and Siew, C.K. (2006). Extreme learning machine: theory and applications. *Neurocomputing* 70 (1): 489–501.

[91] Likamwa, R., Hou, Y., Gao, Y. et al. (2016). RedEye: analog ConvNet image sensor architecture for continuous mobile vision. In: *Proceedings of the 43rd International Symposium on Computer Architecture*, 255–266.

[92] Anvesha, A. and Raychowdhury, A. (2017). A 65 nm 376 nA 0.4 V linear classifier using time-based matrix-multiplying ADC with non-linearity aware training. In: *2017 IEEE Asian Solid-State Circuits Conference (A-SSCC)*, 309–312.

[93] Lee, E.H. and Wong, S.S. (2016). 24.2 A 2.5 GHz 7.7 TOPS/W switched-capacitor matrix multiplier with co-designed local memory in 40 nm. In: *2016 IEEE International Solid-State Circuits Conference (ISSCC)*, 418–419.

[94] Wang, Z., Zhang, J., and Verma, N. (2015). Realizing low-energy classification systems by implementing matrix multiplication directly within an ADC. *IEEE Trans. Biomed. Circuits Syst.* 9 (6): 825–837.

[95] Moons, B., Bankman, D., Yang, L. et al. (2018). An always-on 3.8μJ/86% CIFAR-10 mixed-signal binary CNN processor with all memory on chip in 28nm CMOS. In: *2018 IEEE International Solid – State Circuits Conference – (ISSCC)*, 222–224.

[96] Aurangozeb, Hossain, A.D., Ni, C. et al. (2017). Time-domain arithmetic logic unit with built-in interconnect. *IEEE Trans. Very Large Scale Integr. Syst.* 25 (10): 2828–2841.

[97] Iwata, A., Sakimura, N., Nagata, M., and Morie, T. (1998). An architecture of delta-sigma A-to-D converters using a voltage controlled oscillator as a multi-bit quantizer. In: *ISCAS '98. Proceedings of the 1998 IEEE International Symposium on Circuits and Systems (Cat. No.98CH36187)*, vol. 1, 389–392.

[98] Miyashita, D., Yamaki, R., Hashiyoshi, K. et al. (2014). An LDPC decoder with time-domain analog and digital mixed-signal processing. *IEEE J. Solid-State Circuits* 49 (1): 73–83.

[99] Strukov, D.B., Snider, G.S., Stewart, D.R., and Williams, R.S. (2008). The missing memristor found. *Nature* 453 (7191): 80–83.

[100] Chua, L. (1971). Memristor-the missing circuit element. *IEEE Trans. Circuit Theory* 18 (5): 507–519.

[101] Kavehei, O., Iqbal, A., Kim, Y.-S. et al. (2010). The fourth element: characteristics, modelling and electromagnetic theory of the memristor. *Proc. R. Soc. London A Math. Phys. Eng. Sci.* 466 (2120): 2175–2202.

[102] Chanthbouala, A., Garcia, V., Cheriff, R.O. et al. (2012). A ferroelectric memristor. *Nat. Mater.* 11 (10): 860–864.

[103] Johnson, S.L., Sundararajan, A., Hunley, D.P., and Strachan, D.R. (2010). Memristive switching of single-component metallic nanowires. *Nanotechnology* 21 (12): 125204.

[104] Yang, J.J., Pickett, M.D., Li, X. et al. (2008). Memristive switching mechanism for metal/oxide/metal nanodevices. *Nat. Nano.* 3 (7): 429–433.

[105] Yu, S. (2018). Neuro-inspired computing with emerging nonvolatile memorys. *Proc. IEEE* 106 (2): 260–285.

[106] Burr, G.W., Shelby, R.M., Sebastian, A. et al. (2017). Neuromorphic computing using non-volatile memory. *Adv. Phys. X* 2 (1): 89–124.

[107] Alibart, F., Gao, L., Hoskins, B.D., and Strukov, D.B. (2012). High precision tuning of state for memristive devices by adaptable variation-tolerant algorithm. *Nanotechnol.* 23 (7): 75201.

[108] Gao, L., Chen, P., and Yu, S. (2015). Programming protocol optimization for analog weight tuning in resistive memories. *IEEE Electron Device Lett.* 36 (11): 1157–1159.

[109] Hu, M., Strachan, J.P., Li, Z. et al. (2016). Dot-product engine for neuromorphic computing: programming 1T1M crossbar to accelerate matrix-vector multiplication. In: *Proceedings of the 53rd Annual Design Automation Conference*, 19.

[110] Xia, L., Gu, P., Li, B. et al. (2016). Technological exploration of RRAM crossbar array for matrix-vector multiplication. *J. Comput. Sci. Technol.* 31 (1): 3–19.

[111] Liu, X., Mao, M., Liu, B. et al. (2016). Harmonica: a framework of heterogeneous computing systems with memristor-based neuromorphic computing accelerators. *IEEE Trans. Circuits Syst. I Regul. Pap.* 63 (5): 617–628.

[112] Neural, C. and Accelerator, N. (2016). ISAAC: a convolutional neural network accelerator with in-situ analog arithmetic in crossbars. In: *Proceedings of the 43rd International Symposium on Computer Architecture*, 14–26.

[113] Chi, P., Li, S., Xu, C. et al. (2016). PRIME: a novel processing-in-memory architecture for neural network computation in ReRAM-based main memory. In: *Proceedings of the 43rd International Symposium on Computer Architecture*, 27–39.

[114] Su, F., Chen, W.H., Xia, L. et al. (2017). A 462GOPs/J RRAM-based nonvolatile intelligent processor for energy harvesting IoE system featuring nonvolatile logics and processing-in-memory. In: *2017 Symposium on VLSI Circuits*, C260–C261.

[115] Tang, T., Xia, L., Li, B. et al. (2017). Binary convolutional neural network on RRAM. In: *Design Automation Conference (ASP-DAC), 2017 22nd Asia and South Pacific*, 782–787.

[116] Sun, X., Peng, X., Chen, P. et al. (2018). Fully parallel RRAM synaptic array for implementing binary neural network with (+1, −1) weights and (+1, 0) neurons. In: *2018 23rd Asia and South Pacific Design Automation Conference (ASP-DAC)*, 574–579.

[117] Yu, S., Li, Z., Chen, P.Y. et al. (2016). Binary neural network with 16 Mb RRAM macro chip for classification and online training. In: *2016 IEEE International Electron Devices Meeting (IEDM)*, 16.2.1–16.2.4.

[118] Chen, W.H., Li, K.X., Lin, W.Y. et al. (2018). A 65nm 1Mb nonvolatile computing-in-memory ReRAM macro with sub-16ns multiply-and-accumulate for binary DNN AI edge processors. In: *2018 IEEE International Solid – State Circuits Conference – (ISSCC)*, vol. 61, 494–496.

[119] Li, B., Xia, L., Gu, P. et al. (2015). MErging the interface: power, area and accuracy co-optimization for RRAM crossbar-based mixed-signal computing system. In: *2015 52nd ACM/EDAC/IEEE Design Automation Conference (DAC)*, 1–6.

[120] Song, L., Qian, X., Li, H., and Chen, Y. (2017). PipeLayer: a pipelined ReRAM-based accelerator for deep learning. In: *2017 IEEE International Symposium on High Performance Computer Architecture (HPCA)*, 541–552.

[121] Querlioz, D., Bichler, O., Dollfus, P., and Gamrat, C. (2013). Immunity to device variations in a spiking neural network with memristive nanodevices. *IEEE Trans. Nanotechnol.* 12 (3): 288–295.

[122] Burr, G.W., Shelby, R.M., Sidler, S. et al. (2015). Experimental demonstration and tolerancing of a large-scale neural network (165 000 synapses) using phase-change memory as the synaptic weight element. *IEEE Trans. Electron Devices* 62 (11): 3498–3507.

[123] Eryilmaz, S.B., Kuzum, D., Jeyasingh, R.G. et al. (2013). Experimental demonstration of array-level learning with phase change synaptic devices. In: *Electron Devices Meeting (IEDM), 2013 IEEE International*, 25.

[124] Liu, B., Hu, M., Li, H. et al. (2013). Digital-assisted noise-eliminating training for memristor crossbar-based analog neuromorphic computing engine. In: *Proceedings of the 50th Annual Design Automation Conference*, 7:1–7:6.

[125] Narayanan, P., Fumarola, A., Sanches, L.L. et al. (2017). Toward on-chip acceleration of the backpropagation algorithm using nonvolatile memory. *IBM J. Res. Dev.* 61 (4/5): 11:1–11:11.

[126] Cai, Y., Tang, T., Xia, L. et al. (2018). Training low bitwidth convolutional neural network on RRAM. In: *Proceedings of the 23rd Asia and South Pacific Design Automation Conference*, 117–122.

[127] Sidler, S., Boybat, I., Shelby, R.M. et al. (2016). Large-scale neural networks implemented with non-volatile memory as the synaptic weight element: impact of conductance response. In: *2016 46th European Solid-State Device Research Conference (ESSDERC)*, 440–443.

[128] Cheng, M., Xia, L., Zhu, Z. et al. (2017). TIME: a training-in-memory architecture for memristor-based deep neural networks. In: *Proceedings of the 54th Annual Design Automation Conference 2017*, 26:1–26:6.

[129] Cai, Y., Lin, Y., Xia, L. et al. (2018). Long live TIME: improving lifetime for training-in-memory engines by structured gradient sparsification. In: *Proceedings of the 55th Annual Design Automation Conference*, 107:1–107:6.

[130] van de Burgt, Y., Lubberman, E., Fuller, E.J. et al. (2017). A non-volatile organic electrochemical device as a low-voltage artificial synapse for neuromorphic computing. *Nat. Mater.* 16 (4): 414.

[131] Adam, G.C., Hoskins, B.D., Prezioso, M. et al. (2017). 3-D memristor crossbars for analog and neuromorphic computing applications. *IEEE Trans. Electron Devices* 64 (1): 312–318.

[132] Fuller, E.J., Gabaly, F.E., Léonard, F. et al. (2016). Li-ion synaptic transistor for low power analog computing. *Adv. Mater.* 29, no. SAND-2017-0895J.

[133] Prezioso, M., Merrikh-Bayat, F., Hoskins, B.D. et al. (2015). Training and operation of an integrated neuromorphic network based on metal-oxide memristors. *Nature* 521 (7550): 61–64.

[134] Fisher, A.D., Lippincott, W.L., and Lee, J.N. (1987). Optical implementations of associative networks with versatile adaptive learning capabilities. *Appl. Opt.* 26 (23): 5039–5054.

[135] Farhat, N.H. (1987). Optoelectronic analogs of self-programming neural nets: architectures and methods for implementing fast stochastic learning by simulated annealing. *Appl. Opt.* 26 (23): 5093–5103.

[136] Yang, L., Zhang, L., and Ji, R. (2013). On-chip optical matrix-vector multiplier. *Proc.SPIE* 8855, pp. 8855–8855–5.

[137] Chen, H., Jayasuriya, S., Yang, J. et al. (2016). ASP vision: optically computing the first layer of convolutional Neural networks using angle sensitive pixels. In: *Proceedings of the IEEE Conference on Computer Vision and Pattern Recognition*, 903–912.

[138] Shen, Y., Harris, N.C., Skirlo, S. et al. (2016). Deep learning with coherent

nanophotonic circuits. *Nat. Photonics* 11 (7): 441–446.

[139] Zheng, N. and Mazumder, P. (2018). A scalable low-power reconfigurable accelerator for action-dependent heuristic dynamic programming. *IEEE Trans. Circuits Syst. I Regul. Pap.* 65 (6): 1897–1908.

[140] Hu, D., Zhang, X., Xu, Z. et al. (2014). Digital implementation of a spiking neural network (SNN) capable of spike-timing-dependent plasticity (STDP) learning. In: *14th IEEE International Conference on Nanotechnology, IEEE-NANO 2014*, 873–876.

[141] Wood, R.J. (2008). The first takeoff of a biologically inspired at-scale robotic insect. *IEEE Trans. Robot.* 24 (2): 341–347.

[142] Mazumder, P., Hu, D., Ebong, I. et al. (2016). Digital implementation of a virtual insect trained by spike-timing dependent plasticity. *Integr. VLSI J.* 54: 109–117.

[143] Pérez-Arancibia, N.O., Ma, K.Y., Galloway, K.C. et al. (2011). First controlled vertical flight of a biologically inspired microrobot. *Bioinspiration Biomimetics* 6 (3): 036009.

[144] Lee, I., Kim, G., Bang, S. et al. (2015). System-on-mud: ultra-low power oceanic sensing platform powered by small-scale benthic microbial fuel cells. *IEEE Trans. Circuits Syst. I Regul. Pap.* 62 (4): 1126–1135.

[145] Lee, Y., Bang, S., Lee, I. et al. (2013). A modular 1 mm^3 die-stacked sensing platform with low power I2C inter-die communication and multi-modal energy harvesting. *IEEE J. Solid-State Circuits* 48 (1): 229–243.

[146] Chen, Y.P., Jeon, D., Lee, Y. et al. (2015). An injectable 64 nW ECG mixed-signal SoC in 65 nm for arrhythmia monitoring. *IEEE J. Solid-State Circuits* 50 (1): 375–390.

[147] Si, J. and Wang, Y.T. (2001). On-line learning control by association and reinforcement. *IEEE Trans. Neural Netw.* 12 (2): 264–276.

[148] Liu, D., Xiong, X., and Zhang, Y. (2001). Action-dependent adaptive critic designs. In: *International Joint Conference on Neural Networks, 2001. Proceedings. IJCNN'01*, vol. 2, 990–995.

[149] Liu, F., Sun, J., Si, J. et al. (2012). A boundedness result for the direct heuristic dynamic programming. *Neural Netw.* 32: 229–235.

[150] He, H., Ni, Z., and Fu, J. (2012). A three-network architecture for on-line learning and optimization based on adaptive dynamic programming. *Neurocomputing* 78 (1): 3–13.

[151] Sokolov, Y., Kozma, R., Werbos, L.D., and Werbos, P.J. (2015). Complete stability analysis of a heuristic approximate dynamic programming control design. *Automatica* 59: 9–18.

[152] Mu, C., Ni, Z., Sun, C., and He, H. (2017). Air-breathing hypersonic vehicle tracking control based on adaptive dynamic programming. *IEEE Trans. Neural Netw. Learn. Syst.* 28 (3): 584–598.

[153] Larkin, D., Kinane, A., Muresan, V., and O'Connor, N.E. (2006). An efficient hardware architecture for a neural network activation function generator. *Adv. Neural Netw.* 3973: 1319–1327.

[154] Zheng, N. and Mazumder, P. (2018). A low-power circuit for adaptive dynamic programming. In: *2018 31st International Conference on VLSI Design and 2018 17th International Conference on Embedded Systems (VLSID)*, 192–197.

[155] Ni, Z., He, H., and Wen, J. (2013). Adaptive learning in tracking control based on the dual critic network design. *IEEE Trans. Neural Netw. Learn. Syst.* 24 (6): 913–928.

[156] Ni, Z., He, H., Zhong, X., and Prokhorov, D.V. (2015). Model-free dual heuristic dynamic programming. *IEEE Trans. Neural Netw. Learn. Syst.* 26 (8): 1834–1839.

Learning in Energy-Efficient Neuromorphic Computing：Algorithm and Architecture Co-Design

脉冲神经网络的工作原理与学习

我从来没有教我的学生，我只是试图提供他们可以学习的条件。

——爱因斯坦

4.1 脉冲神经网络

脉冲神经网络(SNN)的灵感来自生物神经网络[1-2]。对 SNN 的研究可以追溯到人工神经网络(ANN)广为人知很久之前。最初关于 SNN 的研究是为了模拟生物神经网络[3-6]。近年来，在这些领域的先驱如 Gerstner[7-9]、Maass[1,10-11]等的带领下，以计算为目的使用 SNN 变得越来越热门。虽然 ANN 的早期发展受到了 SNN 的启发，但是 SNN 与 ANN 有很大的不同，我们在第 2 章和第 3 章中分别讨论了以下几个方面：

(1) SNN 和 ANN 中信息的编码方式不同。非脉冲神经元利用实数值激活来传信息，而脉冲神经元用脉冲来表示信息。

(2) 神经网络中的非脉冲神经元没有任何记忆，但脉冲神经元通常有记忆。

(3) 许多 ANN(尤其是前馈 ANN)产生的输出不是时间的函数，但是大多数 SNN 本质上是随时间变化的。

在本章中，我们将讨论 SNN 的基本运行原理和学习方法。我们首先介绍几个在 SNN 中被广泛用于各种目的的流行的神经元模型。与人工神经元相比，脉冲神经元通常具有更复杂的动力学。因此，许多研究人员认为，这可能使 SNN 比其对应的 ANN 更强大。正是学习能力赋予了神经网络解决许多实际问题的能力。在这一章中，我们介绍了各种训练 SNN 的方法。首先介绍了浅层网络中的学习。最近受到在深度学习方面的进展的启发，人们也希望训练和开发深度 SNN。尽管经典的 SNN 学习算法在浅层网络中运行良好，但其中许多算法并不适用于深度网络。因此，在本章的最后，我们研究如何有效地训练一个深度 SNN。

4.1.1 常见的脉冲神经元模型

要研究 SNN，首先需要了解单个神经元是如何工作的。如前所述，最初创建 SNN 是为了模拟大脑的功能。因此，早期的脉冲神经元模型更强调重现实验中观察到的生物现象。换句话说，SNN 主要用于映射生物神经网络。后来，越来越多的人工智能(AI)领域的研究人员开始使用 SNN 来进行各种大脑启发的计算。在这些应用中使用的神经元模型被简化了许多，这样一个大小适当的网络就可以在合理的时间内进行运算。因此，在文献中出现了许多不同的神经元模型。有些神经元模型在生物学上更可行，但也更复杂，而有些则更容易实现，计算效率更高。在本节中，我们将回顾三种在文献中被广泛使用的有代表性的神经元模型。

4.1.1.1 Hodgkin-Huxley 模型

Hodgkin-Huxley 模型是描述生物神经元行为的数学模型。该模型由 Hodgkin 和 Huxley 在 1952 年提出[3]。他们在 1963 年因这项工作获得了诺贝尔生理学或医学奖。

Hodgkin-Huxley 模型的等效电路如图 4.1a 所示。流入细胞的电流 I 可以计算为

$$I = C \frac{\mathrm{d}V}{\mathrm{d}t} + G_{\mathrm{Na}} m^3 h (V - V_{\mathrm{Na}}) + G_{\mathrm{K}} n^4 (V - V_{\mathrm{K}}) + G_{\mathrm{L}} (V - V_{\mathrm{L}}) \tag{4.1}$$

在式 (4.1) 中，V_{Na}、V_{K} 和 V_{L} 被称为反向电位，如图 4.1a 所示。G_{Na}、G_{K} 和 G_{L} 分别是钠、钾和泄漏通道的模型电导参数，m、n 和 h 是三个门控变量。这三个变量随时间的变化率用式 (4.2)～式 (4.3) 描述。系数 m 和 h 控制钠通道，而系数 n 控制钾通道[12]：

$$\frac{\mathrm{d}m}{\mathrm{d}t} = \alpha_m(V)(1-m) - \beta_m(V)m \tag{4.2}$$

$$\frac{\mathrm{d}n}{\mathrm{d}t} = \alpha_n(V)(1-n) - \beta_n(V)n \tag{4.3}$$

$$\frac{\mathrm{d}h}{\mathrm{d}t} = \alpha_h(V)(1-h) - \beta_h(V)h \tag{4.4}$$

在式 (4.2)～式 (4.3) 中，$\alpha_m(V)$、$\alpha_n(V)$、$\alpha_h(V)$ 和 $\beta_m(V)$、$\beta_n(V)$、$\beta_h(V)$ 是根据经验设置的函数。

4.1.1.2 Leaky Integrate-and-Fire 模型

在生物学上可行的 Hodgkin-Huxley 模型虽然可以用来准确地捕获许多真实神经元的动态，但它的计算复杂度太高，不能用于大规模的神经网络模拟。因此，需要一个更简单的神经元模型。Leaky Integrate-and-Fire (LIF) 模型是可以有效模拟 SNN 的最流行的脉冲神经元模型之一。

LIF 神经元的模型可以描述为

$$C \frac{\mathrm{d}V(t)}{\mathrm{d}t} = I - I_L \tag{4.5}$$

其中 I 为流入神经元的电流，I_L 为泄漏电流。泄漏电流项的定义可以不同。计算泄漏电流的一种方法是通过公式 $V(t)/R$。我们称这种类型的泄漏电流为基于电导的泄漏。这是因为泄漏电流可以被认为是流过电导的电流，如图 4.1b 所示。这种定义泄漏电流的方法在生物学上似乎更合理，但由于泄漏电流在任何时刻都是膜电压的函数，因此计算开销较高。另一种形式的泄漏电流在硬件实现中更为流行，我们称之为基于电流的泄漏，如图 4.1c 所示。在这种情况下，泄漏电流与膜电压无关。

同样，式 (4.5) 中注入的电流 I 是由用来连接神经元的突触类型决定的。一般来说，有两种类型的突触：基于电流的突触和基于电导的突触[13]。基于电导的突触在生物学上更精确。当使用这种突触时，注入的电流是突触后神经元膜电压的函数。另一方面，对于基于电流的突触，来自突触前神经元的注入电流与突触后电位无关。基于电流的突触和泄漏可以显著降低计算复杂度。因此，它们经常被许多 SNN 加速器使用。

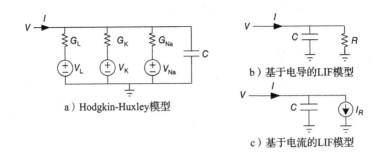

图 4.1   三种模型的等效电路示意图。在 Hodgkin-Huxley 模型中，三个电压源模拟反向电位，
三个电导模拟三个漏电通道。对于 LIF 模型，基于电导的模型在生物学上更可行，而
基于电流的模型计算效率更高

4.1.1.3   Izhikevich 模型

Hodgkin-Huxley 模型提供了良好的生物学上的准确性，但在计算上对许多实际应用是行不通的。另一方面，由于 LIF 模型的简单性，使得它可能在许多人工 SNN 中非常有用，但它在模拟生物神经元方面是有缺陷的。一个中间选择是 Izhikevich 在 2003 年[14]提出的 Izhikevich 模型。这个模型可以用数学方式描述为

$$\frac{dV}{dt} = 0.04V^2 + 5V + 140 - U + I \tag{4.6}$$

$$\frac{dU}{dt} = a(bV - U) \tag{4.7}$$

突触后神经元接受脉冲后复位条件：

如果 $V \geqslant 30mV$，那么 V 被重置为 c，U 被重置为 $U + d$。

在式(4.6)和式(4.7)中，V 为膜电压，U 为膜电位恢复变量，a、b、c、d 为模型参数。利用这个简单的模型，许多在生物神经元中观察到的现象可以用类似于计算 LIF 神经元的计算复杂度来重现。

4.1.2   信息编码

如何在脉冲中编码信息是一个流行的研究课题，神经科学家和计算人工智能研究人员已经研究了几十年。有两种常用的编码方法：(1)速率编码；(2)时间编码。

速率编码是对脉冲信息进行编码的最简单方法。它假设信息是根据神经元的平均放电率进行调制的。这种编码方法类似于通信系统中的调频。早在 1926 年，Adrian[15]就演示了速率编码。这种类型的信息编码实际上是 ANN 的基础。实际上，ANN 神经元的激活水平可以看作是 SNN 中平均激活率的抽象。速率编码的最大优点之一是编码和解码的复杂度低。因此，它们在研究 SNN 的文献中被广泛使用。

近年来，许多研究人员认为，速率编码可能过于简单，不能代表大脑中的复杂信息[16-17]。主要的批评来自这样一个事实：速率编码依赖于长期收集的信息的平均。而过慢的响应时间与生物学实验[17]中观察到的响应潜伏期不一致。为了克服这一困难，时间编码通常被视为一种替代方法。据推测，这些信息是在脉冲中按照准确时间进行编码的。近年来，越来越多的实验结果支持了这种信息编码的可行性[18-19]。

例如，图 4.2 显示了两个脉冲模式。对于被虚线窗口包围的部分，从速率编码的角度来看，两种模式是相同的，因为窗口中脉冲的数量是相同的。然而，从时间编码的角度来看，这两种模式是不同的，因为脉冲的时间是不同的。显然，时间编码能够用相同数量的脉冲编码更多的信息。另一方面，尽管速率编码在生物学上不太可行，在信息传输上效率也不高，但在硬件实现上确实有一些优势。

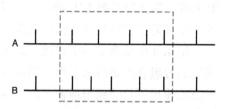

图 4.2 两列脉冲的示意图。根据使用的编码和解码方法，这两个脉冲序列可能携带相似或不同的信息

速率编码的第一个优点是相关的编码和解码电路的简单性，这对于包含许多编码器和解码器的大型神经形态系统尤其重要。第二个优点是鲁棒性。例如，让我们想象一下，由于一些非理想因素，如噪声和过程变化，原来的脉冲图案 A 变成了图案 B。在这种情况下，基于速率的解码器仍然能够从失真的模式 B 中识别和解码正确的信息，而基于时间的解码器很可能会失败。这种鲁棒性的对比类似于随机计算和二进制计算之间的对比。速率编码提供的容错功能在硬件实现中很有价值，因为纳米 CMOS 技术以及忆阻器等其他新兴纳米技术的一些固有特性由于大规模的器件到器件工艺的变化、电源电压的变化和温度的变化变得越来越不稳定。

4.1.3 脉冲神经元与非脉冲神经元的比较

为了总结并突出显示脉冲神经元和人工(非脉冲)神经元之间的差异，图 4.3 比较了这两种神经元模型。对于两种神经元模型，都有一个用于汇总每个突触贡献的操作。在非脉冲神经元中，很可能需要乘法累加(MAC)运算，而对脉冲神经元来说使用掩码加法

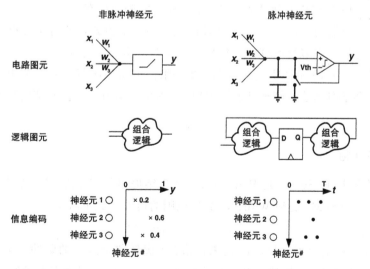

图 4.3 脉冲神经元与非脉冲神经元的比较。非脉冲神经元是无记忆的，它当前的输出完全依赖于当前的输入。另一方面，脉冲神经元具有固有的记忆，当前的输出不仅取决于当前的输入，而且还取决于之前的输入。非脉冲神经元通常使用空间模式来表示信息，而脉冲神经元则以时空模式来表示信息

就足够了，因为脉冲本质上是二进制的。另一个主要区别是每个脉冲神经元都有一个记忆元件。对于简单的 LIF 神经元，可以将记忆元件实现为线性电容器。更复杂的神经元模型中可能存在更复杂的记忆效应。

图 4.3 中给出了一个类比。人工神经元就像组合逻辑。无论激活过程有多复杂，都可以通过组合逻辑门来实现。另一方面，一个脉冲神经元更像一个有限状态机，其当前状态的输出不仅受到当前输入的影响，而且还受到过去的输入值的影响

需要注意的是，尽管人工神经元通常是无记忆的，但这并不一定意味着所有的 ANN 都是无记忆的。事实上，长短期记忆网络（LSTM）作为神经网络中最有用的一种类型，在第 2 章中已经讨论过了，通过它的名字可以看出，它显然是有记忆的。事实上，无记忆人工神经元仍然可以通过精心选择网络拓扑来构建具有记忆的人工神经网络。

与 ANN 相比，SNN 具有不完全依赖于网络拓扑的固有记忆。因此，这两种类型的神经网络表达信息的方式也有很大的不同，如图 4.3 所示。对于一个人工神经元，输出是一个实数，即一个标量。输出神经元的激活结果的分布表明了推理结果。例如，如果每个输出神经元代表一个类，那么输出神经元的激活结果可以证明对应的输入属于这个类别。另一方面，对于 SNN，神经元的输出是一个二元向量。因此，SNN 的输出不仅具有空间分布，而且具有时间分布。这就是 SNN 经常被训练去学习时空模式的部分原因。

4.2   浅层 SNN 的学习

在 4.1 节中介绍了 SNN 的基本运行原理之后，我们准备讨论如何让 SNN 进行学习，训练 SNN 一直是一个热门的研究课题。在 SNN 中学习是一项相对困难的任务。对于神经网络而言，一种非常有效的方法是基于反向传播的梯度下降学习。不幸的是，同样的技术不能直接应用于 SNN，因为在 SNN 中的梯度的概念没有很好的定义，而且 SNN 中的信号本质上是离散的。此外，SNN 的输出是一种时空模式，使得学习更加困难。在认识到这些困难之后，许多学习算法，特别是那些较早开发的学习算法，主要关注两层的 SNN。在本节中，我们将学习浅层 SNN。更一般的多层情况将在 4.3 节中讨论。在过去的几年里，许多学习算法已经被开发出来用于 SNN 的学习[20-29]。本节将讨论几个有代表性的例子。

4.2.1   ReSuMe

远程监督方法（ReSuMe）是 Ponulak 在 2005 年提出的[26]，它是一个强大的 SNN 学习规则[23,25-26]。ReSuMe 受到 Widrow-Hoff 规则的启发，如下所示：

$$\Delta w_{oi} = \alpha x_i (y_d - y_o) \tag{4.8}$$

其中，Δw_{oi} 是突触的权重变化，x_i 是来自第 i 个突触前神经元的脉冲，y_o 是输出脉冲，y_d 是需要学习的脉冲，α 是学习率。然后可以将 ReSuMe 学习规则表述如下：

$$\frac{\mathrm{d}w_{oi}}{\mathrm{d}t} = (S_d(t) - S_o(t))\left(a_d + \int_0^\infty a_{di}(s) S_i(t-s)\mathrm{d}s\right) \tag{4.9}$$

其中，$S_i(t)$、$S_o(t)$ 和 $S_d(t)$ 是输入、输出和期望的脉冲序列。a_d 是非相关因子，

$a_{di}(s)$是一个用于指定学习窗口的核函数。$a_{di}(s)$的典型选择是指数窗函数。ReSuMe 的目标是强制 SNN 输出所需的脉冲序列。对于每个神经元，都有一个与之关联的隐式教师神经元。教师神经元输出所需的脉冲模式，训练神经元从教师神经元中学习。图 4.4 给出了一个使用 ReSuMe 的学习示例。当存在目标脉冲时，突触会增强，而当观察到实际的神经元脉冲发放时，突触权重会被降低。权重变化量与期望发放时间 $S_d(t)$ 和实际发放时间 $S_o(t)$ 之间的时间差成比例。用非相关因子 a_d 来驱动 $S_o(t)$ 的平均发放速率向 $S_d(t)$ 的平均发放速率靠近。很明显，当学习收敛时，突触的权重不再改变，因为期望的脉冲时间和实际的时间是一致的。

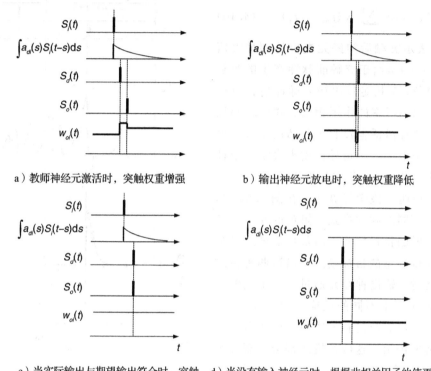

a）教师神经元激活时，突触权重增强　　b）输出神经元放电时，突触权重降低

c）当实际输出与期望输出符合时，突触　d）当没有输入神经元时，根据非相关因子的值更新的权重不变　　突触权重，有助于控制输出神经元的平均放电率

图 4.4　ReSuMe 学习规则说明突触权重是根据输入脉冲 $S_i(t)$、实际输出 $S_o(t)$ 和期望输出 $S_d(t)$ 的时间来更新的。来源：摘自文献[25]

　　ReSuMe 学习规则的显著特征之一是它可与许多不同的神经元模型一起使用。这种特性源于算法的起源：脉冲之间的相关性。由于在推导学习算法时没有使用神经元模型，因此学习的成功与否并不取决于所使用的神经元模型。这种假设在文献[23、25-26]中得到了大量实验和分析的证实。在 Ponulak 和 Kasiński[25] 所做的实验中，使用了三种常见的神经元模型，分别是 4.1 节所述的 LIF 模型、Hodgkin-Huxley 模型和 Izhikevich 模型。这三种神经元模型均能成功学习目标模式。

4.2.2　Tempotron

　　Tempotron 是最早由 Gütig 和 Sompolinsky 于 2006 年提出的一种学习规则[24]。它训

练神经网络去区分两种类型的脉冲模式。神经网络经过训练，当一种模式出现时，它就
会触发，而当另一种模式出现时，它就会保持
静息。Tempotron学习规则是一个监督学习规
则。在训练阶段，标记数据被输入神经网络。
当出现错误分类时，突触权重会根据错误模式
相应地更新，以增加或减少触发概率。

Tempotron学习规则可以用数学方法表示
如下：

$$\Delta w_i = \lambda \sum_{t_i < t_{\max}} K(t_{\max} - t_i) \qquad (4.10)$$

其中，$t_{\max}$ 表示突触后神经元电位达到最大值
的时间，$K(\cdot)$ 是由于突触前脉冲产生的突触
后归一化电位，λ 指定每次输入脉冲后权重更
新的步长，和学习率的作用相似。式（4.10）用
于神经元应该被激活但没有被激活的情况。可
在式（4.10）中添加一个负号，用来表示一个神
经元本不应该被激活，但它却被激活了。

图4.5说明了该学习算法。在图4.5a中，
显示了两种不同的脉冲模式。黑色的模式是神
经元应该发射的目标模式，而灰色的模式是神
经元应该保持静息的目标模式。当这两种模式
输入给网络时，输出神经元通过产生不同的突
触后膜电位而产生不同的反应，如图4.5b所
示。黑色曲线没有超过触发阈值，而灰色曲线
却超过了触发阈值。这两种模式都会出现分类
错误。因此，突触的权重也相应更新，如
图4.5c所示。

从文献[28]中可以看出，Tempotron学习
规则实际上是4.2.1节中所讨论的ReSuMe规
则在一定条件下的一种特殊形式。基于此，在
文献[28]中提出了一种类似于Tempotron的

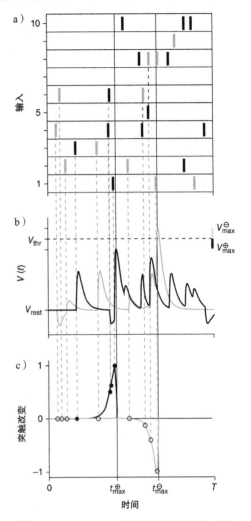

图4.5 Tempotron学习规则示意图：图
a中向神经网络提出了两种脉冲
模式，黑色的模式是目标模式，
而灰色则不是；图b中是两种模
式对应的突触后膜电压；图c中
是突触根据Tempotron规则[24]
的变化。经Springer许可转载

ReSuMe学习规则。Yu等人在文献[30]中比较了这三种相关的学习规则：（1）Tempotron；（2）ReSuMe；（3）类似于Tempotron的ReSuMe。而且观察到Tempotron是这三
种学习规则中最快的。然后，研究人员将Tempotron规则用于模式识别任务。用
MNIST数据集对应用了该学习规则的系统进行了验证。其结果的识别率可与支持向量机
相媲美，而支持向量机是用于分类任务的最有效的机器学习模型之一。

4.2.3　脉冲时间相关可塑性

近年来，在生物学上合理的脉冲时间相关可塑性（Spike-Timing-Dependent Plasticity，STDP)学习规则已被许多研究人员广泛采用。STDP 是一种在生物神经网络中观察到的可塑性。通常认为 STDP 与经典的 Hebbian 学习规则有关[29,31]，该规则以加拿大神经心理学家 Donald Hebb 的名字命名。Hebb 在 1949 年出版的著作中[32]描述并总结了他的许多重要发现。例如，Hebb 在书中陈述了神经元之间的相互作用如何决定它们的连接：

"当 A 细胞的轴突和 B 细胞足够近，使得可以刺激 B 细胞并重复或持续地参与激活 B 细胞时，就会触发一个或者两个细胞中同时进行的生长或者代谢变化，这样的变化会提高 A 触发 B 的效率。"

Hebbian 学习规则后来被 Shatz 在 1992 年总结为一个简短而朗朗上口的短语[33]：

"从某种意义上说，一起激活的细胞连接在一起。"

传统的 Hebbian 规则是一种基于相关性的学习规则，它没有明确地考虑神经元的脉冲时间。另一方面，STDP 是一种现象，它表明突触强度的变化与突触前和突触后神经元[34]的确切时间有关。而长期以来，STDP 一直被认为是哺乳动物学习的机制。

研究表明，突触强度的变化量取决于突触前和突触后脉冲的相对时间，如图 4.6 所示。如果突触前脉冲发生不久后突触后脉冲就发生，此时突触就会经历一个长期增强（LTP），突触权重的增加随着两次脉冲时间的不同呈指数衰减。反之亦然，如果突触后脉冲发生在突触前脉冲之前，则突触就会经历一个长期抑制（LTD）。在数学上，突触强度的变化可以表示为

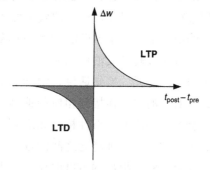

图 4.6　典型 STDP 规则的示意图。突触权重的变化取决于突触前和突触后脉冲之间的因果关系以及脉冲时间的差异

$$\Delta w = \sum_n \sum_m K(t_{post}^m - t_{pre}^n) \qquad (4.11)$$

其中 t_{post}^m 和 t_{pre}^n 分别为突触前和突触后脉冲时间。核函数 $K(x)$ 通常为

$$K(x) = \begin{cases} A_+ \exp(-x/\tau_+), & x > 0 \\ A_- \exp(x/\tau_-), & x < 0 \end{cases} \qquad (4.12)$$

在式(4.12)中，τ_+ 和 τ_- 用来控制指数型窗口的衰减。A_+ 和 A_- 是决定突触更新规模的两个量。式(4.11)中所示的 STDP 规则有时被称为基于对偶的 STDP 规则，这是文献中常用的选择。这种基本的 STDP 规则也存在许多变体，如基于三元组的 STDP 规则[35]、脉冲驱动的突触可塑性[36]等。

显然，式(4.11)中规定的学习规则对突触权重的最大或者最小值没有任何限制。这样的学习规则可能在实际中并不实用，因为生物和人工的突触权重都应该有一定的上限。一个简单的方法是对突触所能达到的最大权重设置一个严格的限制。这种简单的方法确实可以有效地控制突触权重的范围。然而，它可能会降低学习性能。

更复杂的解决方案可以有效地限制最大权重的存在。两个常数 A_+ 和 A_- 可以被两个权重函数代替：$A_+(w)$ 和 $A_-(w)$[37]。图 4.7 从概念上定性地说明了 $A_+(w)$。这样，STDP 规则就变成了依赖权重的 STDP 规则。换句话说，突触权重的变化量不仅是脉冲时间的函

数，也是权重本身的值的函数。正常情况下，当突触权重接近最大极限时，权重的更新会变得越来越小。这种在 STDP 规则中控制缩放因子的方法可以有效地防止突触权重无限制地增长。还有其他一些较好的方法可以达到类似的效果，4.2.4 节给出了一个示例。

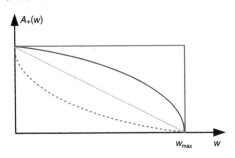

图 4.7   显示了几个 $A_+(w)$ 的例子，可以用来限制突触权重所能达到的最大值。为了将 w 的最大值限制为 w_{max}，对于 $w > w_{max}$，$A_+(w)$ 置为 0

STDP 规则确定了突触权重应该如何根据脉冲时间进行变化，但是并没有明确指定如何进行学习。因此，学习的效果可能因实现的不同而不同。例如，Diehl 和 Cook 在文献[38]中演示了基于 STDP 的手写体数字识别任务的无监督学习。来自 MNIST 数据集的图像首先被转换成泊松脉冲序列。图像中所有像素对应的脉冲以 all-to-all 的方式反馈给兴奋性神经元。换句话说，SNN 的输入层完全连接到兴奋层。然后，每个兴奋性神经元以一对一的方式连接到相应的抑制性神经元。另一方面，抑制性神经元在其脉冲发放时，会抑制相应的兴奋性神经元之外的其他所有神经元。这种机制类似于赢家通吃的方法，因为它引入了神经元之间的竞争。

文献[38]中提出的 STDP 学习是基于无监督学习的。因此，为了执行分类任务，需要将所学习的结构与标签联系起来。这是通过将每个兴奋性神经元与文献[38]中反应最高的一类神经元联系起来实现的。研究发现，经过训练后，连接输入层和每个兴奋性神经元的权重与数据集中手写数字的形状相似。此外，研究还发现，通过在兴奋层中提供更多的神经元，可以慢慢提高识别率。最后，在文献[38]中采用了几种变体的 STDP 学习规则，发现无论使用何种学习规则，其都是有效的。

Querlioz 等人在文献[39]中采用了类似的方法，用于学习的平台是一个基于忆阻器交叉开关(crossbar)的 SNN。由于目标是硬件实现，所以采用了简化的规则。使用的不是指数形状的权重变化特性，而是矩形的。这样一个简化的学习规则可以通过调节突触前和突触后信号的重叠来方便地实现。当网络中有 300 个输出神经元时，简化学习规则的识别率达到 93.5%。进一步证明了学习效果对设备参数的变化是不敏感的。这样的发现确实令人鼓舞，因为纳米尺度设备的变化通常相当大。5.3.5 节更详细地研究了忆阻器器件的变化和噪声对学习的影响，以及在有大的变化的情况下如何实现可靠学习。

除了无监督学习外，STDP 还被用于强化学习任务[40-43]。Florian 的研究表明，通过使用全局奖励信号[40]调制 STDP 项，强化学习是可行的。通过对速率编码以及时间编码输入的异或操作验证了所提出的学习算法的有效性。采用演员-评论家网络，研究了奖励调制 STDP[43]强化学习的可行性。Frémaux 等人发现，利用时间差(TD)误差调制的类似 STDP 的学习规则，可以获得良好的学习效果。通过神经元和突触连接的复杂排列，学习规则在不同的任务中得到验证。在本研究的启发下,我们在 4.2.4 节中更详细地研究了 STDP 规则下的强化学习。

使用 STDP 规则学习是近年来许多研究者研究的课题。尽管如此,在文献中所展示的大多数学习示例中,STDP 仍被作为一种生物学上合理的、经验上成功的学习规则而使用,而其基本原理没有被解释。基于 STDP 学习的应用也主要局限于无监督学习。尽管无监督学习是有效的,但它的用途是相当有限的,因为目前大多数神经网络的应用都是基于监督学习或强化学习的,这就要求神经网络能够近似任意函数。此外,传统的 STDP 算法在多层神经网络中的学习效果不明显。然而,在各种机器学习任务中,大多数成功的案例都使用了深度神经网络。此外,应该在多大程度上遵循如图 4.6 所示的权重更新曲线还不确定。这些限制和问题将在本章和后面的章节中讨论。

4.2.4 双层神经网络中通过调制权重依赖的 STDP 进行学习的方法

4.2.4.1 动机

STDP 一直被认为是哺乳动物大脑学习的一种潜在机制。STDP 以模仿大脑的学习方式为目标,常被用于 SNN 中,作为一种生物学上可行的、经验上成功的学习算法。为了解释 STDP[27] 学习的基本原理,神经科学领域和人工智能领域都做了大量的尝试。Hinton 假设基于 STDP 的学习可能是梯度下降学习[44] 的一种形式。类似的概念也在不同的上下文中以不同的形式出现[40-43]。

在文献[45]中探讨了使用 STDP 学习规则作为硬件友好学习算法的可能性。结果表明,一个类似于 STDP 规则中用于测量数量的项可以用来估计神经网络中的梯度。在估计的梯度的帮助下,可以形成随机梯度下降(SGD)学习。在本节中,我们将对文献[45]中的主要结果进行概述。以一个基于网络的演员-评论家的强化学习过程为例进行了研究。本研究的目的并不是要找出 STDP 在生物 SNN 中的确切作用。相反,本节的重点是开发一种可以在硬件 SNN 中有效实现的学习算法。为此,对算法的各个方面都进行了基于数值方法的研究。本节是实现 SNN 中硬件友好学习算法的第一步。这里只考虑如图 4.8 所示的两层神经网络。4.3.5 节研究了适合深度学习的多层神经网络。

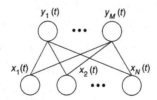

图 4.8 双层神经网络的示意图,其中 $x_i(t)$ 为突触前(输入)脉冲序列,$y_j(t)$ 为突触后(输出)脉冲序列[45]。经 IEEE 许可转载

4.2.4.2 用脉冲时间估计梯度

为了研究图 4.8 所示的神经网络,我们假设由突触前和突触后神经元产生的脉冲序列分别为

$$x_i(t) = \sum_{k_i} \delta(t - t_{k_i}) \tag{4.13}$$

$$y_j(t) = \sum_{k_j} \delta(t - t_{k_j}) \tag{4.14}$$

假设公式中的兴奋性突触后电位恒定，这种表示脉冲的方式在 SNN 的硬件实现中非常流行，因为它易于实现。

如果我们把突触前脉冲时间 t_k 作为边界，那么突触后脉冲可以形成两个区域，如图 4.9 所示。因果区域对应于 t_k 之后的区域，而反因果区域对应于 t_k 之前的区域。

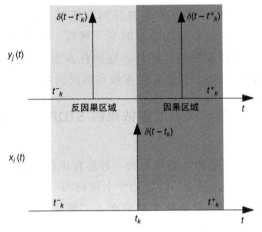

图 4.9　两个区域被输入神经元的脉冲时间划分的示意图。根据输入和输出脉冲[45]之间的因果关系来定义因果和反因果区域。经 IEEE 许可转载

让我们先来关注一对突触前和突触后的脉冲序列 $x_i(t)$ 和 $y_j(t)$。为了便于说明，将三个变量定义为

$$X_k = \int_{t_k^-}^{t_k^+} x(t)\mathrm{d}t \tag{4.15}$$

$$Y_k^+ = \int_{t_k}^{t_k^+} y(t)\mathrm{d}t \tag{4.16}$$

$$Y_k^- = \int_{t_k^-}^{t_k} y(t)\mathrm{d}t \tag{4.17}$$

在这里假设我们理解了神经元的下标，并在公式中去掉了下标。这三个变量是表示某一事件是否发生的伯努利随机变量。例如，X_k 表示 t_k 时刻是否有突触前脉冲，Y_k^+ 表示是否有突触后的因果脉冲，Y_k^- 表示是否有突触后的反因果脉冲。

有了这三个变量，只有一个反因果脉冲出现的概率可以写为

$$Pr(Y_k^+ = 0 \bigcap Y_k^- = 1 \mid X_k = 1) = \frac{Pr(Y_k^+ = 0 \bigcap Y_k^- = 1 \bigcap X_k = 1)}{Pr(X_k = 1)} \tag{4.18}$$

只有一个因果脉冲出现的概率是

$$Pr(Y_k^+ = 1 \bigcap Y_k^- = 0 \mid X_k = 1) = \frac{Pr(Y_k^+ = 1 \bigcap Y_k^- = 0 \bigcap X_k = 1)}{Pr(X_k = 1)} \tag{4.19}$$

我们定义另一个量 stdp 为

$$\text{stdp} = \begin{cases} 1 & X_k = 1 \text{ 且 } Y_k^+ = 1 \text{ 且 } Y_k^- = 0 \\ -1 & X_k = 1 \text{ 且 } Y_k^+ = 0 \text{ 且 } Y_k^- = 1 \\ 0 & \text{否则} \end{cases} \tag{4.20}$$

我们将此变量命名为 stdp 的原因是，它表示的量与典型的 STDP 规则中测量的量类似。我们的主要目标是找出一种方法来估计 $\partial\rho(y(t))/\partial\rho(x(t))$，其中 $\rho(\cdot)$ 表示脉冲序列的归一化密度。让我们考虑准平稳的情况，与允许神经元发射脉冲的单位时间步长相比，$\rho(x(t))$ 和 $\rho(y(t))$ 的变化要慢得多。在这种情况下，我们有

$$\rho(\text{stdp}(t)) = Pr(Y_k^+ = 1 \bigcap Y_k^- = 0 \bigcap X_k = 1) - Pr(Y_k^+ = 0 \bigcap Y_k^- = 1 \bigcap X_k = 1) \quad (4.21)$$

在式(4.15)～式(4.21)的帮助下，$\partial\rho(y(t))/\partial\rho(x(t))$ 的一个估计可以表示为

$$\frac{\partial\rho(y(t))}{\partial\rho(x(t))} \approx E(\Delta Y_k \mid X_k = 1) \approx \frac{\rho(\text{stdp}(t))}{\rho(x(t))} \quad (4.22)$$

直观上来讲，式(4.22)表明 $\partial\rho(y(t))/\partial\rho(x(t))$ 可以通过观察输入脉冲中的微小的波动对输出脉冲的统计信息的影响来进行估计。虽然式(4.22)是通过假设只有一对突触前神经元和突触后神经元得到的，但考虑到神经元之间的脉冲时间是不相关的，它可以扩展到涉及多个突触前神经元和突触后神经元的更一般的情况。例如，在任何给定的时间 t_k，突触后神经元可以在 t_k 的任意一边出现脉冲，并且在不存在任何突触前脉冲的情况下，在每一边出现脉冲的机会应该是相等的。但是，当突触前脉冲出现时，突触后神经元在因果区出现脉冲的概率会因连接这两个神经元的突触是兴奋性还是抑制性而改变。根据不同突触前神经元的脉冲时间不相关这一假设，其他突触前神经元的贡献表现为噪声，因此可以很容易地过滤掉。尽管由于输入数据中的空间相关性，每个突触前神经元的脉冲密度可能高度相关，但神经元的脉冲时间可能在很大程度上不相关，尤其是使用了某些去相关技术时。因此，可以同时估计网络中的梯度，这可以显著加快学习过程。这种同步梯度估计方法与同步扰动随机逼近算法(SPSA)[46]具有相同的原理。

在得到 $\partial\rho(y(t))/\partial\rho(x(t))$ 之后，下一步是找到估算 $\partial\rho(y(t))/\partial w_{ij}$ 的方法，这是梯度下降学习所需要的。我们假设

$$\rho(y_j(t)) = f_j\left(\sum_i w_{ij}\rho(x_i(t))\right) \quad (4.23)$$

即突触后神经元的放电密度通过一定的函数映射与突触前神经元的放电密度相关。

由式(4.23)可得

$$f_j'\left(\sum_i w_{ij}\rho(x_i(t))\right) = \frac{\partial\rho(y_j(t))}{\partial\rho(x_i(t))}\Big/ w_{ij} \quad (4.24)$$

在式(4.22)～式(4.24)的帮助下，我们可以得到

$$\frac{\partial\rho(y_j(t))}{\partial w_{ij}} = \rho(x_i(t))f_j'\left(\sum_i w_{ij}\rho(x_i(t))\right) = \frac{\rho(\text{stdp}_{ij}(t))}{w_{ij}} \quad (4.25)$$

仔细查看式(4.25)可以发现，$\partial\rho(y_j(t))/\partial w_{ij}$ 可以用一个类似于普通的 STDP 规则中测量的量来估计。式中的分母 w_{ij} 在以前的文献[40,43]中没有出现。我们认为这个分母在学习中起着关键作用。从数学上讲，包括权重提供了梯度的正负信息。如果允许负权重，则需要改变式(4.25)中的符号，否则会导致梯度下降方向错误。此外，权重分母的引入确保了 w_{ij} 的上界，这与 ANN[47] 中广泛使用的权重衰减技术具有类似的作用。

为了验证式(4.25)，我们对一个包含 5 个输入神经元和 1 个输出神经元的小型神经网络进行了两次数值模拟。在这两个模拟中，都使用了 LIF 神经元模型。将少量的噪声注入神经元，以去除神经元的脉冲时间的相关性。在第一个数值研究中，一个突触前神

经元的膜电压被改变，而其他突触前神经元的膜电压则被固定为随机选择的值。将由 STDP 信息估计的梯度与图 4.10 中的数值结果进行比较。结果表明，在突触前神经元放电率达到一定值之前，两组梯度匹配良好。估计精度下降的主要原因是，当放电率太大时，很难确定突触后的脉冲是因果的还是反因果的，因为输入脉冲几乎占据了时间轴上所有可能的位置。如图 4.10 所示，可以通过使离散时间神经元的时间分辨率足够精细来避免这种饱和区域。另一种可以避免这种饱和的技术见 4.3.5 节。

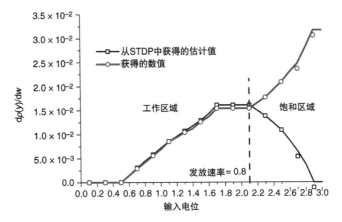

图 4.10   输入膜电位增加时 STDP 与数值模拟得到的梯度。两组结果匹配良好，直到输入神经元的放电率达到 0.8。在饱和区域，梯度估计变得不准确，因为当输入脉冲密度太大时，很难区分因果脉冲和反因果脉冲。经 IEEE 许可转载

在第二次模拟中，在改变突触的权重的同时，所有 5 个输入神经元的脉冲密度被固定在不同的随机选择的水平上。图 4.11 比较了两组梯度。这两组结果之间有很好的匹配，证明了式 (4.25) 在梯度估计中的有效性。值得注意的是，式 (4.25) 的准确性在很大程度上取决于式 (4.23) 中的模型能否很好地描述所选神经元模型的实际动态。式 (4.23) 虽然有效，但确实存在一些局限性。例如，式 (4.23) 假设只有权重和突触前脉冲密度的乘积有用。即使这种假设在权重和脉冲密度不太大时确实有效，但在某些极端情况下可能不成立。然而，人们总是可以通过选择一个足够高的工作频率来避免这些情况。

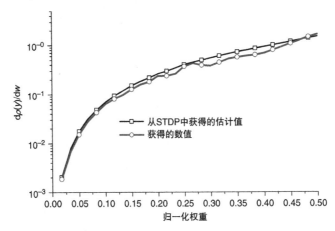

图 4.11   当突触权重增加时，STDP 和数值模拟得到的梯度。两组结果匹配得很好。经 IEEE 许可转载

4.2.4.3 强化学习示例

当有了估计的梯度信息时，在 2.2.4 节讨论过的基于最小化 TD 误差绝对值的 TD 学习就可以进行了，其中 TD 误差的绝对值定义为

$$\delta(t) = \gamma V(t) - V(t - \Delta t) + r(t) \tag{4.26}$$

其中，γ 是贴现因子，$r(t)$ 表示在 t 时刻的奖励。通过更新权重来实现学习：

$$\frac{\partial w_{ij}(t)}{\partial t} = \alpha \delta(t) \frac{\partial \rho(y_j(t))}{\partial w_{ij}(t)} = \alpha \delta(t) \frac{\rho(\text{stdp}_{ij}(t))}{W_{ij}(t)} \tag{4.27}$$

其中 α 是学习率。

在式(4.27)中，两个时间序列进行相乘。这种混合过程可能会产生混合噪声，需要对其进行适当的过滤。为了演示这个思想，让我们将 TD 误差和脉冲时间(ST)信息表示为

$$\delta(t) = \delta_0(t) + n_\delta(t) \tag{4.28}$$

$$\rho(\text{stdp}_{ij}(t)) = \rho_0(\text{stdp}_{ij}(t)) + n_\rho(t) \tag{4.29}$$

其中，$\delta_0(t)$ 和 $\rho_0(\text{stdp}_{ij}(t))$ 是我们感兴趣的信号部分，$n_\delta(t)$ 和 $n_\rho(t)$ 是与脉冲序列相关的量化噪声。在式(4.28)和式(4.29)中展示的量化噪声有很大一部分能量位于高频上，类似于 $\Sigma - \Delta$ 调制器。在使用差分滤波器的情况下，对于 $n_\delta(t)$ 来说尤其是这样的。

将式(4.28)和式(4.29)代入式(4.27)可以得到

$$\frac{\partial w_{ij}}{\partial t} = \frac{\alpha}{w_{ij}} (\delta_0(t)\rho_0(\text{stdp}_{ij}) + \delta_0(t)n_\rho(t) + \rho_0(\text{stdp}_{ij})n_\delta(t) + n_\rho(t)n_\delta(t)) \tag{4.30}$$

在该式中，$\delta_0(t)n_\rho(t)$ 和 $\rho_0(\text{stdp}_{ij}(t))n_\delta(t)$ 不会造成太大问题因为权重的更新是随着时间累积的。一个低通滤波器可以高效地过滤掉高频噪声 $n_\rho(t)$ 和 $n_\delta(t)$。但是 $n_\rho(t)n_\delta(t)$ 会更复杂一些，因为通过乘法产生了下混合噪声。这在式(4.31)和图 4.12 中有说明：

$$n_\rho(t)n_\delta(t) = \mathscr{F}^{-1}(\mathscr{F}(\Phi(n_\rho(t))) * \mathscr{F}(\Phi(n_\delta(t)))) \tag{4.31}$$

其中，$\Phi(\cdot)$ 代表自相关，$\mathscr{F}(\cdot)$ 和 $\mathscr{F}^{-1}(\cdot)$ 代表傅里叶变换与傅里叶反变换。由于噪声频谱的相位信息通常是未知的，因此很难对式(4.31)进行解析求解。然而，一些有用的方法如数值模拟可以提供帮助。与所需的信号部分相比，由 $n_\rho(t)$ 和 $n_\delta(t)$ 的乘积产生的下混合噪声可以显著提高几个数量级。更糟的是，量化噪声 $n_\delta(t)$ 和 $n_\rho(t)$ 相关，因为从本质上说，它们来自相同的信号。这样的相关性使得下混合噪声有严重的偏置。如果在混合之前未对噪声进行有效过滤，则生成的噪声将掩盖所需的信号。

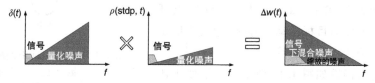

图 4.12　下混合噪声产生过程示意图。$\delta(t)$ 和 $\rho(\text{stdp}_{ij}(t))$ 中的量化噪声多为高频。然而，经过乘法之后，噪声被降噪到基带，从而使所需的信号饱和。另外，由于这两种量化噪声是相关的，因此产生的下混合噪声具有严重的偏置[45]。经 IEEE 许可转载

从电路设计的角度来看，高性能的滤波器(如复杂的有限脉冲响应(FIR)滤波器)应

该用于处理 $V(t)$，而简单的低功率滤波器（例如移动平均滤波器）应该用于处理 stdp_{ij}。与这一选择相关的原因有两方面。第一个原因是我们在系统中只有一个 $V(t)$ 信号，但是每个突触都有一个与之相关的 stdp_{ij} 项。换句话说，$V(t)$ 信号由所有突触共享。因此，对我们来说，最明智的做法是尽量减少那些由不同的突触反复使用的信号的量化噪声。第二个原因是 $n_\delta(t)$ 使用了两次：一次在神经元中，第二次在式（4.26）中。因此，$n_\delta(t)$ 具有更强的高频噪声。过滤之后，可以通过插值过程将过采样的低分辨率数据转换为具有降低的采样率的高分辨率数据，以节省能量。下采样的过程如图 4.13 所示。

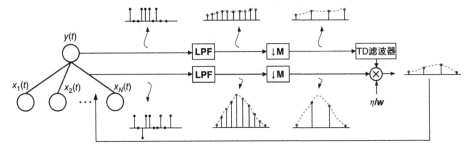

图 4.13   抽取过程示意图。过滤后进行下采样。该过程有效地降低了相应块的工作频率。此外，相关的抽取增益有助于减少突触权重所需的位数[45]。经 IEEE 许可转载

接下来通过两个示例验证两层神经网络的学习算法。第一个示例是一个类似于文献 [43] 中使用的一维状态值学习问题。问题的设置如图 4.14 所示。agent 使用固定的策略向目标移动。通过输入神经元对 agent 的位置进行编码，输入神经元的膜电位为：

$$p_i(t) = k(x - c_i) \qquad (4.32)$$

其中，c_i 是第 i 个输入神经元的中心，x 是 agent 的当前位置，$k(\cdot)$ 是核函数。核函数的一个典型例子是高斯核函数，agent 附近的神经元可以被强烈地激活，而距离当前 agent 位置较远的神经元则保持静息，如图 4.14 所示。这种编码方案类似于径向基函数（RBF）网络中的编码方案[48-49]。

在这个学习任务中，如果 agent 达到 $x = 300$ 的目标，它就会得到奖励。整个训练过程包括多次迭代。在每次迭代中，agent 从一个固定点开始，以固定的速度向目标移动。agent 通过 TD 学习过程学习正确的状态值函数。

学习状态值函数如图 4.15 所示。为了便于比较，还绘制了通过解析得到的正确的状态值函数。正如预期的那样，随着学习的进行，agent 所做的估计会越来越准确。在大约 10 次学习迭代之后，估计的状态值函数开始与分析结果匹配。

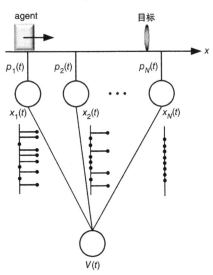

图 4.14   一维测试用例配置。一个 agent 在一个固定的策略下向一个目标移动。每个输入神经元都是一个位置细胞，当 agent 靠近它的中心时[45]，这个位置细胞就会强烈地激活。经 IEEE 许可转载

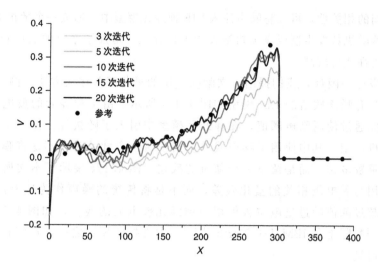

图 4.15　评论家的输出与分析结果的比较。图中清楚地显示了 TD 误差的反向传播。15 次迭代后得到的结果与参考结果较好地匹配。经 IEEE 许可转载

　　图 4.16 通过显示来自评论家网络的与分析参考相比的估计的方均根误差（RMSE），证明了正确过滤的重要性。图中的结果是通过不同级别的滤波获得的，为了更好地进行比较，我们使用具有 32～256 不同抽头的 FIR 滤波器。抽头数较少的案例的学习率会降低，反之则会出现差异。显然，在使用高阶 FIR 滤波器的情况下，RMSE 可以平稳快速地降低。

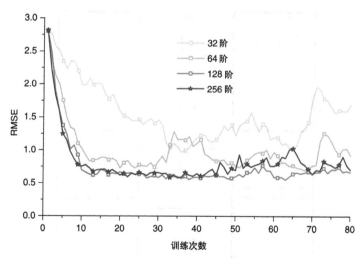

图 4.16　使用不同阶数的滤波器时评论家网络的输出比较。对于仅使用较少抽头数的情况，学习率会降低。移动平均 FIR 滤波器用于公平比较。使用 32 阶滤波器获得的结果几乎没有学习到特征。随着滤波器阶数的增加，学习变得更加有效。当滤波器的阶数达到 128 时，性能改善开始饱和[45]。经 IEEE 许可转载

　　在学习规则的推导过程中，我们假设不同的突触前神经元的脉冲时间是不相关的。这种假设在许多实际情况中确实是合理的。即使对于确定性 LIF 神经元模型，如果使用非线性输入核且输入是变化的，输入神经元输出的脉冲序列也是不相关的。为了进一步

去除脉冲时间的相关性，可以将噪声注入 LIF 神经元模型中，形成一个随机的 LIF 模型。然而，由于伪随机数发生器或真随机数发生器的存在，增加了系统的面积和功耗，因此该过程的随机性代价较高。

为了克服这一困难，我们提出了文献[45]中的量化残差注入方法。图 4.17 说明了这个想法。具有噪声阈值的 LIF 模型如图 4.17a 所示。由于神经元的放电具有一定的随机性，因此通过使用噪声阈值，在神经元模型中引入了随机性。图 4.17b 展示了一个类似的随机模型，其中使用了噪声残差。当发射一个脉冲时，不是将膜电压重置为一个固定的重置电位，而是留下一个随机的残差。图 4.17c 展示了本文所提出的神经元模型。利用与膜电压相关的量化残差，而不是将传统的噪声作为残差注入神经元。也就是说，超过阈值的过量电位被保留为神经元放电后的残差，如图 4.17c 所示。这个神经元模型实际上是 IBM TrueNorth 芯片[50]中支持的模型之一，这将在第 5 章中进行更详细的讨论。

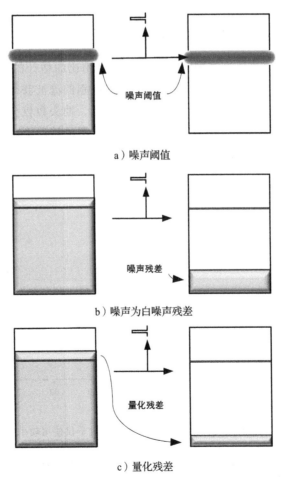

a）噪声阈值

b）噪声为白噪声残差

c）量化残差

图 4.17　向神经元模型注入噪声的三种不同方法[45]。经 IEEE 许可转载

当使用了量化残差注入技术之后，神经元模型的行为类似于一阶 $\Sigma - \Delta$ 调制器。与传统的噪声不同，注入每个神经元的量化残差取决于该神经元的输入。但在输入存在变

化的实际情况下，注入的量化残差变得不相关。

为了证明量化残差注入技术的有效性，图 4.18 和图 4.19 分别比较了三种不同的神经模型：确定性 LIF 模型、随机 LIF 模型和带有量化残差注入改进的 LIF 模型。使用了两个不同的核：图 4.18 使用的是高斯核；而图 4.19 使用的是三角核。从图 4.18 中可以看出，虽然确定性神经元模型得到的 RMSE 稍差一些，但三种神经元模型都取得了令人印象深刻的结果。然而，当使用三角核时，确定性神经元模型的性能会显著下降。为了说明这种性能下降主要是由脉冲时间的相关性造成的，图 4.20 比较了网络中相邻输入神经元脉冲计时之间相关性的平均值。如图 4.20 所示，当三角核用于性能较差的确定性神经元模型时，脉冲时间是高度相关的。量化残差注入可显著降低神经元间的脉冲时间相关性。这种相关性的降低将改进图 4.19 所示的 RMSE。

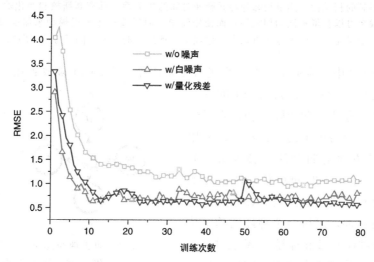

图 4.18 高斯核与三种不同神经元模型（确定性模型、注入白噪声作为膜电位残差的随机模型、量化残差的模型[45]）的 RMSE 比较。经 IEEE 许可转载

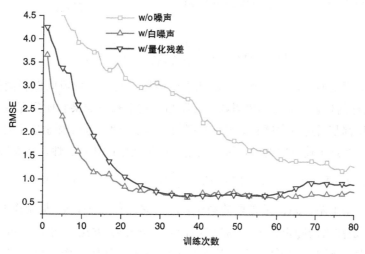

图 4.19 三角核与三种不同神经元模型（确定性模型、注入白噪声作为膜电位残差的随机模型、量化残差的模型[45]）的 RMSE 比较。经 IEEE 许可转载

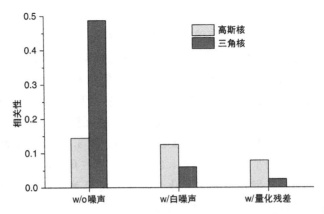

图 4.20　模拟得到的相关性。测量相邻神经元脉冲时间的相关性。具有高斯核和变化输入的确定性神经元模型可以获得较低的相关性，而使用简单核时需要一个随机模型来保证较低的相关性。所提出的量化残差注入方法可以有效地随机化神经元的脉冲时间[45]。经 IEEE 许可转载

在第二个示例中，演示了一个二维迷宫搜索任务。该 agent 被放置在一个随机的起点，迷宫的大小为 120×120。agent 的目标是到达目的地，避开墙壁和障碍物。它以恒定的速度向演员网络确定的方向移动。使用代表四个移动方向的四个演员神经元，如图 4.21 所示。在每个时间单位，神经元 N 和神经元 S 比较其膜电位。具有较大电位的神经元会发射脉冲，之后两个神经元的电位都将重置。对神经元 E 和神经元 W 也进行了类似的操作。这种方法类似于赢家通吃的方案。然而，这种安排避免了文献[43]中使用的烦琐的固定权重调整。agent 的移动方向由下式确定：

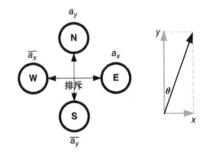

图 4.21　演员神经元应用于上述问题。a_k 和 $\overline{a}_k$ 在本质上是相互排斥的。根据每个神经元的相对放电率来插值实际的运动方向[45]。经 IEEE 许可转载

$$\theta(t) = \tan^{-1}\left(\frac{\rho(E(t)) - \rho(W(t))}{\rho(N(t)) - \rho(S(t))}\right) \tag{4.33}$$

对于评论家网络而言，在这个二维的例子中使用了与一维学习问题相同的评论家。最初，agent 对目标的位置、墙壁和障碍物一无所知。它不知道如果它撞到那些物体会发生什么。所有的信息都是通过每次试验的强化获得的。为了帮助 agent 探索这个问题，噪声被注入演员神经元。在这个迷宫问题中，可以利用动作的互斥性和正交性，从而形成一种策略：

$$\pi(s, a_k) = Pr(a(t), s(t)) = Pr\left(\sum_i (w_{ij}^{a_k} - w_{ij}^{\overline{a}_k})\rho(x_i(t)) + n_k > 0\right) \tag{4.34}$$

其中，$\pi(s, a)$ 是策略，$a(t)$ 是采取的动作，$a(t)$ 是当前状态，a_k 是动作 k，$\overline{a}_k$ 是 a_k 的对立动作，n_k 是注入的噪声。式(4.34)与 Gibbs softmax 方法[51]相似。可能性较高的动作会被优先选择，而出于探索目的，系统偶尔也会选择其他动作。根据式(4.27)中的学习规则更新演员网络中的突触权重。如果接收到正的 TD 错误，所采取的动作将得到加强。这是因为所选择的动作产生了比预期更好的状态，因此相应的动作会获得加分。

对于不存在互斥性的问题，可以采用如式(4.35)所示的更一般的策略，即以最高的概率选择最喜欢的行为。同时，加入噪声以激励探索。

$$\pi(s,\,a_k) = Pr(a(t),\,s(t)) = Pr\Big(\mathop{\mathrm{argmax}}_{k}\Big(\sum_i w_{ij}^{a_k}\rho(x_i(t)) + n_k\Big) = k\Big) \quad (4.35)$$

为了检验学习的有效性，我们进行了两组模拟。这两组实验中迷宫的构型如图 4.22 和图 4.23 所示。在第一组模拟中，迷宫中没有设置任何障碍。为了增加测试的难度，在迷宫中添加障碍进行第二组模拟。模拟中使用了 81 个单元格。在每次学习迭代开始时，agent 被放置在迷宫中的一个随机起点上。然后 agent 按照式(4.33)确定的方向在迷宫中行走。当 agent 到达目标区域时对 agent 进行奖励，并结束当前的学习迭代，直到该目标区域小于迷宫总面积的 3%时。如果 agent 碰到了墙壁或障碍，就会给 agent 一个负面的

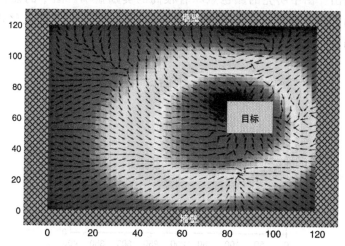

图 4.22　演员和评论家网络输出的状态值函数和首选动作。颜色越亮，agent 认为有奖励的概率就越高。图中的箭头表示首选的移动方向[45]。经 IEEE 许可转载

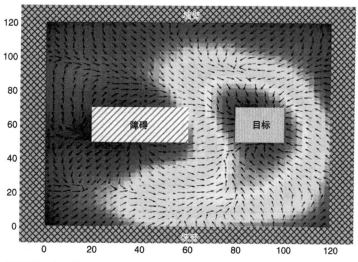

图 4.23　演员和评论家网络输出的状态值函数和首选动作。颜色越亮，agent 认为有奖励的概率就越高。图中的箭头表示首选的移动方向。与图 4.22 相比，障碍物周围的颜色更暗，表示可能受到了惩罚。相应改变行为以避开障碍物[45]。经 IEEE 许可转载

奖励。agent 达到目标是有时间限制的。如果 agent 在时间限制内不能成功，则结束当前的学习试验，开始新的学习迭代。

为了检验 agent 在迷宫中行走的学习效果，图 4.24 和图 4.25 分别绘制了 agent 在每次学习迭代中所获得的累计奖励和到达目标区域所花费的时间。对这两幅图的结果进行了过滤，以显示学习的趋势。agent 一开始对周围环境一无所知，因此在 10 000 的时间限制下，无法达到目标位置，随着学习的继续，agent 开始学习如何避开障碍物和墙壁，甚至如何移动到目标区域。这可以从图 4.24 和图 4.25 所示的不断增加的累积奖励和减少的到达目的地的时间中得到证明。为了提供更多关于 agent 怎么学习执行特定任务的信息，演员和评论家网络的输出在图 4.22 和图 4.23 中进行绘制。图中的颜色映射表示评论家网络的输出。图中明亮的颜色意味着很高的奖励概率。图中的箭头表示演员网络输出的首选移动方向。显然，agent 已经获得了必要的信息，用于最大化其在学习过程中所能获得的奖励。

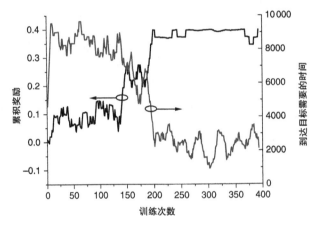

图 4.24　所获得的累计奖励和 agent 达到目标所花费的时间与训练次数。迷宫配置如图 4.22 所示。随着训练的进行，agent 逐渐了解其环境，并开始获得更多的奖励[45]。经 IEEE 许可转载

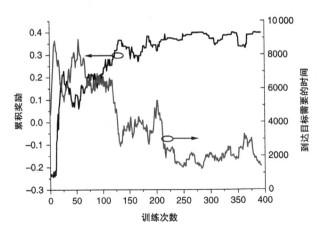

图 4.25　所获得的累计奖励和 agent 完成目标所花费的时间与训练的次数。迷宫配置如图 4.23[45] 所示。经 IEEE 许可转载

4.3　深度 SNN 学习

在前一节中，我们介绍了在浅层 SNN 中进行学习的各种方法。在文献中，已有研究表明，深度神经网络可以通过利用层次表示来获得更好的性能[52-54]。因此，近年来许多研究都致力于开发可应用于多层 SNN 的学习算法。直观地说，训练浅层神经网络可以看作是训练深度神经网络的一个子任务。仍然缺失的一个关键部分是如何为每个层和每个突触分配不同的重要程度。在这一节中，我们将讨论几种常用的训练多层 SNN 的方法。

4.3.1　SpikeProp

SpikeProp 是 SNN 中最早使用的监督学习方法之一。该方法最初是由 Bohte 等人在 2002 年[55]提出的。该算法与传统神经网络中的反向传播算法相似。目标是最小化实际的脉冲时间和期望的脉冲时间之间的差异：

$$E = \frac{1}{2} \sum_j (t_j^a - t_j^d)^2 \tag{4.36}$$

其中，t_j^a 和 t_j^d 分别是实际和期望的脉冲发放时间。

与神经网络中的梯度下降学习类似，突触权重的更新也随之发生：

$$\Delta w_{ij}^k = -\alpha \frac{\partial E}{\partial w_{ij}^k} \tag{4.37}$$

其中，α 是学习率，$\partial E / \partial w_{ij}^k$ 可以使用链式法则求导，方法和在 ANN 中使用的类似。而 $\partial E / \partial w_{ij}^k$ 的详细推导可以在文献[55]中找到。

自从 SpikeProp 算法被引入以来，许多研究者在过去的几年里不断对算法进行开发和改进。文献[55]中阐述的原有 SpikeProp 算法在文献[56]中进行了扩展，其不仅可以学习突触的权重，还可以学习每个突触的时延和时间常数以及神经元的阈值。这样的扩展可以有效地减少完成相同任务所需的突触数量，从而使神经网络更加紧凑。在文献[57]中，用于加速人工神经网络训练的 RProp 和 QuickProp 被应用于 SNN 中。RProp 是一种调整学习率的算法，而 QuickProp 是基于牛顿法的学习算法。McKennoch 等人证实这两种方法都可以显著提高学习速度。

在使用 SpikeProp 算法进行学习时，可能会遇到的一个问题是训练过程中误差突然增大，这就是 surge 问题[58]。Haruhiko 等人对这一现象的起源进行了深入研究。结论认为，由脉冲响应模式引起的非单调动作是引起 surge 问题的根本原因。为了缓解这个问题，在文献[59]中提出了一个基于自适应学习率技术的改进算法，称为 SpikePropAd。据报道，与原始的 SpikeProp 算法相比，该算法的学习速度更快，同时减轻了 surge 问题带来的影响。

4.3.2　浅层网络栈

尽管 4.2 节中介绍的许多算法最初都是为训练浅层 SNN 而设计的，但其中一些算法通过叠加的方式组合之后，就会具有应用于深度网络的潜力[60-63]。使用这种方法，虽然 SNN 可以很深，但学习通常只在网络的一部分进行。这样，我们就可以利用浅层网络中的学习算法，同时深度网络中的层次表示也可利用。

许多这方面的研究都采用了 HMAX 所启发的体系结构[64]。HMAX 的概念如图 4.26 所示。HMAX 的灵感来自人类的视觉系统。将输入图像进行卷积，形成 S1 单元响应，S1 单元响应通常检测简单的特征，如边缘。在 S1 单元上执行最大池化操作以获得 C1 单元响应。通过一次卷积和最大池化操作分别获得 S2 单元和 C2 单元的响应。这些单元包含中等复杂度的特性。通道末端的分类器可用于分类目的。可以注意到，这个架构非常类似于在第 2 章中讨论的人工卷积神经网络(CNN)结构。考虑到 HMAX 和 CNN 都受到人类视觉系统的启发，这不足为奇。

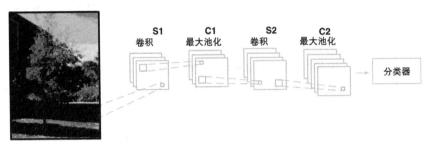

图 4.26　类 HMAX 架构的配置。分别对 S1、C1、S2 和 C2 单元进行两个交替的卷积和最大池化操作。在通道的末端，可以使用一个分类器来形成最终的推理

许多研究人员利用类 HMAX 的架构进行特征提取和图像分类，其中浅层次的学习通常在网络中的一层上进行。例如，在文献[60]中，一个浅层的全连接 SNN 与一个由卷积层、竞争层、特征-脉冲转换层等组成的多层前端处理网络相结合，形成一个深度网络。神经网络的最后一层作为分类器，使用 Tempotron 规则进行训练，该系统能够对地址-事件表示(AER)传感器提供的数据进行推理。对输入的 AER 信号中的信息进行逐层提取，然后最后一层分类对形成的高层特征进行分类。

另一个例子是在深度神经网络中使用 STDP 学习。文献[63]和文献[61]表明，无监督 STDP 学习对图像特征的学习非常有效。在文献[61]中，虽然 STDP 学习只在连接 C1 和 S2 单元的层中进行，但仍可以使用多层 SNN 进行图像分类。S1 单元通过卷积来检测输入图像的边缘，而 C1 单元通过最大池化操作来减小输入的维数。S2 特征是 C1 特征的加权组合，包含适合进行分类任务的中等复杂度的特征。C2 单元通过获取 S2 单元在所有位置和尺度上的最大响应来执行全局最大化操作。以 C2 特征作为输入，最后通过一个简单的分类器进行分类。利用无监督 STDP 学习规则对连接 C1 层和 S2 层的突触进行训练，以获得良好的可以用于分类的特征。使用这样的组合，文献[61]证实了使用无监督 STDP 学习实现的分类器的性能能够同时胜过生物学启发的 HMAX[65] 和 AlexNet[66]。

对比散度(CD)是受限 Boltzmann 机器进行学习的动力。通过将多层训练好的神经网络叠加形成一个深度信念网络，在人工神经网络中取得了良好的效果。Neftci 等人借助 STDP 将 CD 算法扩展到 SNN 中[67]。开发了事件驱动的 CD 规则。在事件驱动的 CD 算法中，全局门控信号 $g(t)$ 在 CD 算法的两个阶段中起到了很大的作用。在这种情况下，同步权重更新是基于对称的 STDP 学习规则进行的，该规则由全局门控信号调制。利用该方案，可以达到与传统的 CD 算法相似的效果。

该算法在 MNIST 数据集上进行了测试，其中 784 个可视单元对应于图像中的 784 个

像素。使用 40 个输出神经元来降低脉冲间的相关性。在事件驱动的 CD 上，MNIST 数据集的识别率达到了 91.9%。事件驱动 CD 的性能在文献[68]中得到了进一步的改善。在突触噪声的作用下，降低了脉冲和脉冲之间的相关性，有助于防止成对的同步。此外，突触中的空白与深度学习中使用的 DropConnect 技术类似，后者是一种正则化方法，改进的算法的识别率达到 95.6%。

4.3.3　ANN 的转换

将 ANN 转换为 SNN 是获得有用 SNN 的最流行方法之一。这种学习方法可以利用神经网络中成熟的网络结构和理论。转换的第一步是建立 SNN 神经元和 ANN 神经元之间的关系。这可以通过经验[69-70]或数学[71-72]来完成。Cao 等人假设，一个脉冲神经元的动态可以用一个线性神经元加上一个整流线性单元(ReLU)激活函数来近似[69]。为了获得成功的映射，采用了三种设计策略来约束 ANN 的设计。(1)确保所有神经元的输出都是正的。这主要是因为 SNN 更自然地使用脉冲发放速率表示正数。仅向网络提供正输入，并以 ReLU 作为激活函数，可以保证系统的正值性。(2)将所有偏置设为零。(3)使用平均池化而不是最大池化。这主要是因为平均池化可以很自然地在 SNN 中实现。

由于 ANN 的这些限制，从 ANN 到 SNN 的转换方法已经在 Neovision2 Tower 数据集和 CIFAR-10 数据集[69]中得到验证。与 ANN 基准相比，转换后的 SNN 也有类似的表现。

在文献[69]中概述的转换方法在文献[70]中得到进一步细化。Diehl 等人讨论了转换后的 SNN 性能下降的三个原因。第一个原因是一些神经元没有得到足够的输入来达到阈值。第二个原因是一些神经元接收了太多的输入电流，但它只能达到一次阈值，这可能会在映射中引入错误。第三个原因是脉冲输入的统计波动，某些特征可能被过度激活或激活不足。为了解决这些问题，在文献[70]中引入了权重归一化过程，提出了两种归一化方法。在标准 MNIST 数据集上测试了归一化技术，通过一个脉冲全连接神经网络(FCNN)和一个脉冲 CNN 分别获得 98.6% 和 99.1% 的识别率，这种优秀的分类准确率是文献中通过 SNN 得到的最高识别率之一。

除了从经验推导出的激活函数外，人工神经元的激活函数也可以从 LIF 模型中推导出来[71]。采用 Siegert 神经元模型预测输入服从泊松过程时的 LIF 模型的平均放电率。利用该转换方法，将离线训练的深度信念网络映射到一个有效的事件驱动 SNN。结果表明，因为转化导致的识别率下降幅度小于 1%。

尽管在一个良好的神经元模型的帮助下，ANN 中的许多操作可以很自然地在 SNN 中转换，但实现一些在神经网络中经常使用的常见操作仍然有一定困难，比如在 SNN 中实现 softmax 和最大池化。在文献[73]中，提出了一种将 ANN 转换成 SNN 的完整方法，几乎可以转换所有的 CNN 结构。研究了许多以前没有映射到 SNN 的 ANN 通用操作，包括批处理标准化、最大池化、softmax 和 inception 模块。得益于映射方法，可以将训练好的 ANN 进行转换，并在 SNN 上达到最好的分类精度[73]。

将 ANN 转换为 SNN 确实提供了一种方便和灵活的获取 SNN 的方法，可以进行有效的推广。这种方法的最大优点是 SNN 不需要训练算法。相反，可以使用 ANN 的开发良好的学习方法。然而，这种方法的主要缺点是不能提供在线(片上)学习能力，因为这种方法依赖于离线转换。可能会有一些与转换相关的性能下降，特别是在 SNN 硬件上存在某些限制的情况下。在线学习对于许多需要现场学习的应用程序来说是非常重要的。一个例子是当使用纳米级设备实现 SNN 时，设备的变化非常大。在这种情况下，需要片上学习来补偿这些变化。第 5 章对此进行了深入的讨论。

4.3.4　深度 SNN 反向传播的研究进展

如第 2 章所述，深度神经网络近年来取得了巨大的成就。受基于反向传播的 SGD(训练深度 ANN 的推动力)的启发，许多研究人员开始研究深度 SNN 的反向传播。直接在 SNN 学习中使用 SGD 的主要困难是，SNN 的输出是离散事件。与输出是可微的连续变量的人工神经元相反，脉冲的离散性质使其无法对梯度进行定义。结果，将常规的 SGD 学习算法直接应用于 SNN 并不是一项简单的任务。

为了克服这个困难，许多研究人员最近使用的一种方法是定义一个与离散的脉冲输出相关的可微的辅助量。希望通过控制这些可微的量，从而控制神经元的输出。一个例子是将一个脉冲神经元的输出抽象为一个随机变量[45,74-75]。抽象出的概率是可微的，可用于反向传播和 SGD。另一个例子是使用一个脉冲神经元的膜电压而不是它的输出作为可微信号进行训练[76]。尽管膜电压在严格意义上是不可微的，因为当脉冲出现时它是不连续的，Lee 等人表明这种不连续可以被视为噪声，由此产生的学习性能仍然相当可观。在文献[77]中提出了另一种处理不可微问题的方法，其中提出了使用导数的近似值来估计梯度。这种方法与二值化网络中使用的直通估计器具有类似的原理[78]。的确，二值化网络也面临类似的问题，即硬性阈值激活函数的导数无法定义。

在 SNN 中使用反向传播的另一个问题是所谓的权重传输问题[79-81]。在常规的反向传播算法中，用于前向传播和反向传播的权重应该相同，这在生物学上似乎是不可行的。除了生物学上的要求外，相同权重的要求在执行某些模拟 SNN 时可能会引起一些困难，因为在这些模拟 SNN 中突触的权重是无法直接获得的。为了解决这个问题，随机反馈方法被提了出来，其不是通过突触权重来缩放输出上的误差，而是随机地缩放误差[80-81]。事实证明，通过这种简化的处理，仍然可以实现令人满意的学习性能。避免在反向阶段使用权重的另一种方法是使用脉冲时间来估计梯度。5.3.5 节将对此进行详细讨论。

寻找在 SNN 中寻找反向传播的可能性并不是一个新的课题，但近年来却开始受到越来越多的关注，部分原因是在深度 ANN 中反向传播所取得的成功。预计在不久的将来，会有越来越多的高效、高性能的反向传播算法被开发出来。在下一节中，我们将详细讨论 SNN 中的一种反向传播算法。

4.3.5　在多层神经网络中通过调制权重依赖的 STDP 进行学习的方法

4.3.5.1　动机

计算机智能领域和神经科学领域都投入了大量的努力来开发针对 SNN 的学习算法。其中许多已经在前几节中进行了回顾。例如，4.2.3 节中提出的 STDP 学习规则在许多无监督学习任务中显示了一些有希望的结果。然而，如何在深度神经网络中应用 STDP 学习规则进行监督学习和强化学习还不明确。许多学习算法，如 SpikeProp、ReSuMe

等，都试图学习神经元精确的放电时间。尽管有效，但在脉冲上编码信息的最佳方法仍有争议。

文献[75]提出了一种使用类似反向传播结构训练 SNN 的学习算法。它是 4.2.4 节中概述的学习算法的自然扩展。制定学习规则时要考虑到两个目标。第一个目标是提供一种适合在超大规模集成电路(VLSI)中实现的硬件友好的学习算法。第二个目标是与传统的基于 ANN 的学习保持相对的兼容性，以便各种设计方法、技术和网络架构能够很容易地适配和应用到 SNN 中。在本节中，我们将介绍文献[75]的主要研究成果，以深入研究多层 SNN 中的反向传播学习。

4.3.5.2　通过调节依赖权重的 STDP 进行学习

本节所研究的多层神经网络的结构如图 4.27 所示。图中，神经网络第 l 层有 N_l 个神经元，x_i^l 为该层的第 i 个神经元。在本节中，我们只讨论离散时间系统，因为这是硬件 SNN 中最流行的选择。

按照 TrueNorth 中使用的惯例，我们假设系统中的脉冲的出现与一个称为 tick 的时间单位同步[82]。在本节的其余部分中，tick 被用作最小时间分辨率以及与时间相关的量的单位。从突触前神经元产生的脉冲序列 x_i^l 和突触后神经元产生的脉冲序列 x_j^{l+1} 可以表示为

$$x_i^l[n] = \sum_m \delta[n - n_{i,m}^l] \tag{4.38}$$

$$x_j^{l+1}[n] = \sum_m \delta[n - n_{j,m}^{l+1}] \tag{4.39}$$

其中，$\delta[n]$ 是单位样本序列，$n_{i,m}^l$ 和 $n_{j,m}^{l+1}$ 分别是神经元 x_i^l 和 x_j^{l+1} 的第 m 个脉冲。注意，由于我们在本节中重点关注离散时间系统，这里使用的符号与 4.2.4 节中使用的符号略有不同，以便强调离散时间的性质。图 4.9 也在图 4.28 中重新绘制，以反映符号中的变化。在式(4.38)和式(4.39)中，考虑到其在硬件 SNN 中的易于实现性，使用了恒定的突触后电位。

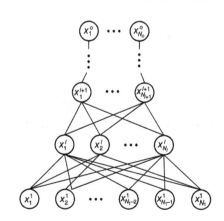

图 4.27　多层神经网络的图示。位于第 l 层的神经元表示为 x_i^l，其中 i 表示该神经元的索引[75]。经 IEEE 许可转载

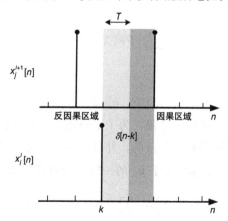

图 4.28　这两个区域被突触前神经元的脉冲时间划分。根据突触前和突触后脉冲之间的因果关系来定义因果区域和反因果区域[75]。经 IEEE 许可转载

类似于 4.2.4 节中给出的推导，让我们定义一个量为

$$\mathrm{stdp}_{ij}^l[n] = x_i^l[n-T](1 - x_i^l[n-T-1])(x_j^{l+1}[n] - x_j^{l+1}[n-1]) \tag{4.40}$$

这里，我们明确地考虑了所使用的神经元模型 T 的时间延迟。图 4.28 也说明了这一点。$\text{stdp}_{ij}^l[n]$ 测量突触前和突触后脉冲之间的因果关系，类似于式(4.20)中定义的因果关系。定义 $\text{stdp}_{ij}^l[n]$ 的样本均值为

$$\overline{\text{stdp}_{ij}^l} = \sum_{n=T+1}^{D_L} \text{stdp}_{ij}^l[n]/(D_L - T) \tag{4.41}$$

其中，D_L 是学习持续时间，它是一个设计参数，其含义将在 4.3.5.3 节中讨论。很容易发现 $\overline{\text{stdp}_{ij}^l}$ 用来衡量突触后神经元在观察到突触前神经元发射脉冲之后是如何改变其行为的。

出于分析的角度，我们将脉冲视为随机过程。研究一类具有以下动态的随机神经元模型：

$$X_j^{l+1}[n] = H\Big(\sum_{i=1}^{N_l} w_{ij}^l X_i^l[n-T] + S_j^{l+1}[n-T]\Big) \tag{4.42}$$

其中，$S_j^{l+1}[n]$ 是神经元 x_j^{l+1} 的内部状态，它是随机过程，$H(\cdot)$ 是 Heaviside 函数，式(4.38)和式(4.39)中的脉冲序列 $x_i^l[n]$ 和 $x_j^{l+1}[n]$ 是随机过程 $X_i^l[n]$ 和 $X_j^{l+1}[n]$ 的特殊实现，让我们对这个神经元模型做两个假设：

- A1：$X_i^l[n]$ 和 $X_k^l[n]$ 是独立的，$k=1,2,3,\cdots,N_l$，且 $k\neq i$。
- A2：$X_i^l[n]$ 和 $X_j^{l+1}[n]$ 是严格的稳定过程，且当 $n\neq m-T$ 时，$C_{X_i^l, X_j^{l+1}}(n,m)=0$。$C_{X,Y}(\cdot)$ 代表互协方差函数。

这里的目标是推导出神经元 x_j^{l+1} 的平均放电率，记作 μ_j^{l+1}，它与 μ_i^l 相关，μ_i^l 是神经元 x_i^l 的平均放电率。第一步是证明 μ_j^{l+1} 是 $\boldsymbol{\mu}^l$ 的函数，其中 $\boldsymbol{\mu}^l=[\mu_1^l, \mu_2^l, \cdots, \mu_{N_L}^l]^{\mathrm{T}}$ 是一个包含 l 层所有神经元的平均放电率的向量。神经元 x_j^{l+1} 的平均放电率可表示为

$$\mu_j^{l+1} = Pr(X_j^{l+1}=1) = \sum_{b_1^l=0}^1 \cdots \sum_{b_{N_l}^l=0}^1 \Big[Pr(X_j^{l+1}=1 \,|\, X_1^l=b_1^l, \cdots, X_{N_l}^l=b_{N_l}^l) \prod_{i=1}^{N_l} Pr(X_i^l=b_i^l) \Big]$$

$$= \sum_{b_1^l=0}^1 \cdots \sum_{b_{N_l}^l=0}^1 \Big\{ Pr(X_j^{l+1}=1 \,|\, X_1^l=b_1^l, \cdots, X_{N_l}^l=b_{N_l}^l) \prod_{i=1}^{N_l} \big[\mu_i^l(2b_i^l-1) - b_i^l + 1 \big] \Big\}$$

$$= g(\boldsymbol{\mu}^l) \tag{4.43}$$

在式(4.43)中，b_i^l 是一个便于推导的二进制辅助变量。注意，考虑到我们处理的是严格平稳的过程，为了更简洁，省略了索引 n。接下来，我们证明 $g(\cdot)$ 对于 $\boldsymbol{\mu}^l$ 和它的 m 阶导数是可微的，并且当 $m>1$ 时，$\partial^m g/\partial(\mu_i^l)^m=0$。

$g(\boldsymbol{\mu}^l)$ 关于 μ_i^l 的一阶导数可以写为

$$\frac{\partial g}{\partial \mu_i^l} = \sum_{b_1^l=0}^1 \cdots \sum_{b_{N_l}^l=0}^1 \Big[Pr(X_j^{l+1}=1 \,|\, X_1^l=b_1^l, \cdots, X_{N_l}^l=b_{N_l}^l) \Big(\prod_{\substack{k=1 \\ k\neq i}}^{N_l} \big[\mu_k^l(2b_k^l-1) - b_k^l +$$

$$1 \big] \Big)(2b_i^l-1) \Big] \tag{4.44}$$

显然，$\partial g/\partial \mu_i^l$ 不再是 μ_i^l 的函数，所以当 $m>1$ 时，$\partial^m g/\partial(\mu_i^l)^m=0$。

然后我们证明式(4.41)中定义的 $\overline{\text{stdp}_{i,j}^l}$ 是项 $(\partial\mu_j^{l+1}/\partial\mu_i^l)\mu_i^l(1-\mu_i^l)$ 的无偏估计量，根据大数定律，我们有

$$E\left[\overline{\mathrm{stdp}_{ij}^l}\right] = Pr(X_j^{l+1}=1,\ X_i^l=1,\ X_i^{l'}=0) - Pr(X_j^{l+1}=1,\ X_i^l=0,\ X_i^{l'}=1)$$
$$= [Pr(X_j^{l+1}=1\mid X_i^l=1) - Pr(X_j^{l+1}=1\mid X_i^l=0)]\mu_i^l(1-\mu_i^l) \tag{4.45}$$

其中，X_i^l 和 $X_i^{l'}$ 分别用来表示依赖于 X_j^{l+1} 和独立于 X_j^{l+1} 的随机变量。

由式(4.45)可得

$$\frac{E\left[\overline{\mathrm{stdp}_{ij}^l}\right]}{\mu_i^l(1-\mu_i^l)} = Pr(X_j^{l+1}=1\mid X_i^l=1) - Pr(X_j^{l+1}=1\mid X_i^l=0)$$

$$= g(\boldsymbol{\mu}^l + (1-\mu_i^l)\boldsymbol{u}_i^l) - g(\boldsymbol{\mu}^l - \mu_i^l\boldsymbol{u}_i^l)$$

$$= g(\boldsymbol{\mu}^l) + \frac{\partial g}{\partial \mu_i^l}(1-\mu_i^l) - g(\boldsymbol{\mu}^l) - \frac{\partial g}{\partial \mu_i^l}(-\mu_i^l)$$

$$= \frac{\partial g}{\partial \mu_i^l} = \frac{\partial \mu_j^{l+1}}{\partial \mu_i^l} \tag{4.46}$$

其中 $\boldsymbol{u}_i^l$ 是一个单位向量，其中除了第 i 个元素是 1 外，其他元素都是 0。在式(4.46)中，我们使用了，当 $m>1$ 时，$\partial^m g/\partial(\mu_i^l)^m = 0$ 的事实，以及当 $k\neq i$ 时 X_K^l 和 X_i^l 是独立的假设。式(4.46)的含义是式(4.41)中定义的量 $\overline{\mathrm{stdp}_{ij}^l}$ 是 $(\partial \mu_j^{l+1}/\partial \mu_i^l)\mu_i^l(1-\mu_i^l)$ 的无偏估计量。

显然，在推导式(4.46)时，我们得到了一个有效的工具，用于估计随机梯度下降学习所需的梯度信息。式(4.46)的推导利用了假设 A1 和 A2，这两个假设对于所有的神经元模型来说可能都太强大了。正如 4.2.4 节所讨论的，尽管每个突触前神经元的放电率可能会产生相关性，但每个神经元的脉冲时间可能在很大程度上是不相关的。因此，A1 是一个合理的假设，可以被许多神经元模型所满足。A2 是一个更强的假设，它要求 X_i^l 和 X_j^{l+1} 是严格平稳的随机过程。A2 也意味着 $S_j^{l+1}[n]$ 也必须是严格平稳的。这样的要求对于带有记忆的神经元模型来说是很难满足的。然而，S_j^{l+1} 对突触前脉冲和突触后脉冲的依赖可以通过注入噪声来稀释。更方便的是，4.2.4 节所述的量化残差注入技术也可用于此目的。这种设定在 4.3.5.3.1 节使用到了。式(4.40)的一个自然扩展是将更多的样本加入时间序列 $\mathrm{stdp}_{ij}^l[n]$ 中：

$$\mathrm{stdp}_{ij}^l[n] = x_i^l[n-T](1-x_i^l[n-T-1])\left(\sum_{m=1}^{\mathrm{WIN_{STDP}}} x_j^{l+1}[n+m-1] - \sum_{m=1}^{\mathrm{WIN_{STDP}}} x_j^{l+1}[n-m]\right) \tag{4.47}$$

其中，$\mathrm{WIN_{STDP}}$ 是一个设计参数，用于指定总和的窗口大小。引入该参数的目的是减少延迟扰动输出的影响。求和窗口中的这个扩展受到了生物 STDP 原理的启发，在该原理中存在指数积分窗口。

式(4.46)的直观解读是，突触后神经元的平均放电率相对于突触前的平均放电率的梯度，可以通过观察当以突触前脉冲的形式对网络施加一个小扰动时突触后神经元如何改变其行为来估计。这类似于 4.2.4 节中的式(4.22)，尽管它们的推导方法不同。与 4.2.4 节中提出的学习规则相比，$\mathrm{stdp}_{ij}^l[n]$ 的定义和梯度的估计方法略有不同。然而，当脉冲序列稀疏时，这两种方法是非常相似的。

获得了 $\partial \mu_j^{l+1}/\partial \mu_i^l$ 的值之后，可采用类似 4.2.4 节中所述的推导过程。假设神经元模型中的输入输出关系可以表示为

$$\mu_j^{l+1} \approx f_j^{l+1}\left(\sum_i w_{ij}^l \mu_i^l\right) \tag{4.48}$$

对式(4.48)中的 μ_i^l 求导，可得

$$f_j^{l+1'}\left(\sum_i w_{ij}^l \mu_i^l\right) = \frac{\partial \mu_j^{l+1}}{\partial \mu_i^l}\Big/ w_{ij}^l \tag{4.49}$$

然后，用式(4.46)和式(4.49)得到

$$\frac{\partial \mu_j^{l+1}}{\partial w_{ij}^l} = \mu_i^l f_j^{l+1'}\left(\sum_i w_{ij}^l \mu_i^l\right) = \frac{E\left[\overline{\text{stdp}_{ij}^l}\right]}{w_{ij}^l(1-\mu_i^l)} \tag{4.50}$$

值得注意的是，尽管式(4.46)和式(4.50)提供了关于如何估计 SNN 中的梯度以实现梯度下降学习的理论指导，但在实践中，我们使用以下方程来近似所需的梯度信息：

$$\frac{\partial \mu_j^{l+1}}{\partial \mu_i^l} \approx \overline{\text{stdp}_{ij}^l}\Big/\left[\overline{x_i^l}(1-\overline{x_i^l})\right] \tag{4.51}$$

$$\frac{\partial \mu_j^{l+1}}{\partial w_{ij}^l} \approx \overline{\text{stdp}_{ij}^l}\Big/\left[w_{ij}^l(1-\overline{x_i^l})\right] \tag{4.52}$$

其中，$\overline{x_i^l} = \sum_{n=T+1}^{D_L} x_i^l[n]/(D_L - T)$。

为了在深度神经网络中使用这种学习算法，我们需要一种方法将错误从可见位置（通常在输出神经元处）传播至网络中的每个突触。利用通过脉冲时间估计的梯度信息，可以很容易地实现反向传播：

$$\frac{\partial \mu_k^o}{\partial w_{ij}^l} = \frac{\partial \mu_k^o}{\partial \mu_j^{l+1}} \cdot \frac{\partial \mu_j^{l+1}}{\partial w_{ij}^l} \tag{4.53}$$

其中，$\partial \mu_j^{l+1}/\partial w_{ij}^l$ 项可根据式(4.52)估计，而 $\partial \mu_k^o/\partial \mu_j^{l+1}$ 项可由下式得到：

$$\frac{\partial \mu_k^o}{\partial \mu_j^{l+1}} = \sum_{i_o=k}^{k} \sum_{i_{o-1}=1}^{N_{o-2}} \cdots \sum_{i_{l+2}=1}^{N_{l+2}} \sum_{i_{l+1}=j}^{j} \prod_{p=l+1}^{o-1} \frac{\partial \mu_{i_{p+1}}^{p+1}}{\partial \mu_{i_p}^p} \tag{4.54}$$

这种将误差从输出神经元传播到每一层的方法与传统神经网络中的反向传播过程相似。或者，梯度可以用以下公式直接传播：

$$\frac{\partial \mu_k^o}{\partial \mu_j^{l+1}} = \frac{E\left[\overline{\text{cstdp}_{jk}^{l+1}}\right]}{\mu_j^{l+1}(1-\mu_j^{l+1})} \tag{4.55}$$

其中，$\text{cstdp}_{jk}^{l+1}[n]$ 是一个类似于式(4.40)中定义的量。$\text{cstdp}_{jk}^{l+1}[n]$ 和 $\text{stdp}_{jk}^{l+1}[n]$ 的区别在于，$\text{cstdp}_{jk}^{l+1}[n]$ 测量 $l+1$ 层与输出层之间的因果关系，而 $\text{stdp}_{jk}^{l+1}[n]$ 只测量相邻层之间的因果关系。直观地说，与 $\text{stdp}_{jk}^{l+1}[n]$ 类似，$\text{cstdp}_{jk}^{l+1}[n]$ 测量的是突触后神经元在突触前神经元发射脉冲后如何改变其放电概率，$\text{cstdp}_{jk}^{l+1}[n]$ 测量的是输出神经元在相同的突触前神经元脉冲刺激时产生的行为。

为了验证所提出的神经网络梯度估计方法的有效性，我们进行了数值模拟。使用 4.2.4 节中使用的改进的 LIF 神经元模型。神经元模型的方程如下所示：

$$x_j^{l+1}[n] = \begin{cases} 0, & V_j^{l+1}[n] < \text{th}_j^{l+1} \\ 1, & V_j^{l+1}[n] \geqslant \text{th}_j^{l+1} \end{cases} \tag{4.56}$$

$$V_j^{l+1}[n] = \max\left(0, V_j^{l+1}[n-1] + \sum_i w_{ij}^l x_i^l[n-1] - L_j^{l+1} - x_j^{l+1}[n-1] \cdot \text{th}_j^{l+1}\right) \tag{4.57}$$

其中，$V_j^{l+1}[n]$ 是神经元 x_j^{l+1} 在 tick 处的膜电压，L_j^{l+1} 是泄漏，th_j^{l+1} 是发射的阈值。4.2.4 节显示，这个神经元模型利用现成的量化残差来去掉脉冲时间的相关性，这有助于实现更好的学习。除非另有说明，我们在本节中一直使用这个神经元模型。然而，这个神经元模型并不是学习算法可以应用的唯一模型。不久将在 4.3.5.3.1 节中说明，在适当的噪声注入下，该学习算法也可以应用到传统的 LIF 模型中。

数值模拟采用的神经网络为四层神经网络，它有 80 个输入神经元、30 个第一隐藏层神经元、100 个第二隐藏层神经元、1 个输出神经元。网络中的输入神经元每一次都被注入固定的兴奋电流。在模拟开始时，每次注入的电流都是随机选取的。我们进行了十组实验。每组实验随机选取神经网络每层中的 100 个突触进行观察。对于每个突触，使用两种方法估计其相关的梯度信息：基于脉冲计时的估计方法和有限差分(FD)方法。FD方法依赖于对每个突触施加一个小扰动，然后观察输出神经元的放电率如何变化。梯度的数值是通过放电密度的变化除以突触权重的变化得到的。值得注意的是，由于 SNN 的复杂动态特性，用这种数值方法得到的梯度只是对真实梯度的带噪声的估计。然而，通过与数值梯度的比较，可以对如何从脉冲计时来估计梯度提供一些有用的参考。

虽然式(4.52)中的权重分母带来了一些好处，如软性限制最大突触的权重，但当突触权重较小时，脉冲密度中的量化噪声可能会导致较大的估计梯度。解决这个问题的一个方法是使用夹逼操作来限制最小和最大的梯度。关于限制操作的详细信息，如允许的梯度范围和被夹逼的点数，如表 4.1 所示。图 4.29～图 4.31 比较了每一层的梯度。在所有的实验中，每一层共收集了 1000 个数据点。从脉冲时刻估计的梯度与 FD 方法得到

表 4.1　用于获取图 4.29～4.33 中数据的限制操作信息

层号	夹逼阈值	异常值数量
1	±0.05	1
2	±0.05	4
3	±0.5	16

来源：数据摘自文献[75]。经 IEEE 许可转载

的梯度吻合良好。值得注意的是，w_{ij}^3 的相关性相对较低，这是由一些负异常值造成的，如图 4.31 所示。如果考虑到最后一层没有负梯度，这些异常值可以很容易地过滤掉。

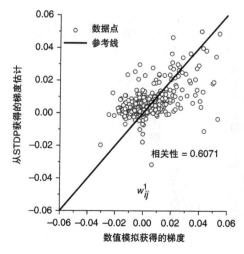

图 4.29　数值模拟得到的梯度与基于脉冲时刻估计的梯度的比较。梯度与第一层突触 w_{ij}^1 相关[75]。经 IEEE 许可转载

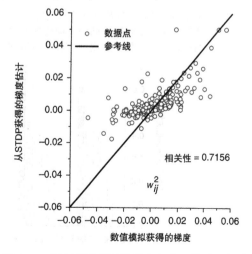

图 4.30　数值模拟得到的梯度与基于脉冲时刻估计的梯度的比较。梯度与第一层突触 w_{ij}^2 相关[75]。经 IEEE 许可转载

通过两组模拟，对两种设计参数 WIN_{STDP} 和 D_L 的含义进行了评估。对于不同的

WIN_{STDP}，估计的梯度与数值方法得到梯度之间的关系如图 4.32 所示。在梯度估计的精度和 WIN_{STDP} 的选择之间没有明显的相关性。一些关于 WIN_{STDP} 对学习效果影响的初步数值研究也表明，不同的窗口大小对学习效果的影响并不大。因此，在本研究中将窗口大小设置为 1。图 4.33 展示了评估持续时间的变化如何影响估计梯度的精度。从图中可以看出，较长的评估持续时间会导致更准确的评估。实际上，对于随机逼近方法，在评估过程中观察到的任何无偏噪声都可以通过平均法滤除。平均窗口越长，结果就越精确。

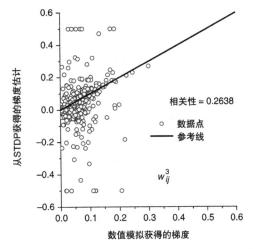

图 4.31　数值模拟得到的梯度与基于脉冲时刻估计的梯度的比较。梯度与第一层突触 w_{ij}^3 相关[75]。经 IEEE 许可转载

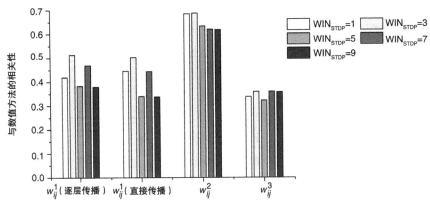

图 4.32　梯度估计值与 FD 数值方法得到的梯度之间的相关性。比较三层突触权重（w_{ij}^1、w_{ij}^2 和 w_{ij}^3）的结果。比较了两种不同的反向传播方法（逐层传播和直接传播）。比较了用于评估 STDP 的不同窗口大小。估计精度与 STDP 窗口的大小无关[75]。经 IEEE 许可转载

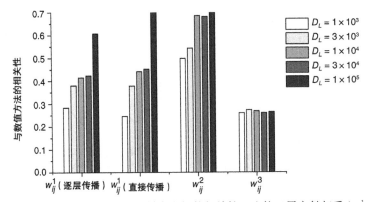

图 4.33　梯度估计值与 FD 数值方法得到的梯度之间的相关性。比较三层突触权重（w_{ij}^1、w_{ij}^2 和 w_{ij}^3）的结果。比较了两种不同的反向传播方法（逐层传播和直接传播）。使用不同的评估持续时间。评估持续时间越长，估计的梯度越准确[75]。经 IEEE 许可转载

4.3.5.3　模拟结果

在前一节中，我们讨论了如何从脉冲时刻估计梯度信息。利用估计的梯度，可以很容易地形成一种用于各种学习任务的 SGD 方法。由于监督学习是最流行的学习方法，我们在这里用它作为一个例子来说明。然而，所提出的学习算法可以很容易地扩展到其他的学习方案，如强化学习，这在 4.2.4 节用类似的算法进行了说明。

如第 2 章所述，在监督学习中，目标是最小化误差函数：

$$E = \frac{1}{2} \sum_{k=1}^{N_o} (e_k^o)^2 \tag{4.58}$$

其中，$e_k^o = \overline{x_k^o} - t_k^o$ 为每个输出神经元的误差。t_k^o 为神经元 x_k^o 的期望平均放电率。

通过更新神经网络的突触权重，使误差函数最小化：

$$\Delta w_{ij}^l = -\alpha \cdot \sum_{k=1}^{N_o} \frac{\partial E}{\partial \mu_k^o} \cdot \frac{\partial \mu_k^o}{\partial w_{ij}^l} = -\alpha \cdot \sum_{k=1}^{N_o} e_k^o \cdot \frac{\partial \mu_k^o}{\partial w_{ij}^l} \tag{4.59}$$

其中，α 是学习率，$\partial \mu_k^o / \partial w_{ij}^l$ 可根据式(4.53)计算。

为了验证所提出的学习算法执行监督学习任务的有效性，我们在两个神经网络上进行模拟。网络的配置是根据文献[83]中的两个例子来选择的。模拟中使用了 2.4 节中介绍的 MNIST 基准测试任务。为了将 MNIST 数据集中的灰度图像强度输入 SNN 中，需要一种合适的编码方案。在本研究中，我们使用改进的 LIF 神经元模型将浮点数编码成脉冲序列。把强度作为兴奋电流注入输入神经元。这种编码方案的机制类似于 $\Sigma - \Delta$ 调制器，该调制器以把高精度数据转换成低精度数据而著称。该编码方法在硬件实现上也很方便。根据所提出的编码方案，输入神经元的放电密度与图像的强度成正比。

学习的目的是对输入神经网络的数字进行正确的分类。在这两个神经网络中，都有 10 个输出神经元，每个神经元代表一个输出标签，范围从 0 到 9。在学习阶段，当数字 i 的图像被呈现给网络时，期望输出神经元 x_i^o 以高的放电密度 μ_H 放电，而其他所有输出神经元应以低密度 μ_L 放电。神经元 x_i^o 的放电密度由 $\overline{x_i^o}$ 在 D_L 的学习时间内测量。然后根据式(4.58)计算误差函数，随后进行权重更新以使误差函数最小化。在测试阶段，将测试图像输入给神经网络，并且在 D_I 的推理时间内由神经网络进行推理。在 D_I tick 结束时，选择发放频率最高的神经元作为获胜神经元，并将其对应的数字作为推断结果读出。

4.3.5.3.1　三层神经网络

我们考虑的第一个神经网络是一个三层的 SNN，有 784 个输入神经元，300 个隐藏层神经元，10 个输出神经元。为了加速仿真，我们使用训练集中的前 500 幅训练图像对三层神经网络进行训练。我们对测试集中的 10 000 幅图像都进行了测试。本节给出的所有结果都是通过 10 次独立运行得到的。95％置信区间对应的误差线与模拟数据一起绘制。

当脉冲序列变得密集时，所提出的估计梯度的方法开始失去准确性，式(4.50)的分母中的 $(1 - \mu_j^{l+1})$ 项导致了这样的变化。这种准确性的下降主要是因为当脉冲序列很密集时，很难区分因果脉冲和反因果脉冲。在 4.2.4 节中，我们建议可以通过使系统的时间分辨率更细来降低脉冲序列的密度，从而防止神经元的脉冲密度过高。这类似于在传统 ANN 中避免神经元的激活接近 0 或 1，否则会显著减慢学习过程。在文献[75]中提出了一个更方便的替代解决方案，该方案利用生物启发的不应期机制来避免密集的脉冲。用这种方法，我们给 SNN 中的每个神经元规定一个不应期。当神经元处于不应期时，不允许它出现脉冲。显然，通过选择合适的不应期，可以方便地调节脉冲的稀疏性。

随着不应期机制的引入，将式(4.56)所示神经元的动力学转化为

$$x_j^{l+1}[n]=\begin{cases}0, & V_j^{l+1}[n]<\mathrm{th}_j^{l+1} \\ 1, & V_j^{l+1}[n]\geqslant\mathrm{th}_j^{l+1} \text{ 和 } x_j^{l+1}[n-1]=0 \\ 1-R, & V_j^{l+1}[n]\geqslant\mathrm{th}_j^{l+1} \text{ 和 } x_j^{l+1}[n-1]=1\end{cases} \quad (4.60)$$

其中 R 为伯努利分布 $B[1, p_r]$ 的随机变量。在这里，p_r 是一个用来控制稀疏性的设计参数。一个较大的 p_r 可以使脉冲序列更稀疏。利用随机不应度而不是确定性不应度的原因是，如果对所有神经元使用固定的不应期，则所有饱和神经元将具有高度相关的脉冲序列。数值模拟结果很快证明了这个细微之处。另一点值得注意的是，为了便于说明，式(4.60)可以实现的最长不应期只有一个 tick。然而，通过稍微改变如式(4.60)所示的神经元动力学，可以很容易地实现多个 tick 的不应期。

数值模拟验证了随机不应期方案的有效性。在使用不同 p_r 的情况下，得到的训练正确率和测试正确率如图 4.34 所示。为了证明随机不应期相对于确定性不应期的优势，在模拟中使用了两组初始权重。一组突触权重从区间[0，2]开始均匀初始化。即 $w_{ij}^l \sim U[0,2]$，$U[0,2]$ 表示 0 和 2 之间的均匀分布。另一组突触权重从区间[0，8]开始初始化。在图 4.34 中，与这两组初始化对应的结果分别标记为 2x 和 8x。

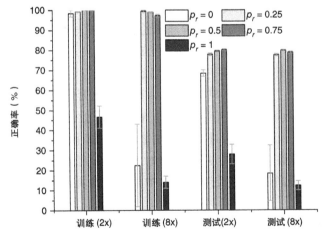

图 4.34　不同不应度和不同初始权重下训练和测试正确率的比较。该机制有助于避免密集的脉冲，提高学习效果。使用了两组初始权重。一组权重在 0 和 2 之间均匀初始化(用 2x 标记)，而另一组权重在 0 和 8 之间均匀初始化(用 8x 标记)。当使用一个确定的不应期($p_r=1$)时，学习性能会严重下降，因为所有的饱和神经元都有高度相关的脉冲时间[75]。经 IEEE 许可转载

当初始的权重较小时，即使 $p_r=0$，也能成功地学习。这是因为通过适当选择小的初始权重避免了密集的脉冲序列。然而，当初始的权重较大时，如果采用非不应期方案($p_r=0$)，则学习性能下降。此外，可以观察到，当使用确定性的不应期($p_r=1$)时，两组情况的正确率都很低。这种学习能力的下降是由饱和神经元中脉冲时间的相关性造成

的。利用随机不应期技术，当采用适当的 p_r 时，可以提高学习性能，如图 4.34 所示。

我们学习算法的一个设计考虑就是如何选择神经元的初始条件。在本节提出的分类问题中，模型对每个图像独立进行学习。因此，在将图像输入网络之前，需要设置一组适当的初始条件。这里使用伪随机初始条件来解决这个问题。一个方便的选择是在 $[0,$ $\text{th}_i^l]$ 区间内均匀分布，即 $x_i^l[0] \sim U[0, \text{th}_i^l]$。这一初始条件的选择是由观察到的 SNN 的膜电压近似遵循这样的分布所启发的。因此，利用这一初始条件可以为神经网络的建立提供一个良好的开端。

伪随机初始条件的另一个动机是，它可以帮助实现较低的脉冲时间之间的相关性。对于我们在本研究中使用的 MNIST 数据集，与数字笔画相关的许多像素的强度为 1。即使使用改进的 LIF 神经元模型，也可能导致输入脉冲具有相关性。利用所提出的伪随机初始条件，可以降低相关性。类似地，在输入层也引入了伪随机泄漏，以进一步降低脉冲时间之间的相关性。从另一个角度看，使用伪随机初始条件和泄漏有助于打破网络中可能存在的对称性，增加网络的容量。这种打破对称性的策略被许多研究人员广泛采用。例如 CNN 中的非对称连接[83]、神经网络中的随机权重初始化[47]等。使用伪随机初始条件和泄漏也很容易，而且是硬件友好的，实际上不需要随机数生成器。初始膜电压和泄漏值可以预先计算并方便地存储在静态随机存取存储器（SRAM）阵列中，也可以在电路逻辑中硬性编码。

图 4.35 比较了不同固定初始条件下的结果。图中 50% 的阈值表示神经元的初始条件为 $x_i^l[0] \sim U[0, 0.5 \times \text{th}_i^l]$。类似的标记也适用于其他结果。通过引入伪随机初始条件，与固定初始条件相比，提高了数字分类的正确率。此外，还可以观察到伪随机泄漏也有助于显著提高性能。

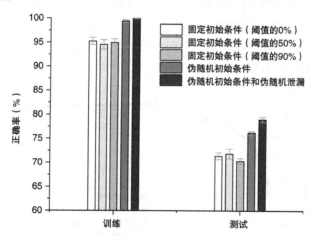

图 4.35 不同初始条件下训练正确率与测试正确率的比较。伪随机初始膜电压优于固定初始膜电压。为了进一步提高学习性能，还采用了伪随机泄漏技术[75]。经 IEEE 许可转载

如 4.3.5.2 节所述，虽然改进的 LIF 神经元模型更适合本节所述的学习算法，但如果采用适当的噪声注入，也可以使用传统的 LIF 模式。为了证明这一点，图 4.36 比较了不同神经元模型的训练和测试正确率。在传统的模型中，神经元被注入不同程度的噪声。例如，20% 白噪声表明加入神经元中的噪声服从均匀分布 $U[0, 0.2 \times \text{th}_i^l]$。将修正后的

LIF 神经元标记为"LIF w/quant. residue"，这个标记也有利于比较结果。从结果中可以看出，随着加入的噪声量的增加，得到的结果越来越好。这种观察是符合预期的，因为本书提出的学习算法依赖于脉冲时间的不相关性。量化残差注入技术可以有效地满足弱相关脉冲计时的需要，而不需要随机数发生器。

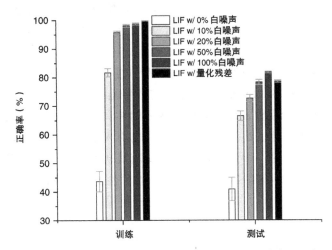

图 4.36　LIF 神经元模型与改进后的 LIF 模型的训练正确率和测试正确率的比较。用传统的白噪声残差注入 LIF 模型得到的结果被标记为"LIF w/white noise"，而用修正的 LIF 模型得到的结果被标记为"LIF w/quant. residue"。当注入足够的噪声时，使用传统的 LIF 模型进行学习是有效的[75]。经 IEEE 许可转载

如图 4.33 所示，较长的评估持续时间可以提高梯度的估计精度。一个自然的推断是延长学习时间有助于实现更好的分类误差。为了证明这一假设，图 4.37 比较了五种不同的学习和推理持续时间所达到的测试正确率。从图中可以看出，学习/推理持续时间越长，识别率越高。同样，随着评估持续时间的增加，性能的改善也是由于算法的随机性。当可用样本数量足够时，可以滤除任何无偏噪声。

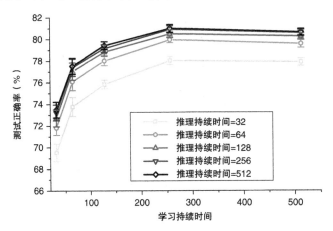

图 4.37　不同学习持续时间和推理持续时间的测试正确率比较。学习或推理的持续时间越长，正确率越高[75]。经 IEEE 许可转载

在图 4.37 中，当学习时间从 64 增加到 128 时，学习性能迅速提高，当学习时间达

到大约 256 时，性能的提高开始饱和。根据图 4.37 所示的曲线，可以选择合适的学习时长来训练神经网络。一个自然的策略是开始时用较短的时间进行学习，以加快训练速度。与短评估持续时间相关的噪声甚至可能有助于避免较差的局部最小值。此外，最近有研究表明，噪声梯度实际上有利于训练深度神经网络[84]。随着学习的继续，可以逐渐延长学习时间，以达到更好的收敛。除了学习时间的选择外，推理时间对系统性能的优化也起着重要的作用。第 5 章给出了选择推理持续时间的策略。

4.3.5.3.2　四层神经网络

为了评估 4.3.5.2 节中提出的学习算法在更深层次的神经网络中进行反向传播的能力，我们考察一个四层神经网络。神经网络的配置为 784-300-100-10，其中每个数字表示从输入层到输出层的每一层神经元的数量。同样，使用训练集中的前 500 幅训练图像进行训练，并使用测试集中的 10 000 幅图像进行测试。图 4.38 对比了三层神经网络和四层神经网络的测试正确率。对 4.3.5.2 节中介绍的两种反向传播方案——直接反向传播和逐层反向传播进行了比较。当使用足够长的学习时间进行训练时，深度网络的性能优于三层神经网络。此外，从图中可以看出，深度神经网络需要更长的学习时间才能达到合理的分类精度。这样的观察结果与在 ANN 中观察到的情况类似：更深层次的网络往往表现得更好，但训练起来更困难，速度也更慢。

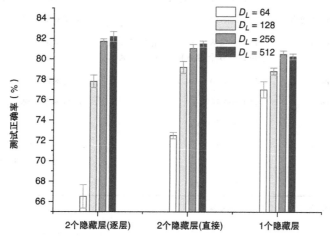

图 4.38　两种不同的反向传播方案的测试正确率比较。这两种方法具有相似的性能。四层神经网络可以产生更好的性能，但需要更长的学习时间[75]。经 IEEE 许可转载

如图 4.38 所示，两种反向传播方法获得了相似的性能。这一观察结果与图 4.32 和图 4.33 所示的结果一致，图 4.32 和图 4.33 在估计梯度时也获得了类似的精度。尽管性能相似，但这两种反向传播方法在硬件实现中有不同的含义。这一点将在第 5 章详细阐述。

4.3.5.3.3　MNIST 基准

为了证明所提出的学习算法的有效性，并将算法与最新的结果进行比较，文献[75]使用 MNIST 任务对新算法进行了基准测试。所有的 60 000 张训练图像都被用于学习，训练后的网络用整个包含 10 000 张图像的测试集进行测试。前两节中介绍的两个神经网络在没有任何预处理步骤的情况下进行了训练，以便进行公平的比较。

所得的分类精度与表 4.2 中的最新结果进行了比较。经过学习算法训练的三层神经网络和四层神经网络的识别正确率分别为 97.2% 和 97.8%。这一精度高于相同网络配置下的 ANN[83]，证明了我们的学习算法的有效性。另外，与 FCNN 最先进的结果相比，文献[70]中 98.6% 的结果是通过离线的 ANN 到 SNN 的转换得到的，网络比我们的大 9 倍，我们的结果只是稍差一点。

表 4.2   MNIST 基准测试识别精度比较

参考文献	网络类型	网络配置	学习算法	分类准确度（%）
[38]	脉冲神经网络	784 输入神经元＋6400 兴奋性神经元＋6400 抑制性神经元＋读取电路	非监督学习 STDP	95.0
[39]	脉冲神经网络	784 输入神经元＋300 输出神经元＋读取电路	非监督学习 STDP	93.5
[71]	深度脉冲置信网络	784-500-500-10	ANN 到 SNN 转化	94.09
[60]	脉冲卷积神经网络	—	Tempotron	91.29
[70]	脉冲神经网络	784-1200-1200-10	ANN 到 SNN 转化	98.6
	脉冲卷积神经网络	28×28-12c5-2s—64c5-2s-10o		99.1
[85]	深度脉冲置信网络	484-256＋线性分类器	ANN 到 SNN 转化	89
[67]	深度脉冲置信网络	784-500-40	散度对照	91.9
[86]	脉冲神经网络	784 个输入＋10 个输出神经元每个包含 200 个树突和 5000 个突触	形态学习	90.26
[68]	脉冲神经网络	784-500-10	散度对照	95.6
[83]	人工神经网络	784-300-10	随机梯度下降	95.3
		784-300-100-10		96.95
[75]	脉冲神经网络	784-300-10	基于权重相关 STDP 调制的随机梯度下降	97.2
		784-300-100-10		97.8

来源：数据摘自文献[75]。经 IEEE 许可转载

参考文献

[1] Maass, W. (1997). Networks of spiking neurons: the third generation of neural network models. *Neural Netw.* 10 (9): 1659–1671.

[2] Abdalrhman, M. (2012). Spiking neural networks. *Int. J. Neural Syst.* 19 (1907): 1802–1809.

[3] Hodgkin, A.L. and Huxley, A.F. (1952). A quantitative description of membrane current and its application to conduction and excitation in nerve. *J. Physiol.* 117 (4): 500–544.

[4] Gerstein, G. and Mandlebrot, B. (1964). Random walk models for the spike activity of a single neuron. *J. Biophys.* 4 (1): 41–68.

[5] Tuckwell, H.C. and Richter, W. (1978). Neuronal interspike time distributions and the estimation of neurophysiological and neuroanatomical parameters. *J. Theor. Biol.* 71 (2): 167–183.

[6] FitzHugh, R. (1961). Impulses and physiological states in theoretical models of nerve membrane. *Biophys. J.* 1 (6): 445–466.

[7] Gerstner, W. and van Hemmen, J. (1992). Associative memory in a network of 'spiking' neurons. *Netw. Comput. Neural Syst.* 3 (2): 139–164.

[8] Gerstner, W., Kempter, R., van Hemmen, J.L., and Wagner, H. (1996). A neuronal learning role for sub-millisecond temporal coding. *Nature* 383 (6595): 76–78.

[9] Kempter, R., Gerstner, W., and van Hemmen, J.L. (1999). Hebbian learning and spiking neurons. *Phys. Rev. E* 59 (4): 4498–4514.

[10] Maass, W. and Markram, H. (2004). On the computational power of circuits of spiking neurons. *J. Comput. Syst. Sci. Int.* 69 (4): 593–616.

[11] Maass, W. (1996). Lower bounds for the computational power of networks of spiking neurons. *Neural Comput.* 8 (1): 1–40.

[12] Schliebs, S. and Kasabov, N. (2014). Computational modeling with spiking neural networks. In: *Springer Handbook of Bio-/Neuroinformatics*, 625–646. Springer.

[13] Burkitt, A.N. (2006). A review of the integrate-and-fire neuron model: I. Homogeneous synaptic input. *Biol. Cybern.* 95 (1): 1–19.

[14] Izhikevich, E.M. (2003). Simple model of spiking neurons. *IEEE Trans. Neural Netw.* 14 (6): 1569–1572.

[15] Adrian, E.D. (1926). The impulses produced by sensory nerve endings. *J. Physiol.* 61 (1): 49–72.

[16] Hu, J., Tang, H., Tan, K.C., and Li, H. (2016). How the brain formulates memory: a spatio-temporal model research frontier. *IEEE Comput. Intell. Mag.* 11 (2): 56–68.

[17] Thorpe, S., Fize, D., and Marlot, C. (1996). Speed of processing in the human visual system. *Nature* 381 (6582): 520.

[18] Heil, P. (1997). Auditory cortical onset responses revisited. I. First-spike timing. *J. Neurophysiol.* 77 (5): 2616–2641.

[19] Meister, M. and Berry, M.J. (1999). The neural code of the retina. *Neuron* 22 (3): 435–450.

[20] Florian, R.V. (2012). The chronotron: a neuron that learns to fire temporally precise spike patterns. *PLoS One* 7 (8): e40233.

[21] Memmesheimer, R.-M., Rubin, R., Ölveczky, B.P., and Sompolinsky, H. (2014). Learning precisely timed spikes. *Neuron* 82 (4): 925–938.

[22] Mohemmed, A., Schliebs, S., Matsuda, S., and Kasabov, N. (2012). Span: spike pattern association neuron for learning spatio-temporal spike patterns. *Int. J. Neural Syst.* 22 (04): 1250012.

[23] Ponulak, F. (2008). Analysis of the ReSuMe learning process for spiking neural networks. *Int. J. Appl. Math. Comput. Sci.* 18 (2): 117–127.

[24] Gütig, R. and Sompolinsky, H. (2006). The tempotron: a neuron that learns spike timing–based decisions. *Nat. Neurosci.* 9 (3): 420–428.

[25] Ponulak, F. and Kasiński, A. (2010). Supervised learning in spiking neural networks with ReSuMe: sequence learning, classification, and spike shifting. *Neural Comput.* 22 (2): 467–510.

[26] Ponulak, F., ReSuMe-new supervised learning method for Spiking Neural Networks, Inst. Control Inf. Eng. Pozn. Univ. Technol., vol. 42, 2005.

[27] Markram, H., Gerstner, W., and Sjöström, P.J. (2012). Spike-timing-dependent plasticity: a comprehensive overview. *Front. Synaptic Neurosci.* 4.

[28] Florian, R.V. (2008). Tempotron-like learning with ReSuMe. In: *International Conference on Artificial Neural Networks*, 368–375.

[29] Caporale, N. and Dan, Y. (2008). Spike timing-dependent plasticity: A Hebbian learning rule. *Annu. Rev. Neurosci.* 31: 25–46.

[30] Yu, Q., Tang, H., Tan, K.C., and Li, H. (2013). Rapid feedforward computation by temporal encoding and learning with spiking neurons. *IEEE Trans. Neural Netw. Learn. Syst.* 24 (10): 1539–1552.

[31] Markram, H., Gerstner, W., and Sjöström, P.J. (2011). A history of spike-timing-dependent plasticity. *Front. Synaptic Neurosci.* 3: 4.

[32] Hebb, D.O. (1949). *The Organization of Behavior: A Neuropsychological Theory.* New York: Wiley.

[33] Shatz, C.J. (1992). The developing brain. *Sci. Am.* 267 (3): 60–67.

[34] Bi, G. and Poo, M. (1998). Synaptic modifications in cultured hippocampal neurons: dependence on spike timing, synaptic strength, and postsynaptic cell type. *J. Neurosci.* 18 (24): 10464–10472.

[35] Pfister, J.-P. and Gerstner, W. (2006). Triplets of spikes in a model of spike timing-dependent plasticity. *J. Neurosci.* 26 (38): 9673–9682.

[36] Brader, J.M., Senn, W., and Fusi, S. (2007). Learning real-world stimuli in a neural network with spike-driven synaptic dynamics. *Neural Comput.* 19 (11): 2881–2912.

[37] Sjöström, J. and Gerstner, W. (2010). Spike-timing dependent plasticity. In: *Spike-Timing Depend. Plast*, 35.

[38] Diehl, P.U. and Cook, M. (2015). Unsupervised learning of digit recognition using spike-timing-dependent plasticity. *Front. Comput. Neurosci.* 9: 99.

[39] Querlioz, D., Bichler, O., Dollfus, P., and Gamrat, C. (2013). Immunity to device variations in a spiking neural network with memristive nanodevices. *IEEE Trans. Nanotechnol.* 12 (3): 288–295.

[40] Florian, R.V. (2007). Reinforcement learning through modulation of spike-timing-dependent synaptic plasticity. *Neural Comput.* 19 (6): 1468–1502.

[41] Potjans, W., Diesmann, M., and Morrison, A. (2011). An imperfect dopaminergic error signal can drive temporal-difference learning. *PLoS Comput. Biol.* 7 (5): e1001133.

[42] Potjans, W., Morrison, A., and Diesmann, M. (2009). A spiking neural network model of an actor-critic learning agent. *Neural Comput.* 21 (2): 301–339.

[43] Frémaux, N., Sprekeler, H., and Gerstner, W. (2013). Reinforcement learning using a continuous time actor-critic framework with spiking neurons. *PLoS Comput. Biol.* 9 (4).

[44] Hinton, G., "How to do backpropagation in a brain," in Invited talk at the NIPS'2007 Deep Learning Workshop, 2007.

[45] Zheng, N. and Mazumder, P. (2017). Hardware-friendly actor-critic reinforcement learning through modulation of spike-timing-dependent plasticity. *IEEE Trans. Comput.* 66 (2): 299–311.

[46] Spall, J.C. (1998). An overview of the simultaneous perturbation method for efficient optimization. *Johns Hopkins APL Tech. Dig.* 19 (4): 482–492.

[47] Hinton, G.E. (2012). A practical guide to training restricted Boltzmann machines. In: *Neural Networks: Tricks of the Trade*, 599–619. Springer.

[48] Broomhead, D. S., and D. Lowe, "Radial basis functions, multi-variable functional interpolation and adaptive networks," Royal Signals and Radar Establishment, Malvern, United Kingdom 1988.

[49] Park, J. and Sandberg, I.W. (1991). Universal approximation using radial-basis-function networks. *Neural Comput.* 3 (2): 246–257.

[50] Cassidy, A.S., Merolla, P., Arthur, J.V. et al. (2013). Cognitive computing building block: a versatile and efficient digital neuron model for neurosynaptic cores. In: *The 2013 International Joint Conference on Neural Networks (IJCNN)*, 1–10.

[51] Sutton, R.S. and Barto, A.G. (1998). *Reinforcement Learning: An Introduction.* MIT Press, Cambridge.

[52] Bengio, Y., Lamblin, P., Popovici, D., and Larochelle, H. (2007). Greedy layer-wise training of deep networks. In: *Advances in Neural Information Processing Systems* (eds. B. Schlkopf, J.C. Platt and T. Hoffman), 153–160. MIT Press.

[53] LeCun, Y., Bengio, Y., and Hinton, G. (2015). Deep learning. *Nature* 521 (7553): 436–444.

[54] Chollet, F. (2017). *Deep Learning with Python*. Manning Publications Co.

[55] Bohte, S.M., Kok, J.N., and La Poutré, H. (2002). Error-backpropagation in temporally encoded networks of spiking neurons. *Neurocomputing* 48 (1): 17–37.

[56] Schrauwen, B. and Van Campenhout, J. (2004). Extending spikeprop. In: *Proceedings. 2004 IEEE International Joint Conference on Neural Networks, 2004*, vol. 1, 471–475.

[57] McKennoch, S., Liu, D., and Bushnell, L.G. (2006). Fast modifications of the Spike-Prop algorithm. In: *IJCNN'06. International Joint Conference on Neural Networks*, 3970–3977.

[58] Haruhiko, T., Masaru, F., Hiroharu, K. et al. (2009). Obstacle to training SpikeProp networks: cause of surges in training process. In: *Proceedings of the 2009 International Joint Conference on Neural Networks*, 1225–1229.

[59] Shrestha, S.B. and Song, Q. (2015). Adaptive learning rate of SpikeProp based on weight convergence analysis. *Neural Netw.* 63: 185–198.

[60] Zhao, B., Ding, R., Chen, S. et al. (2015). Feedforward categorization on AER motion events using cortex-like features in a spiking neural network. *IEEE Trans. Neural Netw. Learn. Syst.* 26 (9): 1963–1978.

[61] Kheradpisheh, S.R., Ganjtabesh, M., and Masquelier, T. (2016). Bio-inspired unsupervised learning of visual features leads to robust invariant object recognition. *Neurocomputing* 205: 382–392.

[62] Liu, D. and Yue, S. (2017). Fast unsupervised learning for visual pattern recognition using spike timing dependent plasticity. *Neurocomputing* 249: 212–224.

[63] Masquelier, T. and Thorpe, S.J. (2007). Unsupervised learning of visual features through spike timing dependent plasticity. *PLoS Comput. Biol.* 3 (2): 0247–0257.

[64] Riesenhuber, M. and Poggio, T. (1999). Hierarchical models of object recognition in cortex. *Nat. Neurosci.* 2 (11): 1019–1025.

[65] Serre, T., Wolf, L., Bileschi, S. et al. (2007). Robust object recognition with cortex-like mechanisms. *IEEE Trans. Pattern Anal. Mach. Intell.* 29 (3): 411–426.

[66] Krizhevsky, A., Sutskever, I., and Hinton, G.E. (2012). Imagenet classification with deep convolutional neural networks. In: *Advances in Neural Information Processing Systems*, 1097–1105.

[67] Neftci, E., Das, S., Pedroni, B. et al. (2014). Event-driven contrastive divergence for spiking neuromorphic systems. *Front. Neurosci.* 7: 272.

[68] Neftci, E.O., Pedroni, B.U., Joshi, S. et al. (2016). Stochastic synapses enable efficient brain-inspired learning machines. *Front. Neurosci.* 10.

[69] Cao, Y., Chen, Y., and Khosla, D. (2015). Spiking deep convolutional neural networks for energy-efficient object recognition. *Int. J. Comput. Vision* 113 (1): 54–66.

[70] Diehl, P.U., Neil, D., Binas, J. et al. (2015). Fast-classifying, high-accuracy spiking deep networks through weight and threshold balancing. In: *2015 International Joint Conference on Neural Networks (IJCNN)*, 1–8.

[71] O'Connor, P., Neil, D., Liu, S.-C. et al. (2013). Real-time classification and sensor fusion with a spiking deep belief network. *Front. Neurosci.* 7.

[72] Hunsberger, E., and Eliasmith, C., "Training spiking deep networks for neuromorphic hardware," *arXiv Prepr. arXiv1611.05141*, 2016.

[73] Rueckauer, B., Lungu, I.-A., Hu, Y. et al. (2017). Conversion of continuous-valued deep networks to efficient event-driven networks for image classification. *Front. Neurosci.* 11: 682.

[74] Esser, S.K., Appuswamy, R., Merolla, P. et al. (2015). Backpropagation for energy-efficient neuromorphic computing. In: *Advances in Neural Information Processing Systems* (eds. C. Cortes, N.D. Lawrence, D.D. Lee, et al.), 1117–1125. Curran Associates, Inc.

[75] Zheng, N. and Mazumder, P. (2018). Online supervised learning for hardware-based multilayer spiking neural networks through the modulation of weight-dependent spike-timing-dependent plasticity. *IEEE Trans. Neural Netw. Learn. Syst.* 29 (9): 4287–4302.

[76] Lee, J.H., Delbruck, T., and Pfeiffer, M. (2016). Training deep spiking neural networks using backpropagation. *Front. Neurosci.* 10: 508.

[77] Esser, S.K., Merolla, P.A., Arthur, J.V. et al. (2016). Convolutional networks for fast, energy-efficient neuromorphic computing. *Proc. Natl. Acad. Sci. U.S.A.*: 201604850.

[78] Hubara, I., Courbariaux, M., Soudry, D. et al. (2016). Binarized neural networks. In: *Advances in Neural Information Processing Systems* (eds. D.D. Lee, M. Sugiyama, U.V. Luxburg, et al.), 4107–4115. Curran Associates, Inc.

[79] Grossberg, S. (1987). Competitive learning: from interactive activation to adaptive resonance. *Cognit. Sci.* 11 (1): 23–63.

[80] Neftci, E.O., Augustine, C., Paul, S., and Detorakis, G. (2017). Event-driven random back-propagation: enabling neuromorphic deep learning machines. *Front. Neurosci.* 11: 324.

[81] Lillicrap, T.P., Cownden, D., Tweed, D.B., and Akerman, C.J. (2016). Random synaptic feedback weights support error backpropagation for deep learning. *Nat. Commun.* 7: 13276.

[82] Merolla, P.A., Arthur, J.V., Alvarez-Icaza, R. et al. (2014). A million spiking-neuron integrated circuit with a scalable communication network and interface. *Science* 345 (6197): 668–673.

[83] LeCun, Y., Bottou, L., Bengio, Y., and Haffner, P. (1998). Gradient-based learning applied to document recognition. *Proc. IEEE* 86 (11): 2278–2323.

[84] Neelakantan, A., Vilnis, L., Le, Q. V., et al., "Adding gradient noise improves learning for very deep networks," *arXiv Prepr. arXiv1511.06807*, 2015.

[85] Merolla, P., Arthur, J., Akopyan, F. et al. (2011). A digital neurosynaptic core using embedded crossbar memory with 45pJ per spike in 45nm. In: *2011 IEEE Custom Integrated Circuits Conference (CICC)*, 1–4.

[86] Hussain, S., Liu, S.-C., and Basu, A. (2014). Improved margin multi-class classification using dendritic neurons with morphological learning. In: *2014 IEEE International Symposium on Circuits and Systems (ISCAS)*, 2640–2643.

脉冲神经网络的硬件实现

不闻不若闻之，闻之不若见之；见之不若知之，知之不若行之；学至于行而止矣。

——中国古谚语

5.1 对专用硬件的需求

脉冲神经网络(SNN)与人工神经网络（ANN)的计算模型不同。在 ANN 模型中，大多数操作都可以表示为矩阵以及向量之间的乘法，因此可以通过常规的计算平台进行计算，例如中央处理器(CPU)以及图形处理单元(GPU)。但是在 SNN 中，计算是由事件触发的，即仅在出现脉冲时才进行计算，而且由于 SNN 结构中脉冲是非常稀少的，因此其计算能耗十分低。与此同时，SNN 实现过程中需要与事件触发的计算模型相匹配的专用硬件。因此近年来对这种定制硬件的需求越来越强。从文献[1]可以看出，近年来关于 SNN 硬件实现的相关文献迅速增多。在本节中，将主要讨论 SNN 硬件的优点和功能，同时也是本章其他内容的基础。

5.1.1 地址事件表示

SNN 的一个优点是，通过地址-事件表示(AER)，可以很容易地将许多小的 SNN 网络相互连接组建成一个大的 SNN 网络[2]。由于现代 CMOS 电路的操作速度为纳秒级，而许多针对实时应用的神经形态系统的操作速度为微秒级甚至是毫秒级，这种计算速度上的差距使得 SNN 硬件可以利用时分复用来降低路由脉冲信息时的复杂性。通过对稀疏脉冲事件进行编码，可以大大减少神经元互连的数量。图 5.1 为 AER 的示意图，在发送端，脉冲事件首先被编码为一个地址，然后将编码后的地址通过总线路由到接收端。通过这种编码方案，可以将总线的宽度从 N 减少到 $\log_2 N$，其中 N 是轴突的数量。编码的地址之后可以在接收神经元处进行解码，这种编码-解码方式对于整个网络模型来讲是统一的。AER 编码的使用极大地降低了信息路由的难度并提供了一个更好的网络扩展能力。同时正是由于这种扩展性，许多大规模的 SNN 硬件平台被提了出来，本节将展示一些有代表性的例子。

图 5.1　硬件 SNN 中使用的 AER 示意图。发射端的稀疏脉冲序列由脉冲神经元的地址进行编码，地址在接收端被解码为脉冲形式。这种编码方案有助于减少传输脉冲所需的连接数量。经 IEEE 许可转载

5.1.2 事件驱动计算

同 ANN 相比，SNN 硬件的一个显著特征就是 SNN 中的计算通常是事件驱动的。图 5.2 简单说明了基于事件驱动的 SNN 中一层神经元的计算模型。对于 ANN 模型中每一层神经元而言，前一层的激活信息被视为一个向量，向量被传递到处理单元(PE)，并进行矩阵-向量乘法。相反，SNN 中的每个输入脉冲都被抽象为一个计算请求，通过结合上述的 AER，可以在地址域中更方便地对 SNN 进行评估。脉冲神经元的地址会被 AER 解码器提取和解析。之后这些地址由 PE 阵列处理以生成作用于当前层神经元的脉冲信号。为了实现这种计算模型，图 5.3 给出了一个高级硬件体系结构的示例。首先，根据所有计算请求的脉冲时间将它们放入队列。然后，调度程序将可用的计算资源和内存带宽分配给这些请求。当响应完成后，调度程序将先前分配的资源释放给新的请求，当该层神经元对所有的脉冲信息做出响应之后便进行评估。如果一个神经元产生了脉冲，该脉冲将通过路由传递到下一层。由于 SNN 系统仅处理有用的信息，因此显著降低了系统的功耗。

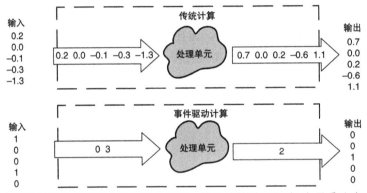

图 5.2 基于帧的传统计算和事件驱动计算的对比图。传统计算采用矩阵-向量乘法来进行计算，系统的吞吐量和能耗仅与输入信号的稀疏性弱相关。在事件驱动方案中，可以通过较少的时间和能量去处理稀疏信号

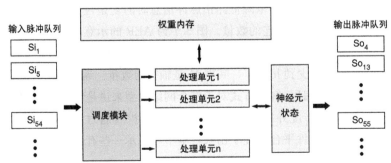

图 5.3 事件触发计算的示意图。每个输入脉冲被抽象为一个请求，并放入一个缓冲区中，之后调度程序将计算请求分发到可用的处理单元，最后处理单元更新神经元状态，并将结果路由到下一层

5.1.3 渐进精度推理

SNN 的第三个优点是它能以渐进精度进行推理[3]。4.3.5 节的结果是通过类似于传统 ANN 的推理方式来得到的。换句话说，我们将一个输入传递给 SNN，之后让 SNN 运

行 D_I 个 tick，最后读出系统的输出结果。尽管这种方法效果很好，但 SNN 的特性为网络的快速评估提供了一些独特的方法。

图 5.4 比较了 ANN 和 SNN 中推理方法之间的差异。对于前馈的全连接 ANN，输出层的推理结果是向量。一旦完成整个前向推理计算，就进行推理。但 SNN 的输出是有关时间的函数，即如果我们在 SNN 运行时随机进行系统推理，则可以根据当前确定的内容进行结果的推理。显然，在 SNN 中，越早做推理，其所需的时间和精力就越少。另一方面，网络运行一段时间后可以获取更多信息，因此可以获得更精确和更可靠的推理，我们将这种属性称为渐进精度推理。

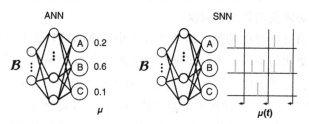

图 5.4　ANN 输出与 SNN 输出之间的比较。ANN 网络的输出不是一个时间函数，对于任意一个给定的输入，存在一个确定的输出，系统的推理在网络的前向过程完成之后。而 SNN 的输出是一个有关时间的函数，可以基于任意时刻的数据进行推理，系统精度在不同的网络中可能会有所不同

例如，假设我们已经训练了一个神经网络，当将数字 i 输入网络时，输出神经元 x_i^o 的脉冲发放密度为 μ_H，而所有其他输出神经元的脉冲发放的密度为 μ_L，且 $\mu_L < \mu_H$。当使用速率编码时，神经元发出的脉冲序列通常类似于 $\Sigma - \Delta$ 调制器的输出。且由于脉冲信号容易受到高频噪声的影响，计算脉冲信号的目的是过滤掉高频噪声，以便可以更精确地读出信号中的信息。在推理过程中，时间越长，滤波器的去噪声能力就越强，这种方案类似于众所周知的存在于随机计算中的渐进精度推理[4]。

一种加速推理的方法是降低推理过程中的噪声容限，如图 5.5 所示。理想情况下，如图 5.5a 所示，SNN 中正确标签对应的输出神经元(示例中为神经元 B)的放电速率应约为 μ_H，而其他神经元(神经元 A 和神经元 C)的放电速率应约为 μ_L。但实际上，SNN 在做出判决的时候无须等到最佳的推理时间。如果在实际应用中愿意为噪声余量付出额外的计算代价，即可以适当放宽决策边界，如图 5.5b 所示，在这种情况下，当噪声小于 $\mu_H - \mu_L$，我们仍然可以获得合理的推理。一种极限的情况类似于图 5.5c，在此情况下，SNN 的推理延迟变得与数据相关。

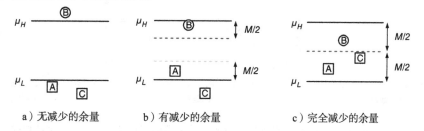

　　a) 无减少的余量　　　　b) 有减少的余量　　　　c) 完全减少的余量

图 5.5　三种推理策略的比较。带有标签 "μ_H" 和 "μ_L" 的两条实线分别对应于 SNN 中目标出现和不出现时的输出。在推理阶段，可以放宽条件以加速系统推理。可以通过放宽决策边界使系统更快地进行推理，但此时噪声容限也会降低

当我们将易于识别的图像输入 SNN 时，此时相应的输出神经元应以 μ_H 的速率发射脉冲，而其他所有神经元应以 μ_L 的速率发射脉冲。在这种情况下，神经信号的强度很强。因此我们不需要等很长时间以消除噪声，即推理持续时间可以很短。相反，当难以识别输入图像时，因为它们不确定是哪个数字，可能有多个输出神经元脉冲具有较高的脉冲发放密度。在这种情况下，去除量化噪声会对最终的推理结果有重大影响。因此，我们应该延长推理持续时间，使输出有足够的时间稳定下来以减少噪声带来的影响。从某种意义上说，SNN 可以随时间的增加而提高计算精度，即 SNN 具有能够自适应地提前终止推理的能力，即其可以根据所需的精度来进行当前的系统推理。另一方面，ANN 每次进行推理时都必须使用其全部精度。

为了演示渐进精度推理的功能，以 4.3.5 节中的 MNIST 数据集训练的三层神经网络为例。为了提供更快的推理速度，在每个 tick 内评估每个输出神经元的脉冲密度。每当一个输出神经元的脉冲密度大于 $\mu_H - M/2$，而所有其他输出神经元的脉冲密度小于于 $\mu_L + M/2$ 时，则选择具有高脉冲密度的输出神经元作为推理结果，并终止推理流程。如果不满足脉冲密度的条件，则继续运行推理过程直到达到最大允许推理持续时间。在此过程中，M 是用于测量余量的推理余量参数。较大的 M 可以加快推理速度，但是可能会降低分类精度。

图 5.6 比较了三个示例。当将易于识别的数字 "7" 输入 SNN 中时，SNN 的输出会迅速收敛到 μ_H 和 μ_L，并且可以使用自适应提前终止条件在几个 tick 内完成推理。当出现相对难以识别的数字 "7" 时，SNN 需要更长的时间来做出推理。当输入更难以识别的数字 "9" 时，此时神经元 4 和神经元 9 的输出将难以区分，这可能需要 100 个 tick 才能得出最终的结论。这样的推理过程类似于人类进行识别的过程，当呈现的图案易于识别时，响应很快，当图案更加复杂时，需要更长的时间才能得出结论。10 000 张测试图像所需的分类精度和有效时间如图 5.7 和图 5.8 所示。在图 5.8 中可以看出，有效推理持续时间随着 M 的增加而迅速减少。此图中的有效推理持续时间是通过对 10 000 个测试图例的推理时间求平均值而获得的，而且由图所知，尽管缩短了推理时间，但直到减少的余量达到 0.3 时，推理精度才受影响。

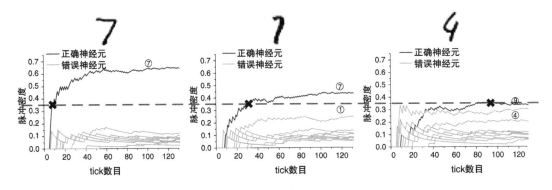

图 5.6　对于不同图像的 SNN 的输出的对比。当输入易识别的 "7" 时，SNN 中正确神经元的输出会与其他神经元的输出迅速分离。当出现难以识别的 "7" 和 "9" 时，正确的神经元和其他神经元的输出未达到期望的距离，需要较长的时间来做出决定。正确的推断用较深的颜色绘制，虚线是神经网络得出结论的决策边界

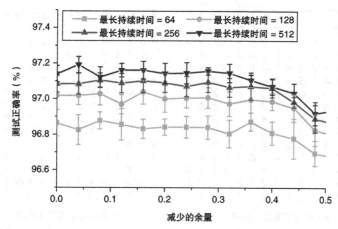

图 5.7 测试集在不同的减少的余量时的正确率，余量减少仅带来轻微的精确度下降[3]。经 IEEE 许可转载

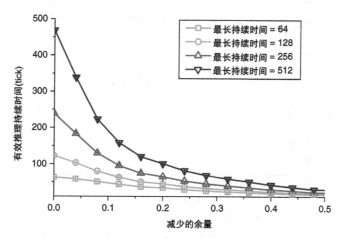

图 5.8 分类所需的有效推理持续时间的比较。完成一次推理所需的时间随着余量的减少而显著减少[3]。经 IEEE 许可转载

图 5.9a 展示了一些符合较早终止标准的容易识别的数字图像的示例，而图 5.9b 显示了一些难以识别的数字，用减少的余量 0.2 进行仿真。从图 5.9 可以看出一种趋势，"难"数字比"易"数字更难识别。10 000 张测试图像中总共有 8577 个"易"数字，对于这些容易识别的数字，平均仅需要 32.7 个 tick 即可完成推理，尽管推理时间很短，但只有 25 个数字被错误分类，即只有 0.29％ 的识别错误率。显然，渐进精度推理的功能可以帮助系统动态调整推理时间，以在不同难度的输入时可以节省能量和时间。

另一种使用渐进精度推理的方法是利用输出神经元之间的竞争关系。比如可以尝试一种读取方案，该方案选择首先发出 K 个脉冲的神经元作为获胜神经元。图 5.10 对不同的 K 情况下的有效推理持续时间和推理精确度做了对比。正如预期的那样，随着 K 的减小，有效推理持续时间会缩短，但代价是降低了分类准确度。尽管降低了准确度，但仍然可以在 5 到 6 个 tick 内实现 89％ 的识别率。在许多需要快速响应且对准确度的要求不严格的应用中，这种快速评估方法非常有价值。此外，渐进精度推理的功能为优化系统性能提供了额外的选择，此功能在 SNN 硬件中的含义将在 5.2.4 节中讨论。

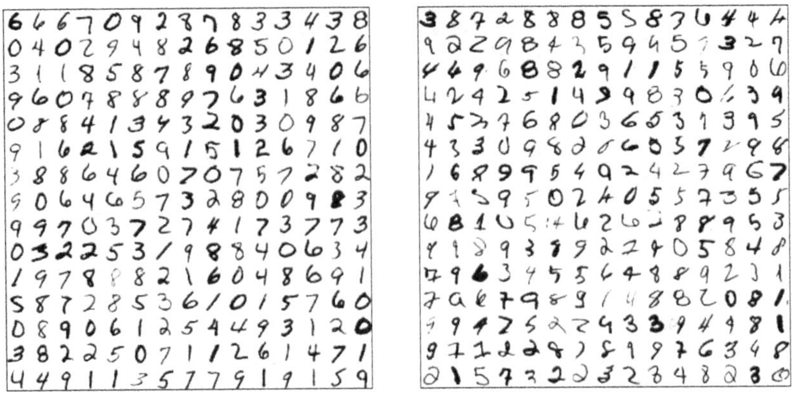

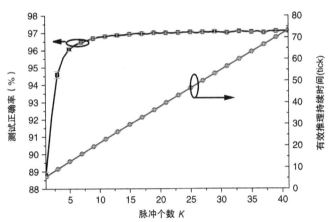

a）符合早期终止标准　　　　　b）不符合早期终止标准

图 5.9　数字示例，前提条件是降低的余量为 0.2

图 5.10　1 − K 脉冲方法在测试集的识别准确度。正确的数字对应首先发出 K 个脉冲的输出神经元。
黑色曲线和蓝色曲线表示对于不同 K 值的识别正确率和平均推理时间[3]。经 IEEE 许可转载

5.1.4　实现权重依赖的 STDP 学习规则的硬件注意事项

　　本节中使用硬件实现了 4.3.5 节中介绍的硬件友好型学习算法。该算法有两种实现方式，主要区别在于系统中内存的组织和使用方式[3]。图 5.11 和图 5.12 展示了这两种类型的架构。第一类架构为集中式内存架构。该架构类似于传统处理器中内存和处理单元分开的架构。突触权重存储在内存中并且处理器通过总线获得权重。第二种架构称为分布式内存架构，因为该架构中的存储器元件与处理单元分布在一起，存储器元件本身通常可以用作处理单元。因此，内存处理通常在该架构中使用以实现高能效。

　　对于 4.3.5 节提及的 SNN 学习算法，突触的权重可以根据不同的方法进行更新，以下为 2 个方法：

$$\Delta W_{ij}^{l} = -\alpha \cdot e_{j}^{l+1} \cdot \frac{\overline{\mathrm{stdp}_{ij}^{l}}}{w_{ij}^{l}(1-\overline{x_{i}^{l}})} \tag{5.1}$$

$$\Delta W_{ij}^{l} = \sum_{n}\left(\frac{-\alpha \cdot e_{j}^{l+1} \cdot \mathrm{stdp}_{ij}^{l}[n]}{w_{ij}^{l}(1-\overline{x_{i}^{l}})(D_{L}-T)}\right) \tag{5.2}$$

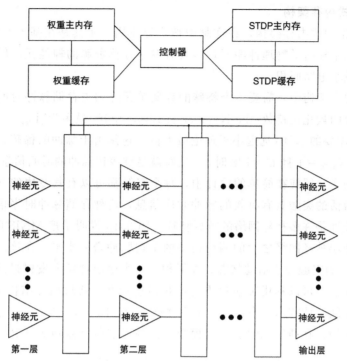

图 5.11　集中式内存架构示意图。权重和 STDP 信息存储在集中式内存中，通过总线访问。该架构类似于常规的冯·诺依曼架构[3]。经 IEEE 许可转载

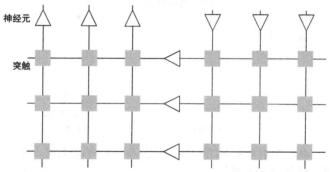

图 5.12　基于分布式内存架构的神经形态系统的例子。使用交叉开关结构进行演示，三角形代表神经元，正方形代表突触，存储单元与处理元件一起分布。经 IEEE 许可转载

其中 ΔW_{ij}^{l} 是在一个学习的循环中所有的权重的变化之和，其中 $e_{j}^{l+1} = \sum_{k=1}^{N_{o}} e_{k}^{o} \cdot (\partial \mu_{k}^{o} / \partial \mu_{k}^{l+1})$ 为神经元 x_{j}^{l+1} 的反向传播误差。

式(5.1)所示的权重更新方法被称为累积更新方法，式(5.2)中所示的更新方法为增量更新方法。对于累积更新方法，首先累积脉冲时间信息以形成平均脉冲时间信息 $\overline{\text{stdp}_{ij}^{l}}$，然后以批处理方式进行权重更新。这种更新权重的方式适合在集中式内存架构中应用，因为大型内存数组访问成本较高。相反，在进行 STDP 学习时会使用增量更新方法。此时，由于该信息会存储在权重存储器中，因此无须将脉冲时间存储在单独的存储器中。这种更新突触权重的方法更适用于分布式内存架构，并且其读写操作成本较低。

5.1.4.1 集中式内存架构

图 5.11 为集中式内存架构，在文献中被广泛应用，尤其是在基于 CMOS 实现的应用中。虽然在图中标出了物理神经元，即具有专用计算资源的神经元，但是也可以使用虚拟神经元以减小电路面积。

在集中式内存架构中，需要一个特殊的存储单元阵列去存储脉冲时间信息。每个脉冲时间信息需要的量化比特数（the Number of Bits，NOB）最多为 $\lceil \log_2(2D_L \cdot \mathrm{WIN}_{\mathrm{stdp}} + 1) \rceil$，事实上，需要的 NOB 远远小于理论最大值，这是由于脉冲的稀疏性。通过数值模拟可见，在 $\mathrm{WIN}_{\mathrm{STDP}} = 1$ 且 $D = 128$ 时，5 比特就足够表达脉冲的时间信息。

值得一提的是，即使在简单的设计中，每个突触都可以有其专用的 STDP 字段。考虑到只有最近激活的突触具有有效的脉冲时序信息，这种存储脉冲时序信息的方式并不经济，并且稀疏性是许多神经网络的重要特征。图 5.13 说明了把 MNIST 数据集输入三层神经网络和四层神经网络之后的两个模型的平均脉冲密度水平。在该图中观察到第一层中只有约 15% 的突触处于活动状态，如果相应的突触前神经元发射过脉冲信号，则称此突触为活动状态。可以利用突触权重的低频活动特性，通过缓存结构显著减少 STDP 存储器的占用空间。该技术将在 5.2.4 节中详细讨论。图 5.14 展示了一个典型的集中式内存架构的时序图。在神经元的学习过程中，突触权重存储器和 STDP 存储器均处于活

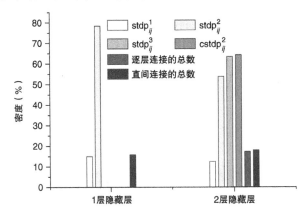

图 5.13   不同层数下突触活跃的（非零）STDP 信息 stdp_{ij}^l 与跨层 STDP 信息 cstdp_{ij}^l 的百分比，图示结果均已归一化。经 IEEE 许可转载

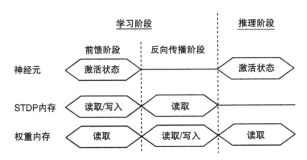

图 5.14   集中式内存系统中所采用的学习算法的时序图示例，神经元仅在前向传播期间处于活动状态。STDP 存储器在学习阶段在向前迭代中进行更新，权重在推理和学习阶段都需要，但仅在后向传递中将值进行更新[3]。经 IEEE 许可转载

动状态。神经区块只有在前馈阶段才运行。推理过程中将不再使用 STDP 存储器,这时可以将其关闭以节省能耗。5.2.4 节讲述同步数字电路中实现集中式内存架构的方法。

5.1.4.2 分布式内存架构

基于分布式内存架构的系统的一个示例如图 5.12 所示,它是基于交叉开关结构的系统。图中三角形代表神经元,而正方形代表连接两个神经元的突触。基于此架构的设计优势,我们经常会使用模拟突触进行设计。忆阻器设备是近年来较热的一种模拟人工突触的设备。当使用忆阻器时,图 5.12 中的每个交叉点都是基于忆阻器的突触。与神经网络相关的矩阵-向量乘法需要依赖于物理定理,正如第 3 章所示。如图 5.15 所示,当 SNN 网络运行时,可以在分布式内存架构中进行突触权重的更新。权重根据突触前后的脉冲时间进行更新。STDP 协议可以通过忆阻器本身或通过神经元电路来实现,这在 5.3.4 节中有详细介绍。

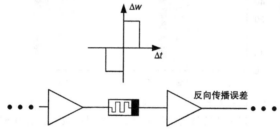

图 5.15　基于忆阻器的两个神经元之间的突触,采用 STDP 协议进行学习,其中 STDP 协议可以通过神经元电路或者设备本身实现[3]。经 IEEE 许可转载

如 4.3.5 节所述,传统的逐层反向传播方法和直接反向传播方法均可用于本书所提出的学习方案。它们可能在学习中会达到类似的性能,但在硬件实现方面有不同的含义。在传统的反向传播中,网络的第 1 层需要 $N_L N_{L+1}$ 个乘法累加(MAC)操作。对于直接反向传播方法,所需的 MAC 操作数变为 $N_i N_o$。许多深度神经网络会对输入的原始数据层进行特征选择,即进行信息提炼,因此绝大多数的 SNN 输出层的神经元个数远远少于隐藏层神经元的个数。考虑到 $N_o \ll N_i$,因此直接反向传播的 MAC 操作会少很多。此外,直接反向传播需要更多存储空间来保存跨层脉冲信息。新增加的内存大小为 $N_o \cdot \sum_{i=1}^{o-1} N_i$。换句话说,我们在直接反向传播方法中充分考虑到了存储空间的大小,但哪种方法更合适取决于实际的实现方式和技术。

使用模拟存储器构建 SNN 时存在的一个很大的困难就是如何在硬件中有效地实现除法运算。在模拟突触中准确获取突触权重值已经足够困难,更不用说除法运算了。对此,一个有效的解决办法是使用近似除法。即在执行除法之前提前量化分母中的突触权重。为了说明这一思想,我们使用如下的数值当作权重并作为分母进行了模拟:

$$w_{ij}^l = \begin{cases} \cdots \\ w_{q1}, & w_{q1} \leqslant w_{ij}^l < w_{q2} \\ w_{q0}, & 0 \leqslant w_{ij}^l < w_{q1} \\ -w_{q0}, & -w_{q1} \leqslant w_{ij}^l < 0 \\ -w_{q1}, & -w_{q2} \leqslant w_{ij}^l < -w_{q1} \\ \cdots \end{cases} \tag{5.3}$$

其中 w_{q0}、w_{q1} 等是人为设定的常数。

在这种量化方案下，在不同的量化级别下获得的学习性能比较如图 5.16 所示，虽然最佳的结果是使用不量化的权重值，不过量化权重分母也不会显著降低性能。在 1 比特精度下所获得的分母仍然是可以接受的，5.3.5 节讨论了这种量化策略如何经济地实现基于忆阻器交叉开关的神经网络。

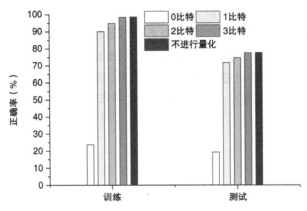

图 5.16   当使用权重分母的不同量化级别时，分类正确率的比较。随着量化变得更加积极，学习后的识别正确率下降，但以一比特精度仍然可以实现不错的效果。经 IEEE 许可转载

5.2   数字脉冲神经网络

5.2.1   大规模脉冲神经网络专用集成电路

以数字 ASIC 形式实现的 SNN 可以从 CMOS 技术中受益更多。最近许多基于数字 SNN 的大规模神经形态引擎已经被提出来以帮助了解大脑的工作原理，并提供了一种有效的计算方式。在本节中，将回顾一些数字形式的大规模 SNN 的示例。

5.2.1.1   SpiNNaker

SpiNNaker 是一个大规模并行多核系统，旨在实时建模和模拟大型 SNN 模型。它主要由曼彻斯特大学的 Furber 等人开发。该计算机最多可包含分布在 57K 个节点中的 1 036 800 个 ARM 核心[5]。图 5.17 中显示了 SpiNNaker 节点中关键组件的示意图[6]。SpiNNaker 中的每个节点都是一个系统级封装，其中包括一个芯片多处理器（CMP）和一个 128MB 的片外同步动态随机存取存储器（SDRAM）。为了获得良好的能效，SpiNNaker 使用了低功耗的 ARM 核心。此外，通过利用 SNN 的事件触发特性，SpiNNaker 系统能够高效的模拟大规模的 SNN。系统中每个节点的功率预算为 1W。与系统中的其他组件一起，该板预计将消耗 75W 的功率。将该系统扩展到一百万个神经元的网络后，功耗将增加到约 90kW。

SpiNNaker 中的每个 CMP 均有 18 个低功耗 ARM 核心。该芯片采用 130 纳米 CMOS 工艺制造，包含超过 1 亿个晶体管。该芯片的设计目标是最大限度地降低功耗。这个目标源自 SpiNNaker 的设计者所拥有的理念：在大规模并行计算系统中，在整个生

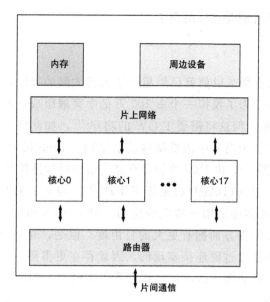

图 5.17 SpiNNaker 节点中关键组件的概述。18 个 ARM 核心集成在一个芯片上,并通过片上网络互联。128MB 的片外 SDRAM 用于存储计算所需的信息。来源摘自文献[6]

命周期内为系统的供电和冷却所消耗的成本可能远远超过机器本身的成本[7]。在这种设计策略的指导下,该设计采用了低功耗 ARM 处理器以及移动 SDRAM[6]。此外,具体实现时在整个设计流程中使用了架构级和逻辑级时钟门控以及功耗感知。同时,还利用了异步通信和事件驱动的计算方式。每个处理核心在空闲时都进入低功耗睡眠模式,以节省功耗。当 CMP 芯片以 180MHz 的时钟频率工作时,消耗 1W 的功率,而空闲时消耗 360mW。除 ARM 核心外,还需要路由器将代表脉冲的数据包路由到不同的目的地,例如另一个片上处理器或另一个 SpiNNaker 节点。路由器需要处理四种不同类型的数据包:多播数据包、点对点数据包、最近邻居数据包和固定路由数据包[8]。路由器具有 72 位数据总线,当以 200MHz 的时钟频率运行时,它可以提供 14.4Gb/s 的最大带宽。

每个处理器核心直接连接到 32-kb 指令存储器和 64-kb 数据存储器上。经常使用的程序代码和数据存储在紧密耦合的指令和数据存储器中。芯片外 SDRAM 的访问延迟通常较长,因为这是通过系统片上网络(NoC)来完成的。随着神经元被周期性地更新,神经元状态被局部地保存在处理核心处的存储器中。较大且较少使用的突触权重存储在较大的存储器中,可以通过直接内存访问对其进行访问。

作为用于建模和模拟 SNN 的强大平台,SpiNNaker 系统已部署在许多应用程序中。例如,在文献[9]中,四个 SpiNNaker 芯片已经与动态视频传感器硅视网膜相连接,以演示基于特征的注意力选择系统。SpiNNaker 系统被用作事件驱动的后端处理平台,以处理视觉数据。利用 SpiNNaker 系统的另一个例子是在文献[10]中用 768 核 SpiNNaker 板构建了一个移动机器人,并演示了它实时执行任务的过程。

尽管 SpiNNaker 系统属于 ASIC 类别,但它仍然很大程度上基于通用处理器的概念。硬件的灵活性带来了相对较高的功耗。近年来,为了解决许多新兴的低功耗应用问题,越来越多的 ASIC 被构建,该架构牺牲硬件的某些灵活性,从而获得更高的能效。下一节介绍的 TrueNorth 芯片就是这样的例子。

5.2.1.2　TrueNorth

5.2.1.2.1　动机

计算机的计算速度在很久以前就已经超过了人类大脑的极限，但是人类大脑在某些任务中具有惊人的能效。为了模拟一个由 100 万亿个突触组成且功耗只有 20W 的大脑，将需要 96 台超级计算机，但这将需要 12GW 的功率[11]，如此巨大的能效差距促使研究人员研究不同于传统的基于冯·诺依曼架构的新架构。TrueNorth 是由 100 万个脉冲神经元组成的 SNN 加速器[12]，由 IBM 在神经形态自适应可塑性扩展电子系统（SyNAPSE）项目的国防高级研究计划局（DARPA）系统下生产[11]。与 5.2.1.1 节中讨论的 SpiNNaker 相比，TrueNorth 更多地适用于特定的应用。对于 SpiNNaker 而言，随着通用处理器的实现，人们在硬件编程方面拥有更大的自由度。但是，对于 TrueNorth，因为要实现高能效，所以其很多是通过硬连接实现的，因此存在更多限制，TrueNorth 的目标是在能效和灵活性之间找到平衡。因此，尽管它可以实现很高的能效，但仍然需要合理的重新配置和编程的功能。

5.2.1.2.2　芯片

如图 5.18 所示，为了实现大规模的脉冲系统，需要互连 4096 个核心，每个核心实现 256 个神经元和 64K 突触[13]。它的峰值性能为每秒 58 千兆次突触操作（GSOPS），最大能效为每瓦 400GSOPS。为了降低功耗，TrueNorth 中使用了基于异步电路的事件触发架构，仅在需要时才进行计算。因此，在神经元核心中消除了耗电的时钟网络，这是现代数字 ASIC 的主要功耗。

尽管每个无时钟的神经元操作都是异步的，但 SNN 的评估在所有核心中都是同步的，频率为 1kHz。这种约束主要存在于硬件-软件的一对一映射中。即使神经元状态的内部评估是异步的以节省能量，但在每个 tick 结束时，SNN 的状态（即 TrueNorth 中的最小定时分辨率）与软件中模拟的状态相同。这种硬件-软件一致性是良好的可编程性以及简化原型设计和调试的关键。与许多通常使用大型 DRAM 来保持突触权重的其他神经网络加速器相反，TrueNorth 芯片采用了片上 SRAM 阵列。图 5.18 显示了 TrueNorth 加速器的布局和平面布置图。它由 64×64 神经突触核心的阵列组成。每个核心都有自己的 SRAM 阵列。换句话说，SRAM 与核心一起分布在整个芯片上。这样的近内存处理方式有助于减少数据移动，从而提高 TrueNorth 系统的能效。

5.2.1.2.3　神经元模型

TrueNorth 芯片中采用的神经元模型是基于泄漏集成发放（LIF）神经元模型的，因为在 CMOS 中不仅可以有效地实现该神经元模型，同时又保留了脉冲神经元的大多数功能，TrueNorth 支持各种神经编码，例如速率编码、人口编码和脉冲时间编码等。像其他神经形态硬件一样，TrueNorth 也采用定点数字表示。这样选择的神经元模型实现需要 1272 个逻辑门。

受精简指令集计算机（RISC）背后哲学的启发，TrueNorth 中使用的策略是每个神经元仅实现简单的模型。但是，通过组合几个简单的神经元，可以实现所需的复杂的计算和行为。神经元模块的电路图如图 5.19 所示。在神经元模式下，主要有五种基本操作：积分、泄漏、阈值、脉冲和复位。对于每个操作，用户可以配置不同的模式，从而丰富了神经元模型的行为。关于 TrueNorth 能够模拟的模型的更多详细信息，请参见文献[14]。通过仅使用一个神经元或通过组合多个神经元，可以合成许多复杂的行为。TrueNorth 中的神经元可以实现 20 种常见的生物学可行的脉冲行为。在这 20 种行为中，有 11 种仅使用一个神经元，而有 7 种使用两个神经元，最后两个复杂行为可以由 3 个神经元产生。

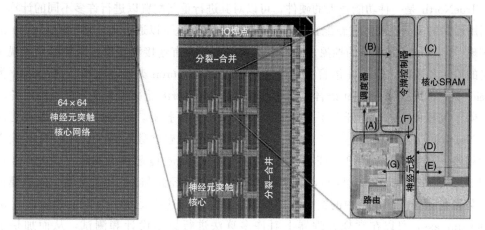

图 5.18　TrueNorth 芯片概述。每个芯片(最左侧)包含 64×64 个神经突触核心(最右侧)[13]。调度程序将输入脉冲存储在队列中以进一步处理。令牌控制器调度神经突触核心的计算，核心的路由器与相邻核心的路由器通信。核心 SRAM 存储突触连通性、神经元参数、神经元状态等。神经元块可以实现各种神经元动力学。详细的神经元块的实现方式如图 5.19 所示。经 IEEE 许可转载

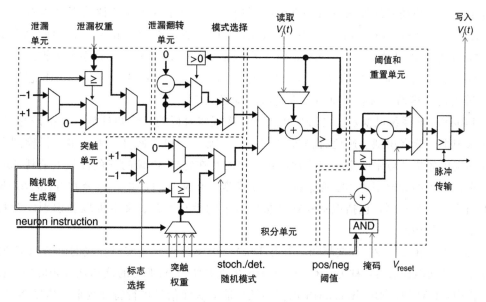

图 5.19　TrueNorth 中实现的神经元示意图[13]。图中显示了五个主要组成部分，突触单元同时执行确定性和随机性突触输入，泄漏和反向泄漏单元向神经元提供泄漏，积分器单元随时间累积膜电位，阈值和重置单元执行重置操作。经 IEEE 许可转载

TrueNorth 中使用的一种策略是只用四种类型的轴突。换句话说，突触权重只有四个可能的值，如图 5.19 所示的突触单元所示，多路复用器从四个突触中根据轴突的类型选择一个可能的值。由于采用了这种积极的量化方案，突触权重可以在无须使用耗电的外部 DRAM 芯片的情况下适配片上 SRAM 阵列。这种策略类似于第 2 章和第 3 章中讨论的二进制权重/二值化网络的策略。

5.2.1.2.4 编程和仿真

TrueNorth 是一种功能强大的硬件，可以对其进行重新配置以进行许多不同的计算。为了利用硬件的灵活性和可重新配置性，需要进行编程，这可以通过面向对象的 Corelet 语言来实现[15]。corelet 是网络的抽象，它封装了网络中的所有连接和操作，从外部只能观察到网络的输入和输出。Corelet 语言由四个主要类组成：Neuron 类、Core 类、Connector 类和 Corelet 类。借助这种 Corelet 语言，程序员可以在 TrueNorth 上方便地实现所需的网络。

除了编程语言外，还开发了一个名为 Compass 的模拟器，以便在传统处理器上模拟 TrueNorth 可以实现的行为[16]。此外，其还可用于模拟包含数千万个 TrueNorth 核心的大型网络。在文献[16]中已经证明，通过 IBM Blue Gene/Q 超级计算机，Compass 可以模拟 2.56 亿个 TrueNorth 核心，其中包含 650 亿个神经元和 16 万亿突触。虽然模拟的突触数量与猴子大脑皮层中的突触数量相当，但是运行速度是预期要求的速度的 1/388。借助 Compass，可以在常规处理器上对许多算法进行原型设计和测试，从而加快了在 TrueNorth 上运行的新应用程序的开发周期。

5.2.1.2.5 应用

自 TrueNorth 发布以来，已经开发出其生态系统所对应的硬件和软件。TrueNorth 的主要目标是以较低的功耗执行认知任务。IBM 已经推出了几种 TrueNorth 系统，包括包含 100 万个神经元的评估平台的 NS1e，包含 1600 万个神经元的评估平台 NS1e-16 和 NS16e[17]。NS1e 由 TrueNorth 芯片和 Xilinx SoC 组成，借助 Xilinx SoC 中的 ARM 核心，NS1e 平台可以独立运行。NS1e-16 平台包括 16 个 NS1e 板，其将系统的神经元数量和突触数量分别增加到 1600 万和 40 亿。对于 NS16e 板，将 16 个 TrueNorth 芯片按照 4×4 阵列进行排列，与芯片间的异步通信接口相连[18]。

TrueNorth 系统已演示了各种应用程序来实现实时低功耗认知计算，包括语音识别、作曲家识别、数字识别、避免碰撞等[19]。在文献[12]和文献[13]中，多目标检测和分类在固定摄像机环境中的实际应用被演示。该芯片在每秒 30 帧的三色视频上消耗 63mW 的功率，每帧的分辨率为 400 像素乘以 240 像素。在文献[17]中，已经在 TrueNorth 平台上演示了三个示例，包括识别写在平板电脑上的手写字符、文本提取和识别以及材料制造中的缺陷检测。

Tsai 等人在文献[20]和文献[21]中用 TrueNorth 系统演示了实时在线的语音识别应用。开发了一种功能提取器，称为具有 TrueNorth 生态系统（LATTE）的低功耗音频转换。在这项工作中，LATTE 利用 TrueNorth 的低功耗功能对音频信号进行特征提取。借助 NS1e 提供的低功耗计算，平台上的语音识别系统在使用纽扣电池的情况下可以连续运行 100 小时。

TrueNorth 芯片上也演示了 4.3.4 节中介绍的学习算法。据报道，当每张图像耗散 108μJ 能量时，分类精度达到了创纪录的 99.42%[22]。在文献[23]中提出了在 TrueNorth

上实施卷积神经网络（CNN），并研究了深度学习中广泛使用的八个流行基准。由于 TrueNorth 芯片是专为脉冲编码而设计的，因此首先将数据集中的实数转换为二进制数，将获得的基准测试结果与当时最新结果进行比较，使用 TrueNorth 平台获得了类似的性能。虽然 TrueNorth 芯片精度有限，但结果仍然令人印象深刻。Esser 等人在文献[23]中得出的一个重要结论是，基于脉冲的计算与非基于脉冲的计算之间的区别是不重要的，通过引入正确的训练方法，基于脉冲的计算也可以产生令人印象深刻的结果。

5.2.1.3　Loihi

Loihi 是由英特尔微体系结构研究实验室[24]开发的神经形态多核处理器。Loihi 由 128 个神经形态核心组成，其中每个核心都实现 1024 个脉冲神经单元。考虑到在不同网络中连接神经元的各种需求，Loihi 努力提供一种灵活的解决方案，该解决方案支持：(1)稀疏网络压缩，(2)核心到核心多播，(3)可变突触格式，(4)基于群体的多层次连接。Davies 等人认为 Loihi 是第一个可以支持任何这些功能的完全集成的 SNN 芯片[24]。Loihi 的一个特点是可以进行片上学习，文献[25]声称 Loihi 是第一个通过基于微码学习规则引擎实现片上学习功能的芯片。在每个学习阶段，突触权重根据某些可编程学习规则进行学习。通过这种方案，可以实现基本的成对 STDP 和其他更高级的学习规则。

在微体系结构方面，Loihi 中的所有逻辑都是以异步捆绑数据设计风格实现的[24]，它允许以事件触发的方式生成、传输和消耗脉冲。这种异步实现的方式对系统的功耗有较大的影响，利用异步逻辑，自动应用活动门控，从而消除了连续运行的时钟网络所消耗的过多功率。尽管也可以通过在同步设计中精心设计的分层时钟门控方案来降低时钟功率，但事件驱动的异步电路更方便。此外，异步设计有效地消除了对时序余量的需求，因为一切都以各自的时钟运行，消除时序上的余量设计通常被认为是异步的最吸引人的功能之一，其在降低功耗方面有明显的优势[26]。

Loihi 采用 14 纳米工艺制造。芯片尺寸为 $60mm^2$ 的芯片包含 128 个神经形态核心和 3 个 x86 核心。Loihi 总共包含 16MB 的突触内存，当使用最密集的 1 比特突触格式时，每平方毫米可提供 210 万个唯一的突触变量。据报道，这个数字比 TrueNorth 高 3 倍以上，后者已经被称为非常密集的 SNN 芯片。据报道，Loihi 的神经元密度是 TrueNorth 的 1/2 倍。神经元密度的降低可能归因于 Loihi 中扩展的功能集[24]。

为了证明 Loihi 在解决大规模并行化问题方面的优越性，对 L1 最小化问题进行了基准测试，与运行数值求解器的基准 CPU 相比，在问题的规模很大时，Loihi 的能耗是传统芯片的 1/5760。为了允许使用 Loihi 实现更多算法，还开发了基于 Python 的 API，它使研究人员和开发人员能够快速实现 SNN 并将其映射到硬件上，以进行学习和推理。通过引入此工具链，预计 Loihi 将在不久的将来找到更多有价值的应用程序。

5.2.2　中小型数字脉冲神经网络

除了 5.2.1 节所述的针对各种问题的许多大型通用 SNN 硬件外，还有许多努力致力于在现场可编程门阵列（FPGA）或 ASIC 上开发相对小型的数字 SNN 硬件。其中一些工作主要是开发 SNN 的模块，而其他工作则更多地关注系统级的学习能力。在本节中，将基于这两个主题简要回顾一些示例。

5.2.2.1　自下而上的方法

与 ANN 相比，SNN 的基本单元通常具有非常复杂的神经动力学。在 ANN 中，神经元是无记忆的求和节点，其输出抽象为激活信息，可以方便地存储在内存中。突触的运算可以很好地以乘法器来实现。因此，对 ANN 的评估通常是一系列乘法累加加运算，并带有一些基于非线性运算的查找表。因此，大多数研究都集中在如第 2 章所述的数据流和计算的安排上。在 SNN 中，即使对于简单的 LIF 神经元，神经元也具有更复杂的动力学，更不用说其他生物学上更可行的神经元，例如 Izhikevich 模型和 Hodgkin-Huxley 模型。此外，在 SNN 中起重要作用的突触可塑性也需要特殊处理。因此，与基于硬件的 ANN 相比，对于实现硬件 SNN 的神经元和突触等基本构建模块有更多设计方式，因此一旦这些基本组件设计结束，便可以构建脉冲神经元网络。

硬件 SNN 中最流行的神经元模型可能是 LIF 模型，因为它简单易用[27-30]。由于最基本的 LIF 模型在产生某些生物学上可行的响应方面的能力有限，因此存在许多 LIF 模型的变体，这些变体的动力学更为复杂。几种与 LIF 相关的神经元模型已经实现并进行了比较[29]，正如人们预期的那样，神经元模型的复杂程度与其相关的计算效率之间存在明显的关系。最简单的线性 LIF 神经元模型需要的操作少于具有递减的突触电导的更复杂的 LIF 模型的十分之一的操作。

即使许多数字 SNN 依靠输出二进制事件的简单 LIF 神经元模型，也需要花费大量精力来开发有效且灵活的脉冲神经元，这些神经元可用于更精确地模拟生物 SNN[31-34]。例如，Lee 等人[33]确定了存在于各种神经元模型中的五个类别中的 12 种生物学共有特征。在发现共同特征的情况下，设计并集成了实现这些特征的数据路径，以形成一种灵活而有效的数字神经元 Flexon，可用于模拟大规模 SNN。

文献[28]中提出了一项有趣的工作，目的是打破李比希定律。Wang 和 Schaik 注意到，实际上所有现有的神经形态硬件系统都受到系统中最短供应中组件的限制。为了解决此问题，使用了一种通用配置组件的策略，该通用组件可配置神经元、突触或轴突。该策略基于以下观察结果：神经元、突触和轴突均需要类似的资源例如本地存储器，可以使用 SRAM 阵列实现。原型是在 28nm 技术中实现的。尽管该设计中的组件具有通用性质，但据报道，神经元和突触密度以及能效与专用组件所能达到的相当[28]。

5.2.2.2　自上而下的方法

除了基本的构建块外，近年来还提出了许多针对各种学习算法或任务进行了优化的硬件体系结构。比如：有一个神经形态处理器执行深度脑神经中的无监督的在线脉冲聚类任务[35]；一种具有低精度突触权重的神经形态芯片，可通过 STDP 学习方法进行自动关联[36]；一种进行特征提取的稀疏学习的低功耗神经网络 ASIC[37]；以及一些其他的应用[38-42]。

如前几节所述，SNN 的最重要特征之一是稀疏性。文献中的许多硬件体系结构都试图通过利用这种稀疏性来提高系统性能和能效。例如，在 Minitaur(一种用于 SNN 的事件驱动的 FPGA 加速器[43])中，用于更新膜电压的算法是事件触发的。该算法根据输入的脉冲时序将未处理的脉冲存储在队列中，然后处理单元评估队列中的脉冲，并更新目标神经元的膜电压。当在更新膜电压的过程中产生新的脉冲时，新产生的脉冲被发送到脉冲时序队列。这种架构类似于图 5.3 中所示的架构。它利用了 SNN 的事件触发特性，具有高度可扩展性和灵活性。该加速器可实现每秒 1873 万个后突触电流，同时仅消耗 1.5W 的功率。

利用 SNN 中稀疏性的另一个例子是针对稀疏学习的数字 ASIC[37,39]，这是 Kim 等人在密歇根大学开发的。ASIC 实现了一种称为 SAILnet 的特定学习算法，该算法在文献[44]中提出。稀疏学习的目标是学习给定输入的稀疏表示，网络中的神经元通过网格连接，由于稀疏学习是在芯片上进行的，因此预期神经网络的活动性较低。为了利用稀疏的脉冲串，选择的网格结构的大小要足够小，以使同一聚类中脉冲的冲突率很低，并因此不再设计仲裁方案，且这种无仲裁总线对芯片的性能影响很小。文献[37]还探讨了内存分区对推理过程中的功耗的影响。设计中的突触权重记忆分为核心记忆和辅助记忆，在学习和推理阶段均使用核心记忆，而仅在学习期间才需要辅助记忆，这是由于所需的精度导致学习和推理的差异很大。

文献[37]中提出的芯片依赖于无监督学习，不能直接进行对象识别。在文献[40]中，分类器与稀疏特征提取推理模块集成在一起以形成对象识别处理器。但由于在文献[37]和文献[40]中使用的网络是全连接网络，因此输入图像的大小受到一定的限制。为了解决更大的问题，同一小组在文献[38]中展示了卷积稀疏编码加速器。通过共享核心权重，加速器能够支持最大 15×15 的核心大小和最大 32×32 的图像大小。

5.2.3　脉冲神经网络中的硬件友好型强化学习

本节将介绍在文献[45]中提出并在 4.2.4 节中概述的算法所对应的硬件体系结构，图 5.20 为该体系结构的高级描述。片上存储器根据访问的频率分为两部分，存储器 A 和存储器 B 可以分别在 tick 和每个单位间隔被访问，tick 和单位间隔的定义如图 5.21 所示。tick 是指根据 TrueNorth 中的约定[12]，允许神经元发生脉冲时的最小时间分辨率，而单位间隔是抽取的时间单位。存储器 A 存储需要频繁访问的数据，例如突触权重和原始脉冲时序信息。存储器 B 存储以较低频率访问的数据，例如抽取的脉冲时间(ST)信息。

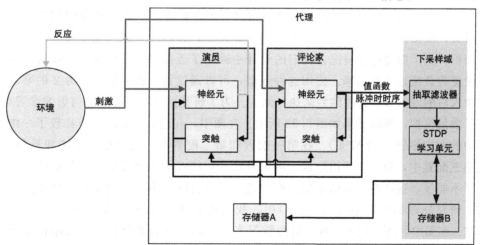

图 5.20　基于 STDP 学习规则的演员–评论家强化学习的硬件体系结构。演员和评论家是两个具有相同输入的 SNN。存储器 A 和存储器 B 根据它们被访问的频率进行分区。存储器 A 存储突触权重和 tick 级的脉冲时序信息，并且可以在每次 tick 时读取或写入。存储器 B 存储抽取的脉冲时序信息，其访问机会远小于存储器 A[45]。经 IEEE 许可转载

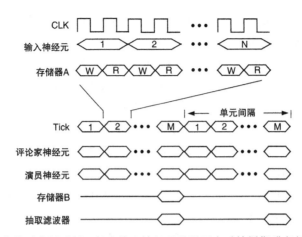

图 5.21   硬件体系结构的时序图示例。每个输入神经元需要两个时钟周期进行评估：一个周期用于读取权重，另一个周期用于写入脉冲时间信息。所有神经元的状态在每次 tick 时都会更新，下采样域中的块以较低的频率运行[45]。经 IEEE 许可转载

图 5.21 给出了系统的时序图，在一个 tick 中，将扫描所有输入的神经元。需要两个时钟周期来评估每个输入神经元。在第一个时钟周期内，如果正在评估的输入神经元在当前或最后一个 tick 中出现脉冲，则从存储器中读出突触权重。在第二个时钟周期内，ST 字段被更新。在当前设计中，使用了虚拟神经元，即在神经元之间共享所有算术电路，例如神经元模型中所需的加法器和比较器。尽管如此，利用网络的并行性，可以通过花费更多的计算资源来加快计算速度。对于每个单位间隔，对评论家神经元的输出进行过滤和抽取，然后计算时间差（TD）误差并相应地更新突触权重。从存储器 B 中读取此过程所需的 ST 信息。在图 5.21 中，显示出存储器 B 的过滤和访问发生在每个单位间隔的最后一个 tick 中。然而，这些操作实际上可以以时间交错的方式分布在一个单位间隔上，以减少关键路径延迟并节省硬件资源。

在 4.2.4 节概述的算法中，需要除法运算，定点数除法运算在硬件中实现时，运算相对昂贵，该操作可能需要几个时钟周期才能完成，否则需要流水线分频器，这会占用很多面积。为了避免这种情况，我们的设计中采用了近似除法。使用近似除法，我们将除数设置为最接近的 2 的幂。使用这种近似，可以通过首先将除数舍入为 2 的幂，然后根据舍入后的除数来移动被除数来执行除法。为了研究这种近似除法如何影响学习性能，进行了数值模拟，所得结果如图 5.22 所示。在图中，我们在三组配置下比较了一维学习问题中的方均根误差（RMSE）。在第一配置和第二配置中，使用精确除法和近似除法，而在第三配置中，根本不使用除法。可以看到，用精确除法和近似除法获得的结果之间的差异不明显，这证明了近似除法的有效性。不进行除法而获得的结果似乎在图中效果相当。研究分母如何显示在式（4.25）中。我们比较图 5.23 中有除法和无除法获得的 RMSE。在图中，还比较了三种不同的学习率。我们注意到的趋势是，使用权重分母进行学习对学习率的敏感性较低。此外，在这种情况下，收敛过程也更加顺畅和快捷。相反，不进行除法的学习速度较慢并且对学习率敏感。尽管不是最佳选择，但在使用模拟突触的情况下，没有权重分母的学习可能还是有用的。在这种情况下，可能很难知道突触权重的确切值，这使划分不现实。5.3.5 节将更详细地考虑这种情况。

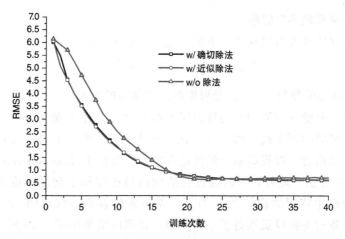

图 5.22　当使用确切除法、近似除法和无除法时，其 RMSE 的比较。与确切除法相比，近似除法不会产生明显的性能下降，无除法获得的结果稍差[45]。经 IEEE 许可转载

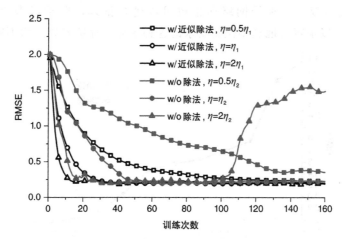

图 5.23　比较乘法 STDP 学习规则（w/除以权重）和不依赖权重的 STDP 学习规则（w/o 除以权重）的学习性能对比图。采用了三种不同的学习率[45]。经 IEEE 许可转载

如图 5.21 所示，我们系统中包含的大多数操作都与读取（处理器的加载操作）和写入（处理器的存储操作）有关。内存访问可能是系统中最耗能的操作，尤其是在使用大型内存阵列时。幸运的是，通过事件驱动的操作，显著减少了内存访问次数。即仅在出现脉冲时才访问内存，但是即使没有脉冲，每个神经元仍会在 tick 处进行评估，如图 5.21 所示。在下节中，我们将演示如何利用事件触发的神经元评估来提高吞吐量和系统的能效。图 5.24 说明了存储器 A 和存储器 B 中每个字的内容。存储器 A 在抽取前存储突触权重和 ST 信息，而

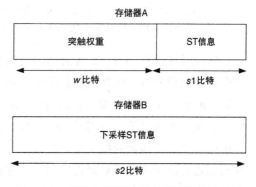

图 5.24　系统中使用的每个存储器的内容。存储器 A 存储 w 比特权重和 $s1$ 比特的 ST 信息。存储器 B 存储 $s2$ 比特的下采样的 ST 信息[45]。经 IEEE 许可转载

存储器 B 存储下采样的 ST 信息。

系统对于内存的要求可以利用以下公式进行简单估算：

$$N_{\text{weight}} = \prod_k N_k (1 + N_{\text{action}}) w \tag{5.4}$$

其中 N_k 为相关状态的数目，N_{action} 是可能的反馈状态的数目。

显然，内存需求受众所周知的维度诅咒的影响[46]。为了避免大型内存阵列带来的速度和能耗损失，可以利用现代处理器中采用的层次内存结构。此外，可以逐次进行划分并放置在处理单元附近，以提高系统的性能和能效，类似于 TrueNorth 芯片[12]采用的第 2 章中讨论的硬件方法。此外，可以通过自适应内核压缩每个问题维度的大小，类似于在径向基函数网络中使用的内核[47]。为了提供确定代表突触权重的 NOB 的指导方针，针对一维学习任务对突触权重进行了参数模拟。得到的结果如图 5.25 所示。可以得出结论，表示突触权重所需的精度随任务类型的变化而变化。学习过程需要较长的比特数来表示权重。这样的结论与在第 2 章中讨论的 ANN 硬件中观察到的结论是一致的。即使仅使用几位来表示权重，神经网络通常也可以进行推理，但学习需要更多的位。如 5.2.2 节所述，可以很容易地利用位宽要求的这种差异将存储器划分为不同的存储体[37]。

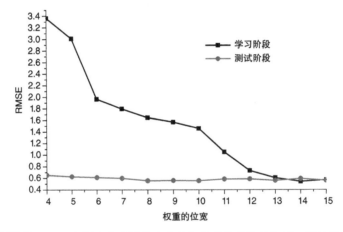

图 5.25　评论家网络的 RMSE 与用来表示网络中突触权重的比特数的比较。经过训练的网络仅需少量比特数便能完成一项任务，而成功学习则需要更多的比特精度。这主要是因为在学习过程中需要积累很小的权重变化，这需要高分辨率的权重[45]。经 IEEE 许可转载

脉冲时序信息 s1 和 s2 所需的字长随抽取滤波器和下采样率的选择而变化。在此设计中，级联积分梳状(CIC)滤波器用于 stdp_{ij}。这样的选择有助于减少内存需求。当使用一阶 CIC 滤波器时，需要 $\log_2 M$ 个 NOB 来表示存储器 A 中的 ST 信息，其中 M 是下采样率；在这种情况下，s2 等于 $(N_{\text{tap}}/M+1)\log_2 M$，其中 N_{tap} 是有限脉冲响应(FIR)滤波器中用于状态值函数的抽头数。存储器 B 用作脉冲时序信息的数据缓冲器。与缓冲区关联的延迟有助于匹配因对评论家网络的输出进行滤波而导致的组延迟。ST 字段的最坏情况下的内存要求类似于式(5.4)中所示。唯一的区别是公式中的 w 被 $(s1+s2)$ 所代替。如果可以利用 SNN 中的稀疏性，则可以大大减少内存需求。更具体地说，在我们的问题中，大状态空间中只有少数状态在特时序间段内处于活动状态。换句话说，$\text{stdp}_{ij}(t)$ 只有一部分不为零。因此，可以创建缓存结构来保存脉冲时序信息。每当脉冲到达时，如

果条目已经在缓存中，则将更新现有的脉冲时序信息，否则将创建一个新条目。下一节将详细说明这一想法。

5.2.4 多层脉冲神经网络中的硬件友好型监督学习

在本节中，为 4.3.5 节中介绍的学习算法提供了一种有效的硬件体系结构。本节中的内容基于我们以前的相关工作[48]，有更多的补充结果和更深入的讨论。为了使硬件更高效，对原始算法进行了许多修改。还介绍了几种设计技巧，以利用 SNN 中的固有模式和提出的学习算法来提高能效。

5.2.4.1 硬件架构

5.2.4.1.1 自适应算法

在本节中，首先引入一些改进和简化以改善系统的性能和能效。为了研究新提出的思想，MNIST 基准用于评估所提出算法的适应性和技术的各个方面。将原始的 28×28 图像下采样为 16×16 图像，以减小网络规模，这样的安排有助于加快模拟过程，并使我们能够在合理的时间内完成评估。图 5.26 中将来自下采样数据集的几个数字与标准 MNIST 数据集中的原始图像进行了比较。可以注意到，下采样保留了图像的主要特征。我们在本节中研究的神经网络是一个三层网络，具有 256 个输入神经元、50 个隐藏神经元和 10 个对应于 10 位数字的输出神经元。

原始MNIST图像（28×28）　　下采样MNIST图像（16×16）

图 5.26 原始 MNIST 图像与下采样 MNIST 图像的比较。下采样后的图像保留了手写数字中的大多数特征，而与图像尺寸的减小无关[49]。经 IEEE 许可转载

硬件神经网络中的存储单元可以轻松控制系统的面积和功耗。因此，总是希望最小化存储突触权重所需的存储量。因此为了研究在选择突触权重的位宽时存在的权衡，进行了参数研究。图 5.27 比较了 SNN 在表示突触权重时使用不同位数的测试精度，在这组测试中，网络的最大权重保持为 1023，权重的分辨率得到统一。从图中可以看出，需要 20 位的位宽以避免系统性能显著降低。此结果与机器学习中广泛使用的经验值相符，权重更新应保持在权重本身的大约 10^{-3}。对于诸如手写数字识别之类的任务，权重动态范围为 10^3 就足够了。因此，在考虑了权重更新分辨率之后，选择了 $1\sim10^6$ 的权重范围，即字长为 20。我们在设计中选择了 24 作为权重存储器的位宽，以留出一些余量。

在原始学习算法中，需要如第 4 章中的式(4.51)和式(4.52)所示的除法运算。项 $(1-\overline{x_i^l})$ 可以近似为 1 而不会引入显著误差，尤其是考虑到 SNN 中的脉冲通常很少时。

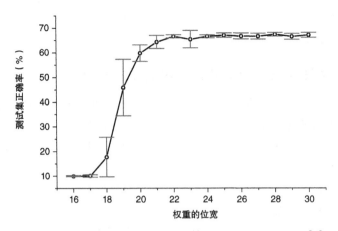

图 5.27   缩短突触权重的位宽对分类结果的影响。20 位的位宽足以执行学习[48]。经 IEEE 许可转载

对于其他除法运算，可使用 5.2.3 节中介绍的近似除法。除法运算中的除数可以近似为：

$$w_{ij}^{lt} = \text{sgn}(w_{ij}^{l}) \cdot 2^{\left\lfloor \log_2 \left| w_{ij}^{l} \right| \right\rfloor} \tag{5.5}$$

其中 sgn($\cdot$)表示符号函数。在式(5.5)中，以 w_{ij}^{l} 为例，同样的想法也可以用于 $\overline{x_i^l}$。近似除法运算可以实现为低成本的舍入和移位运算，这可以大大降低硬件复杂度以及系统功耗。

如 4.3.5 节所述，随机不应度有助于提高学习效果。在提出的耐火机制中，很少会出现两个连续的脉冲，因此式(4.40)中的项$(1 - x_i^l(n - T - 1))$可以省略以降低实现的复杂度。在简单的实现中，需要随机数生成器以在不应期实现这种随机性。可以利用系统中的伪随机性来实现类似的不应性效果，而无须实际使用真实/伪随机数生成器。注意，仅当神经元正发动时才需要随机性，以帮助确定该神经元是否应由于不应度而保持沉默。因此，我们可以使用膜电压的最后几位数字作为随机性的来源。

图 5.28 比较了采用上述简化方法的神经网络所达到的测试精度。从图中可以看出，对基准算法的任何修改都不会引起明显的性能下降。

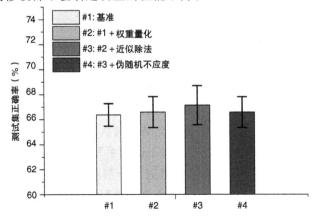

图 5.28   比较原始算法中提出的简化方法所获得的识别率。在基准学习算法上提出的所有简化算法都没有明显降低学习性能[48]。经 IEEE 许可转载

5.2.4.1.2　层单位

图 5.29 给出了神经网络层的示意图。这里使用的体系结构是图 5.2 和图 5.3 中所示的抽象概念的实现。该层的输入是代表来自上一层的脉冲的地址。在发生新的脉冲事件时，将从权重内存中读取相应的突触权重，并更新该层中每个神经元的膜电位。在转发来自当前层的所有脉冲之后，评估该层中神经元的状态。然后采用优先级编码器将输出脉冲编码为相应的地址。

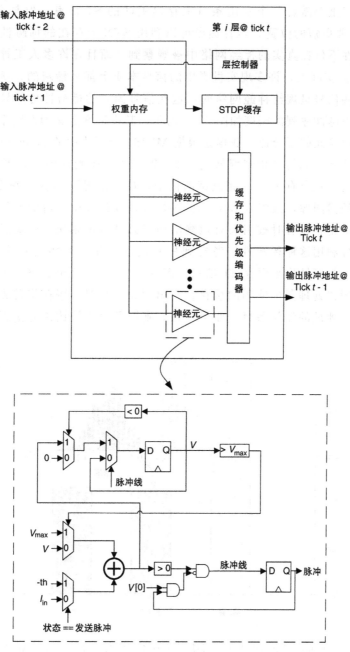

图 5.29　神经网络层的示意图。网络的输入是来自上一层的脉冲神经元的地址。优化了神经元电路，以尽可能多地重用神经元中的加法器，以节省面积和能耗

所提出的神经元电路如图 5.29 所示。由于加法器通常是脉冲神经元中最笨重且最耗电的组件，因此此处的目标是最大限度地减少加法器的数量。在提出的神经元电路中，仅需要一个加法器和三个比较器。在这些比较器中，其中两个是琐碎的符号检测器。

5.2.4.1.3　稀疏性

在提出的学习算法中，需要存储器来存储 ST 信息以便估计梯度。传统的实现方式中，每个突触权重都需要一个专用条目来存储关联的 ST 信息，但与突触权重相比，ST 信息通常需要更短的位宽。学者提出可以利用 SNN 中存在的稀疏性来减少所需的内存量。稀疏性不仅在真实的神经网络中被观察到，而且在许多人工神经网络中都得到广泛应用[51]。实际上，许多现实世界中的信号本质上都是稀疏的，例如图像、音频和视频。当这些信号呈现给神经网络时，这些信号固有的稀疏性可能导致神经元的稀疏激活。网络中脉冲序列的密度如图 5.30 所示，其中密度定义为在整个推理期间实际输出了脉冲的神经元的百分比。数据是根据 MNIST 测试集中的 10 000 张图像生成的。如图所示，脉冲神经元的平均密度低至 0.2。即对于一张测试图像，平均只有 20% 的神经元是活跃的。在所有 10 000 张测试图像中，最坏情况下的脉冲密度为 0.4，即对于测试集中的任何图像，最多激活 40% 的神经元。在仿真中，对隐藏层单元的稀疏性没有要求，稀疏正则化有时被用来对隐藏层神经元进行正则化，以满足特定的稀疏度目标。为了充分利用这种稀疏性，考虑到只有最近活动的突触具有非零的 ST 字段，我们提出了一种缓存结构来保存 ST 信息。图 5.31 展示了这个想法，该缓存结构的操作原理类似于现代处理器中使用的缓存。当出现新条目时，缓存将首先搜索缓存中是否存在具有相同地址的任何条目。如果存在，则旧条目将被读出并更新；否则创建一个新条目。

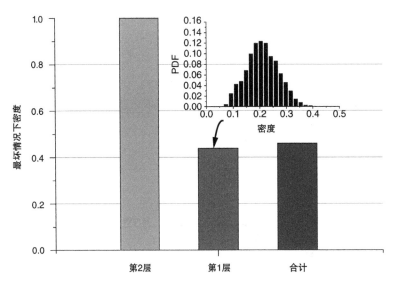

图 5.30　在 10 000 张测试图像上，所使用的神经网络的稀疏性。由于 MNIST 图像的稀疏性质，输入层具有最高的稀疏性[48]。经 IEEE 许可转载

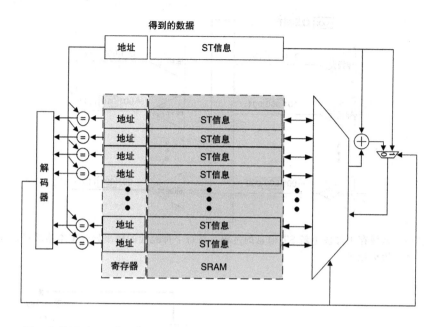

图 5.31 用于存储活动 ST 信息的缓存结构图。与最近活跃的突触相关的 ST 信息存储在完全关联的缓存中，每个突触都有一个唯一的标识符，该标识符记录在地址字段中[48]。经 IEEE 许可转载

5.2.4.1.4 后台的 ST 更新

在提出的学习方案中，需要在运行时收集和更新 ST 信息，对不同的更新频率有不同的更新策略。一种极端情况是将所有神经元的所有脉冲时序存储在缓存中，并在迭代结束时用新数据刷新 STDP 缓存一次，这种方法需要很大的缓存来存储网络中神经元输出的所有脉冲信号。另一个极端是在出现脉冲时刷新 STDP 缓存，这样的方案避免了对大缓存器的需求，但是需要更频繁地更新。通过该方案，以相似的频率访问突触存储器和 STDP 缓存，但是突触存储器只需要读操作，而 STDP 缓存则需要读和写。因此，这种更新 ST 信息的方式不可避免地减慢了系统速度。为了在这两个极端之间找到平衡，我们提出了一种后台 ST 更新方案，该方案可以在后台隐藏 ST 信息的更新过程，同时减小保持脉冲时间所需的缓存大小。

基本思想和电路原理图分别如图 5.32 和图 5.33 所示。使用神经元局部的缓存来保持来自神经元的脉冲。这些脉冲时序将在适当的时间进行处理并更新到 STDP 缓存。为了确定刷新 STDP 缓存的适当时间，使用如图 5.34 所示的有限状态机（FSM）来控制更新，其思想是仅在膜电压更新时进行 ST 更新。通过以上条件，我们在后台隐藏更新 ST 字段的延迟。在某些情况下，必须执行 ST 更新。一个示例是达到缓存容量时的上限。在这种情况下，FSM 会发出"紧急"标志，并且强制执行 ST 更新。显然，可以通过选择足够大的缓存大小来避免这种异常。图 5.35 比较了使用不同缓存深度时每个刻度的周期数，图中的虚线是完全不进行 ST 更新的参考。当缓存较浅时，由于系统必须等待 ST 更新完成，因此 tick 的持续时间会延长，一旦缓存大小达到 5，ST 更新对延长 tick 持续时间的影响就很小。

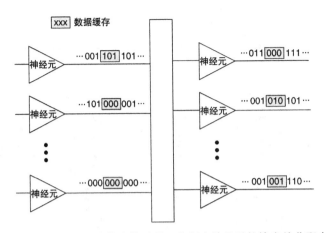

图 5.32   利用本地缓存来加快更新 ST 信息的过程。在每个神经元的输出处分配本地缓存，以临时保存脉冲历史记录

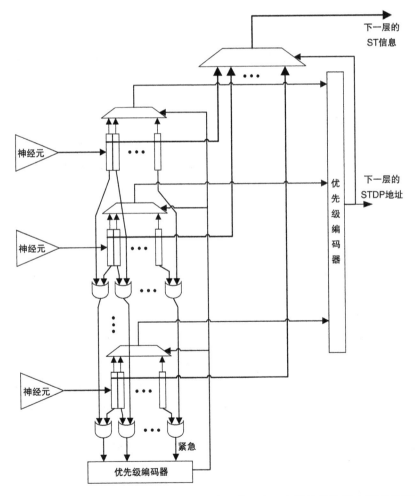

图 5.33   后台 ST 信息更新的示意图。通过优先级编码器，有一个指针始终指向缓存的第一个元素。当缓存已满时，将设置"紧急"标志，该标志会强制更新 ST 高速缓存，以避免数据丢失[48]。经 IEEE 许可转载

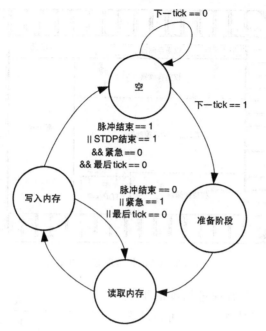

图 5.34 后台 ST 更新调度程序的状态图。当前正在进行神经元评估时,调度程序将尝试执行 ST 字段更新

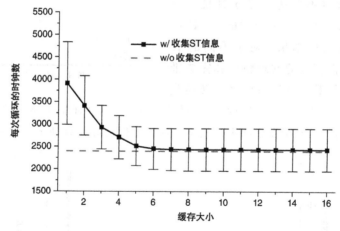

图 5.35 比较不同缓存深度对时钟周期数的影响。当缓存的大小达到 5 时,更新 ST 信息的过程不会明显影响系统吞吐量[48]。经 IEEE 许可转载

5.2.4.2 CMOS 实现结果

提出的硬件架构以 65nm 技术实现。前面几节中提出的所有改编和技术也都包括在内。芯片的平面图如图 5.36 所示。包括焊盘在内,该芯片面积为 $1.8mm^2$。SRAM 阵列实现的突触权重存储器占据了大部分区域。还应注意的是,STDP 缓存与权重存储器相比要小得多,表 5.1 给出了估计的功耗细分。这些数字是从映射后的门电路估计的,该表中标注了从门级仿真获得的电路切换活动。从表中可以看出,大部分功率都在网络的第二层中消耗。这是因为该层包含大多数突触,因此也包含网络中的大多数突触操作。此外与学习过程相比,推理消耗的功率较少,因为不需要在推理模式下更新 ST 信息和突触权重。

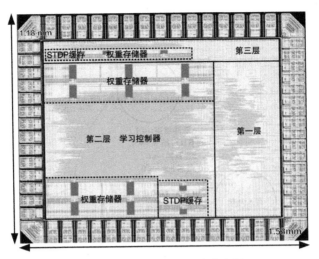

图 5.36   CMOS 实现芯片的布局

如 5.1.3 节所述，具有渐进精度的推理是 SNN 的非常有用的功能之一。它可以动态调整不同任务所需的精度，以节省能量和推理时间。这相当于为设计人员提供了一个旋钮，可以在运行时不断优化系统性能。图 5.37 说明了使用 5.1.3 节中介绍的"1-K 脉冲"读出方案获得的结果。对于不同的 K 值，我们可以获得相应的推理精度和完成推理所需的时钟周期数，然后可以将其转换为

表 5.1   功耗分配

	推断阶段（mw）	学习阶段（mw）
合计	91.30	104.12
第 1 层	21.15	20.97
第 2 层	43.64	49.11
第 3 层	7.47	7.34
学习控制器	4.74	12.13
其他	14.3	13.28

来源：数据摘自文献[48]。经 IEEE 许可转载

推理延迟和能量。如图所示，可以在运行时基于每个图像为不同的 K 值配置 SNN 硬件，以便在能量/延迟和推理精度之间进行权衡。这种方便的旋钮有助于优化系统性能。

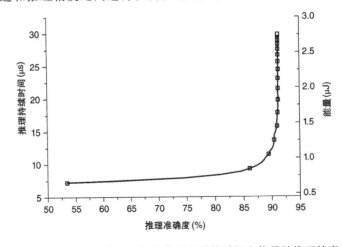

图 5.37   使用"1-K 脉冲"读出方案时，每次推理所需的时间和能量随推理精度的变化。通过改变 K 的值，可以很容易地权衡推理精度，以获得更快的推理速度和更低的能耗[48]。经 IEEE 许可转载

表 5.2 总结了 CMOS 实现的性能，并将其与文献[36]、文献[37]和文献[52]中最新的 SNN 实现进行了比较，能进行片上监督学习的多层神经网络是本工作的重点。

表 5.2　与现有技术的比较

	本工作	文献[37]	文献[52]	文献[36]
网络配置	256-50-10	256-256	484-256	256-256
突触位宽	24bit	8bit and 13bit	1bit	4bit
片上内存规模	358.3kb	1.31Mb	256kb	256kb
工艺	65nm	65nm	45nm	45nm
核心区域	$1.1mm^2$	$3.1mm^2$	$4.2mm^2$	$4.2mm^2$
电压	1.2V	1V	0.85V	—
时钟频率	166.7MHz	235MHz@学习，310MHz@推理	1kHz	1MHz
功耗	104.12mW@学习 91.3mW@推理	228.1mW@学习 218mW@推理	45pJ/spike	—

来源：数据摘自文献[48]。经 IEEE 许可转载

5.3　模拟/混合信号脉冲神经网络

虽然可以使用现代 CAD 工具方便地实现 5.2 节中讨论的数字 SNN，并且它们通常会从技术扩展中受益，但另一方面，模拟 SNN 通常可以变得更紧凑[53]。这种密度优势对实现大规模神经形态系统非常有帮助，因为大规模应用通常需要数百万甚至数十亿个神经元。另外随着许多新兴技术的兴起，近年来开发了各种模拟 SNN 芯片，例如忆阻器有望在采用模拟计算时实现更低的功耗[53]。

5.3.1　基本构建块

神经元和突触是 SNN 的基本构建块。如 5.2.2.1 节所述，构建硬件 SNN 系统的重要步骤是开发其基本构建块，例如神经元和突触。图 5.38 从概念上说明了文献中常用的典型 LIF 神经元。将从突触前神经元注入的电流相加并积分到电容器上，该电容器用于存储神经元的膜电压。通常使用比较器来确定神经元是否应该发送脉冲。根据不同的实现方式，该比较器可以是时钟再生比较器，也可以是非时钟运算放大器。除输入外，电容器上存储的电荷还可以通过两条路径放电。一个路径是泄漏路径，该路径可以模拟泄漏电流。另一条路径是用于模拟复位操作和不应度的电流源，一旦神经元的膜电压超过阈值电压，就会发射一个电压脉冲，并将其用作重置膜电压的触发器。此外在非时钟设计中，需要比较器中的磁滞[54]或在复位路径上有足够的延迟才能正确复位膜电压。可以通过使用诸如电容器之类的存储元件控制复位电流源来进入不应期，该存储元件可以暂时保存神经元刚刚发放脉冲的信息[55-56]。即使图 5.38 所示的电路仅实现了基本的

LIF 神经元模型，也可以通过在该电路中添加更多组件来实现许多生物学上合理的功能。例如，在文献[56]中引入了另一个存储元件来实现脉冲频率适应的效果。更复杂的神经元模型，例如霍奇金-赫克斯利模型，也已经使用各种电路设计技术在硅片上得到了证明[57-59]。复杂的神经元模型通常在需要对神经元活动进行详细建模的应用中有较大的参考作用。

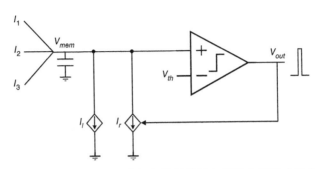

图 5.38　典型的模拟 LIF 神经元。将输入电流相加并积分到电容器上以形成膜电压，当膜电压超过阈值时，比较器输出一个脉冲，复位电流源用于复位膜电压并进入不应期

　　许多基于 CMOS 的模拟 SNN 或者动态地将突触权重存储在电容器[54,56,60]上，或者静态地存储在 SRAM 单元中[61]。有时也可以使用非易失性存储器（NVM）来存储权重参数[62]。基于电容器的突触具有紧凑的优点，但是会遭受泄漏。因此，这种类型的突触在实现某些突触可塑性的系统中更为常见，因此可以偶尔更新和刷新存储在电容器上的突触权重。在模拟系统中更新这些突触的权重也比较容易，因为可以将模拟信号直接施加到电容器上。权重通常通过对相应的电容器充电或放电来修改[54,56,60,63-64]。另一方面，基于 SRAM 的突触往往会占用更大的面积，但只要系统处于供电状态，它就可以保持不变。使用数字内存的另一个缺点是，不可避免地需要量化权重，这可能会降低系统性能。

　　能够根据 STDP 协议改变权重的突触受到了最广泛的关注[54,56,60,62-68]，因为 STDP 学习被认为是生物学 SNN 的基本学习机制。图 5.39a 显示了一个模拟突触的示例，实现了典型的 STDP 协议，突触权重可方便地存储在电容器上，电容器上的电压代表所存储的突触权重的值，该信息通过跨导放大器转换为突触电流。取决于该放大器的电导是否是突触后神经元的膜电压的函数，可以实现基于电导的突触或基于电流的突触。STDP 协议可以通过两个泄漏积分器来实现，该积分器用于保存最近发生的脉冲信息[54,56,64-65]。图 5.39a 所示的泄漏积分器由跨导放大器、电容器和电阻器组成。当突触前/突触后脉冲到达时，在积分器的输出处会形成指数衰减的电压迹线，然后将电压迹线转换为电流并由相应的突触后/突触前脉冲进行采样，如图 5.39b 所示。根据突触前和突触后脉冲的相对时间，存储在权重上的电压会相应变化。

　　除了长期可塑性外，许多研究人员还探索了短期可塑性。例如，在文献[69]中报道了具有降低响应的动态电荷转移突触的电路。受控制电压调制的抑制行为，控制突触电荷的恢复时间以在超过四个数量级的突触前脉冲频率范围内产生抑制作用。这与生物上观察到的神经元行为极其相似。

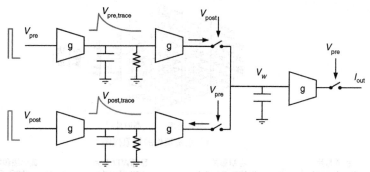

a）突触示意图。突触权重以电荷的形式存储在电容器上，跨导放大器在突触前脉冲时将此
电压转换为突触电流，两个泄漏集分器用于实现STDP协议

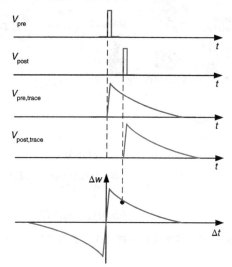

b）图示每个节点上的电压波形以及生成的STDP规则

图 5.39　实施 STDP 协议的模拟突触的示例

5.3.2　大规模模拟/混合信号 CMOS 脉冲神经网络

5.3.2.1　实时卷积 AER 视觉架构

CAVIAR 是 "实时卷积 AER 视觉架构" 项目的成果[70]。它是一个由几个模拟 ASIC 组成的系统。该项目的主要目标是建立具有生物启发性架构的硬件基础设施，并利用该基础设施来实现类似于大脑的计算。如图 5.40 所示，CAVIAR 系统主要由四个组成部分组成：一个时间对比视网膜、一个可编程卷积处理芯片、一个 "赢家通吃"（winner-take-all，WTA）目标检测芯片和一个学习芯片。

时间对比视网膜为野外移动的物体生成脉冲，这可以通过 128×128 像素的 CMOS 视觉传感器[71-72] 来实现。该视觉传感器是基于事件和数据驱动的，它可以实现超过 120dB 的宽动态范围、$15\mu s$ 的低延迟和 23mW 的小功耗。如此宽的动态范围使该传感器可以在不受控制的自然光线下使用。视觉传感器中的每个像素根据输入中强度的变化进行异步响应。视觉传感器的输出是脉冲地址事件，它既表示像素的地址，又表示有关输入强度是否有明显变化的信息。在像素电路中，用作跨阻放大器的感光器电路将光电流

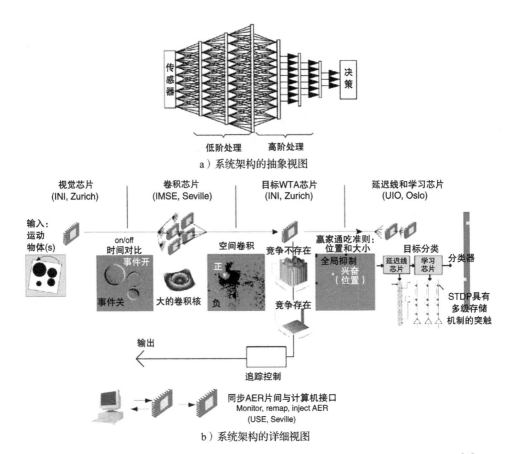

图 5.40   CAVIAR 系统的概述。该架构由硅视网膜、卷积芯片、WTA 芯片和学习芯片组成[70]。经
IEEE 许可转载

转换为电压，然后利用下面的差分电路来计算与对数域中像素强度差异成比例的电压。
产生差分电压后，将其与两个预定义的阈值电压进行比较，以生成"ON"和"OFF"信
号。使用这两个信号，可以近似重建实际图像，如图 5.41 所示。这种对信号进行编码的
方式类似用于数据传输的增量调制。当输入强度发生显著变化时，会产生脉冲，否则传
感器将保持静止状态。

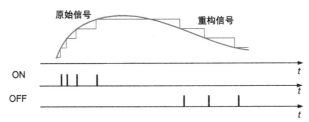

图 5.41   如何将时变模拟信号编码为事件驱动的位流。来源：摘自文献[71]。经 IEEE 许可转载

从硅视网膜产生的脉冲导致卷积处理芯片处出现一些问题。为此，使用了神经形态
皮质层处理芯片[73-74]。芯片计算以 AER 形式表示的二维输入数据的卷积，然后使用
AER 2-D WTA 芯片确定从卷积芯片输出的特征的位置和类型[75]，WTA 芯片首先对来
自特征图的输入执行 WTA 操作以确定最强的输入，然后执行另一次 WTA 操作以确定

最强的特征。由于仅保留有关最佳匹配特征的信息，因此 WTA 操作本质上是降维的操作。CAVIAR 中的学习是通过 AER 学习芯片进行的[70]，第一个芯片通过使用延迟线将时间扩展到空间维度，而另一个芯片则实现了基于脉冲的时序相关的学习规则[76]。

5.3.2.2　BrainScaleS

BrainScaleS 晶圆级系统是欧洲研究项目"具有突发状态的快速模拟计算（FAC-ETS）"及其后续项目"神经形态混合系统中脑启发式多尺度计算（BrainScaleS）"的成果，BrainScaleS 系统最引人注目的功能之一是其晶圆级集成。单个晶片上最多可以模拟 196 608 个神经元[77]，晶圆级集成背后的主要直觉来自系统所需的巨大通信带宽。FAC-ETS 项目的目标是将加速因子设为 10^3 到 10^5。通过这样做，可以在几百万秒内完成对具有数十亿个突触的神经系统进行建模的大规模神经网络的仿真模拟。这种激进的加速速率需要高达每秒 10^{11} 次神经事件的巨大通信带宽[78]。为了避免与所需的大量 I/O 焊盘相关的烦琐且昂贵的封装和印制电路板成本，使用晶圆级集成直接连接晶圆上的芯片。

BrainScaleS 系统的主要组成部分是高输入计数模拟神经网络（HICANN），其中包含混合信号神经元和突触电路。BrainScaleS 系统中使用的突触权重存储在 4 位 SRAM 单元中。基于精度与所需硬件资源之间的权衡选择了这种分辨率。结果表明，对于某些基准测试任务，4 位分辨率就足够了[79]。在 HICANN 中实施的神经元模型是所谓的自适应指数 IF 神经元模型，它能够生成各种脉冲模式[80-81]，由 384 个 HICANN 组成的全晶片系统可以实现大约 4500 万个突触和 20 万个神经元[82]。

由于大规模集成，通过 HICANN 芯片所需的 10mm 导线可看到约 2pF 的导线电容。如果使用常规的全幅数字信号传输神经事件，那么长的通信线将导致包含 450 个 HICANN 的系统的 1.7kW 功耗。为了降低功耗，HICANN 外部的每个地方都采用了低摆幅差分信号，与单纯的全摆幅机箱相比，这可以将功耗降低到原来的 1/300[78]。除了动态降低功率外，泄漏功率也得到了降低。通过这些技术，系统的平均功耗有望保持在 1kW 以下。

5.3.2.3　Neurogrid

Neurogrid 是斯坦福大学研究人员开发的神经形态系统[83]。它主要用于实时模拟大型神经模型。Neurogrid 是一个完整的系统，由用于交互式可视化的软件和执行实际计算的硬件组成。

神经网络中的神经元被实现为模拟电路，因为模拟神经元与其数字对应物相比要紧凑得多。神经元的大小对 Neurogrid 至关重要，因为 Neurogrid 的最终目标是模拟大规模神经网络。通过使用在亚阈值区域工作的晶体管，只需几个晶体管即可实现复杂的神经元模型。在亚阈值区域内偏置晶体管通常会导致工作速度降低，这是许多电路设计人员试图避免的情况。另一方面，这对于 Neurogrid 实际上可能是有利的，因为它的目标是大型神经系统的实时模拟，为了使硅神经元的时间常数与生物神经元的时间常数相匹配，可以利用流过亚阈值区域的晶体管的小电流来避免使用大电容[63,84]。这与 BrainScaleS 系统采用的方法不同，在该方法中，利用超阈值区域来获得较大的加速因子。

实现模拟神经元的一个缺点是所需的神经元模型与实际模型之间由于过程变化而导致的不匹配。通过在 Neurogrid 中进行校准可以克服这种不理想的情况。可以测量电路的四个响应，即动态电流、稳态电流、稳态脉冲速率和脉冲速率不连续性，并将其用于校准目的。

SNN 的基于事件的性质导致在非基于事件的模拟环境中进行低效的仿真模拟。Neurogrid 中使用了特殊的发送器、接收器和路由器来传达脉冲信息[85-87]。所有这些电路都是事件触发的异步电路，有助于在网络不活动时节省功率。在文献[83]中，Neurogrid 在仅消耗几瓦特功率的情况下实时模拟一百万个神经元，且比个人计算机的能效高五个数量级。

5.3.3　其他模拟/混合信号 CMOS 脉冲神经网络专用集成电路

除了主要针对模拟和建模生物神经网络的大规模模拟 SNN 外，在过去几年中还展示了许多定制的模拟 ASIC。虽然对于中小型硬件 SNN 而言，可扩展性可以很好地实现，但许多此类加速器仍使用基于 AER 的脉冲路由和基于事件的计算方案从而利用 SNN 中的稀疏性。例如，在文献[61]中提出了一种事件触发的体系结构，这项工作的主要动机是将快速数字电路与慢速模拟组件结合起来，以获得较高的整体性能。异步 SRAM 阵列用于存储突触权重，以进行事件触发的访问。为了桥接数字突触 SRAM 和模拟神经核，电流模式事件驱动的数模转换器用于产生突触电流。

对于较小尺寸的 SNN 加速器，即使它们可能无法像整个大脑一样模拟大型神经系统，它们也可以用于执行许多较小规模的学习任务，例如模式识别[88-89]、气味分类[90]、辅助心脏延迟预测[91]等。Mitra 等人在文献[88]中提出了一种用于实时分类任务的神经形态芯片。该芯片由 16 个神经元和 2048 个突触组成，该系统的学习是通过突触前权重更新模块和突触后权重控制模块在本地进行的。突触权重在每次突触前脉冲事件时增加或减少，具体取决于神经元膜电压的状态。突触权重的修改是通过对存储在电容器中的电荷进行充电或放电来实现的，类似于 5.3.1 节中讨论的方案。

另一个例子是可重构在线学习脉冲(ROLLS)神经形态处理器——一种能够进行在线学习的混合信号 SNN 硬件[89]。该系统包含 256 个神经元和 128K 个模拟突触。64K 突触用于长期可塑性的建模，而其他 64K 突触则用于短期可塑性的建模。ROLLS 神经形态处理器执行脉冲驱动的突触可塑性规则[92]。学习算法是基于脉冲时间、后神经元的膜电位以及最近的突触活动。ROLLS 处理器的所有操作都是通过异步地址事件流进行的。该芯片是通过 180nm 工艺实现的，其可以模拟大脑皮层神经元以及与脉冲视觉传感器一起进行模式识别[89]。

5.3.4　基于新兴纳米技术的脉冲神经网络

在第 3 章中，探讨了将新兴的纳米级 NVM 用作 ANN 的模拟突触的可能性。同样，最近的许多研究都集中在如何将这些设备应用到 SNN 中。与 ANN 相比，当考虑设备中的非线性时，在 SNN 中使用模拟突触会更加有利。这是因为许多 SNN 实质上利用一比特脉冲来承载信息，对于这样的一比特信号，模拟突触总是线性地表现。这与 $\Sigma-\Delta$ 调制器中的设计概念相似，其中通常首选 1 位数模转换器(DAC)，因为它始终是线性的。为了接近本书的主题，本节主要讨论使用纳米级 NVM 设备的 SNN 的算法和体系结构。感兴趣的读者可以参考文献[93]来回顾基于不同设备物理学的纳米级突触。

使用纳米级 NVM 设备实现神经形态系统的主要优势之一是可以实现高集成密度。与数字实现中广泛使用的 SRAM 相比，纳米级设备在充当突触时通常尺寸要小得多[53]。而且设备尺寸的优势非常重要，尤其是考虑到构建涉及数万亿个突触的类似大脑的机器的最终目标。使用 NVM 设备构建 SNN 与构建基于 NVM 的 ANN 有一些共同点，后者在第 3 章中进行了讨论。因此，本节仅讨论与 SNN 密切相关的方面。

5.3.4.1　节能解决方案

除了许多新兴的纳米技术所提供的更高的集成密度之外，这些基于 NVM 的突触的重要优势之一还在于高能效。这主要是因为当使用基于 NVM 的突触时通常可以有效地使用内存内计算。如第 3 章所述，内存内计算可以使计算流程直接在内存中进行，因此可以消除耗能的内存读取操作，有助于降低系统的功耗。

在 5.2.2 节中，讨论了通过数字 ASIC 加速稀疏编码。Sheridan 等人探索了以更高的能效加速此任务的可能性。在文献[94]中提出基于 WO_x 的忆阻器，用局部竞争算法来实现稀疏学习，输入图像通过脉宽调制编码方案被传送到忆阻器阵列的行接口。这样，注入忆阻器阵列中的电荷与输入图像像素的强度成正比，然后来自输入的电流流过忆阻器，并被输出神经元收集。通过这种方式，可以实现类似第 3 章中所示的矩阵-向量乘法方案。同为实现类似功能而实施的 CMOS 数字基准相比，忆阻器交叉开关在能效方面提高了 16 倍，同时在图像重建误差方面实现了类似的性能。

文献中还提出了许多基于自旋的神经元和突触，作为未来低功率神经形态系统的基础[95-104]。例如，在文献[104]中，Sengupta 等人利用自旋轨道驱动的畴壁运动来构建自旋电子突触，磁性隧道结(MTJ)由自由层(铁磁体)和固定层(隧道氧化物势垒)形成，通过移动畴壁的位置，可以在两个极限电导值之间调节 MTJ 的电阻，并通过流过 MTJ 下方重金属的电流来编程电导，以用类似的结构实现脉冲神经元。由突触重调的神经元通过畴壁的运动被神经元整合，将 MTJ 放在铁磁体的末端，以检测畴壁是否移动到设备的边缘。一旦畴壁移动到铁磁体的另一侧，参考 MTJ 就会切换到平行状态，这会产生输出脉冲。

这些基于自旋的纳米级设备[98,100-101,104]已经实现了许多不同的脉冲网络结构[105-106]，并且与软件基线相比，已经实现了类似的识别精度。除了善于保存分类正确率外，还经常报告极低的功耗。基于自旋的神经元和突触的低功耗优势主要是操作设备所需的低工作电压、低读取电流和快速编程时间的结果。例如，在文献[101]中通过模拟显示，流过铁磁-重金属双层电阻的电流仅消耗 5.7fJ 的能量，几乎比在 45nm 下实现的 CMOS 神经元所消耗的能量低两个数量级。

5.3.4.2　突触可塑性

作为 SNN 的重要特征，近年来基于 NVM 的纳米突触中的突触可塑性已成为许多研究人员的研究热点。对于文献中提出的许多忆阻器件，电导的编程是通过在器件两端施加电压来实现的，而且电压幅度需要达到一定的阈值才能改变器件的电阻。例如，在流行的 VTEAM 模型[107]中，忆阻器设备 s 的内部状态被建模为：

$$\frac{ds(t)}{dt} = f[s(t), v(t)] \tag{5.6}$$

$$s(t) = G[s(t), v(t)]v(t) \tag{5.7}$$

在式(5.6)和式(5.7)中，$v(t)$ 和 $i(t)$ 是施加在器件上的电压和电流，而 $G(s, v)$ 是忆阻器器件的电导，G 对 s 的依赖性反映了忆阻器的可编程性。通过更改设备的内部状态，可以相应地更改其电导率，G 对 v 的依赖性是对忆阻器器件的非线性特性进行建模，

函数 $f(s, v)$ 用于对忆阻器器件的内部状态如何根据施加的电压变化进行建模。在 VTEAM 模型中，此功能的形式为

$$
\frac{\mathrm{d}s}{\mathrm{d}t} = \begin{cases} k_{\mathrm{off}}\left(\dfrac{v(t)}{v_{\mathrm{off}}}-1\right)^{a_{\mathrm{off}}} f_{\mathrm{off}}(s), & 0 < v_{\mathrm{off}} < v \\ 0, & v_{\mathrm{on}} < v < v_{\mathrm{off}} \\ k_{\mathrm{on}}\left(\dfrac{v(t)}{v_{\mathrm{on}}}-1\right)^{a_{\mathrm{on}}} f_{\mathrm{on}}(s), & v < v_{\mathrm{on}} < 0 \end{cases} \tag{5.8}
$$

其中 k_{on}、k_{off}、a_{on}、a_{off}、v_{on} 和 v_{off} 是模型参数，而和 $f_{\mathrm{off}}(s)$ 和 $f_{\mathrm{on}}(s)$ 是窗口函数，用于表示状态变量的导数对状态变量本身的依赖性。通常用于将状态变量限制在合理范围内。

从式(5.8)可以看出，当施加电压的幅度小于阈值电压 $|v_{\mathrm{on}}|$ 或 v_{off} 时，状态变量随时间的变化为 0。因此，状态变量以及忆阻器器件的电导保持不变。在许多实验[107]中也观察到了这种特性，在这些实验中，编程电压需要达到一定的水平才能看到器件电阻的改变。这样的特征提供了利用忆阻器的便利方式。每当需要进行"读取"操作时（例如使用突触权重来更新膜电压），都应施加较小的电压以避免干扰存储的值，而当人们想要更改设备的电阻时则施加较大的电压，这样的操作模型在文献中被广泛使用。因此，许多研究人员在编程电导时利用这种非线性特性来实现突触可塑性[108-114]。为了帮助理解这一点，图 5.42 显示了一个简化的示例。在图中，突触被夹在两个神经元之间。在此示例中，使用稍微复杂一些的形状来表示脉冲。当两个脉冲相距很远时，突触前和突触后脉冲之间没有重叠，并且突触上的电压低于可触发变化的阈值电压。另一方面，当两个脉冲彼此接近时，这两个脉冲之间的重叠会在突触两端产生大于阈值电压的电压差。因此，可以相应地改变突触权重。

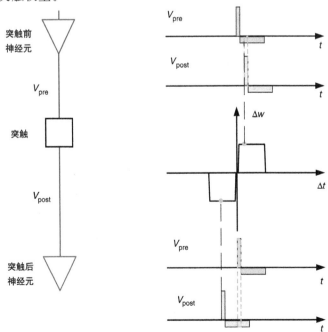

图 5.42　突触前和突触后神经元的输出如何实现突触可塑性。当来自两个神经元的脉冲重叠时，基于忆阻器的突触两端的电压大于阈值电压，因此突触权重发生了变化

密歇根大学的研究人员提出了关于基于忆阻器突触的 STDP 实验演示的最早工作之一[111]，采用时分复用技术用于神经元之间的通信，将三个时隙划分为不同的目的，例如传达脉冲、实现长期增强(LTP)和长期抑制(LTD)，突触前脉冲和突触后脉冲之间的重叠被利用来改变突触权重，典型的 STDP 协议中的指数形状是通过调整脉冲宽度来实现的。

从文献[108，113-114]可以看出，通过适当地设计突触前和突触后脉冲的形状，基于忆阻器的突触的权重更新大致遵循生物 STDP 的形状，这为实现基于 STDP 的方法提供了一种可行的学习方法。实际上，通过有意地操纵从突触前神经元和突触后神经元输出的动作电位之间的形状和重叠，可以调节流经忆阻器的电荷量，然后相应地改变忆阻器的电阻值。结果，可以获得具有不同权重改变特性的 STDP 协议。

在基于相变存储器(PCM)的人工突触中也证明了类似的概念。PCM 是另一种新兴的NVM 设备，近年来已针对神经形态应用进行了广泛的研究[115]。PCM 非常适合作为人工突触的主要特征之一是它具有被编程为介于非晶态(高电阻率)和结晶态(低电阻率)之间的中间电阻的能力[110,116]。在文献[110]和文献[112]中，STDP 用基于 PCM 的突触来实现。类似地，利用突触前脉冲和突触后脉冲之间的重叠来形成足够大的电压差，以改变细胞的电阻。

随机编程也可以用来实现可塑性，代替将设备的电导编程为中间值，只能在"ON"和"OFF"状态进行访问。在这种情况下，不仅可以使用这些二进制突触的集合来形成具有多级值的突触[117]，也可以直接使用二进制突触进行计算[102,118]。例如，在文献[102]中，MTJ 被用作 SNN 中的随机突触。采用简化的 STDP 规则对由 MTJ 突触组成的交叉开关阵列进行无监督学习。观察到成功的学习，并且由于学习中的反馈机制，该学习对设备变化的抵抗力也很强。

除了通过电路级技术实现 STDP 学习协议之外，还研究了直接设计设备的可能性[119-121]，二阶忆阻器效应已通过实验研究并得到证明[119-120]。结果表明，忆阻器是可以实现各种动态突触行为的动态装置。文献[122]中建立动态突触的另一个示例称为基于忆阻器的动态突触，利用两个忆阻器形成一个突触，其中一个忆阻器用于存储权重，而另一个则用作选择器。借助新近提出的动态突触，可以轻松地实现 STDP 和 ReSuMe学习。

5.3.5　案例研究：脉冲神经网络中基于忆阻器交叉开关的学习

5.3.5.1　动机

大多数模拟/混合信号神经网络遇到的最大问题之一是过程变化。如第 4 章所述，一种流行方法是将训练好的 ANN 转换为 SNN，从而使 SNN 具有智能性。尽管这种方法可以利用 ANN 领域内公认的理论和技术，但它常常无法达到最佳性能，尤其是对于基于忆阻器的 SNN 主要原因是忆阻器受器件变化的影响很大，而且训练时假设的设备参数与推理时的实际参数之间的不匹配可能会导致性能显著下降。因此，非常需要通过反馈来调整包含忆阻器的实际硬件的"在环芯片"配置。图 5.43 从概念上说明了这一点，当使用数字神经网络时，可以将通过数据中心中的训练获得的网络参数直接下载到移动设备以进行推理。不幸的是，由于严重的过程变化，这可能不适用于模拟神经网络。此外由于实际设备与用于训练的设备有所不同，下载的权重可能会产生错误的推理结果。缓解这种问题的一种方法是利用在线学习，并根据实际硬件微调权重。这种在线学习可以通过第 4 章中介绍的学习算法来实现。

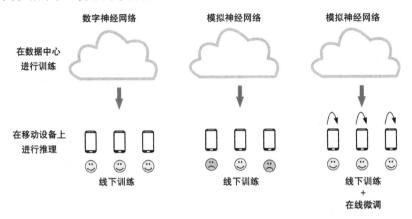

图 5.43   模拟/数字神经网络的不同训练和模型利用。在数字硬件中，由于数字系统中的一对一映射，可以在数据中心训练神经网络模型并将其下载到边缘设备。但是，模拟硬件会受到设备变化的影响，需要通过片上微调来补偿

在本节中，我们研究如何将 4.3.5 节中介绍的学习算法应用于基于忆阻器的神经网络。本节将讨论文献[49]中介绍的算法和硬件体系结构，以作为使用交叉开关结构实现模拟、混合信号 SNN 的案例研究。忆阻器设备和忆阻器网络的动态通常很难准确捕获，这给许多需要设备和网络的准确信息的学习算法带来了困难。所提出的算法非常适合这种情况，因为它不依赖确切设备参数的大量信息。大多数梯度信息可以从脉冲时序信息中获得，该信息可以从外部轻松观察到。即使 4.3.5 节中介绍的算法已经对硬件非常友好，但考虑到基于忆阻器的 SNN 的某些局限性，仍需要进行一些修改。

例如，在原始算法中，需要进行除法运算来进行学习。尽管将这种除法运算简化为近似除法（如 5.2.3 节和 5.2.4 节所述），但在基于忆阻器的神经网络中仍然存在问题，因为权重信息作为模拟值存储在忆阻器中。另一个例子是忆阻器设备，就其性质而言，只能代表一种类型的突触，即兴奋性的或抑制性的。但是，在原始算法中，没有这种限制。此外，与基于硅的器件相比，基于电阻性氧化物和金属纳米线的纳米级忆阻器存在明显的时空变化[123-124]。如何使用这些不可靠的设备进行可靠的计算也是一个需要解决的问题。

5.3.5.2   算法适应

图 5.44 说明了基于忆阻器交叉开关的 SNN 的一种典型配置，忆阻器位于水平线和垂直线的交叉点，网络中的神经元由图中的三角形表示。当神经元激发时，神经元发出电压脉冲，电流在交叉点流过忆阻器。在欧姆定律的帮助下，通过忆阻器的电导来加权注入突触后神经元的电荷，突触前神经元产生的电荷包在相应的突触后神经元的输入处累积。对于每个突触后神经元，当其膜电压超过阈值时会触发。显然，网络的突触权重与所使用的忆阻器的电导成比例。因此，人们总是可以缩放网络的参数，使得 w_{ij}^l 和 G_{ij}^l

的值相等。为了方便讨论，在本节的其余部分中，我们将这两个数量互换使用。

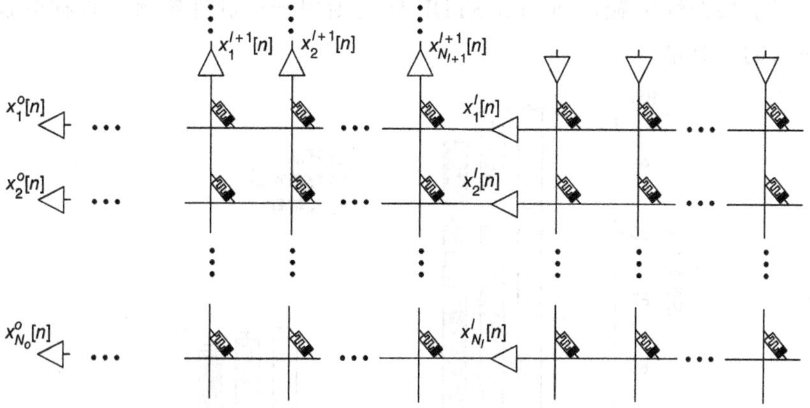

图 5.44　基于多层忆阻器交叉开关的脉冲神经网络的示意图。位于交叉点权重的忆阻器设备将施加的电压脉冲转换为电流，然后将其累积在神经元的输入处[49]。经 IEEE 许可转载

　　来自 SNN 的信息的编码和解码类似于在 4.3.5 节中所做的。为了简短地概括，将来自数据集的实际值作为增量膜电压注入输入层神经元中。网络中使用了对应于十个数字的输出神经元。学习的目标是训练 SNN，以使与正确的数字相对应的正确的输出神经元以高的脉冲密度发射，而所有其他输出神经元保持相对静止。通过计算输出层的误差并将误差传播回网络中的每个突触，可以实现此目标。为了评估训练后的网络，将测试集中的图像馈送到 SNN，并选择脉冲密度最高的输出神经元作为获胜神经元，并读出其相应的数字作为推理结果。

　　将原始学习算法直接映射到忆阻器交叉架构上的一个困难是原始算法中如何实现所需的除法运算。分母中的$(1-\overline{x_i^l})$项可以忽略，而不会引入太多误差，这是因为 SNN 中的脉冲串通常很稀疏，这使得$1-\overline{x_i^l}$的值接近 1。但另一方面，上述运算存在更多问题。由于突触权重以数字形式存储，因此可以以数字方式方便地执行这种划分操作。但在忆阻器网络中，权重作为模拟值存储在忆阻器设备中。因此，如何进行除法计算并且不通过读取和量化操作是不明确的。5.1.4.2 节对此进行了简要讨论，我们只需要在计算中包括突触权重的符号信息即可。在数学上，$\overline{\mathrm{stdp}_{ij}^l}/\mathrm{sgn}(w_{ij}^l)$用于估计学习中的梯度，其中 sgn($\cdot$)是符号函数。为了证明这一点，对 MNIST 基准任务进行了学习。为了加速对算法适应性和硬件体系结构的评估，除非另有说明，否则采用与 5.2.4 节中介绍的数据集类似的下采样 MNIST 数据集。对于本节中提出的所有结果，将使用下采样的 MNIST 训练集中的前 500 张图像进行学习，而使用下采样的 MNIST 测试集中的所有 10 000 张图像进行测试。对于每种配置，都要进行 10 次学习以获得更准确的评估。每次学习都包含许多迭代，其中迭代是遍历所有 500 张图像的过程，结果中显示的误差线对应于 95％ 的置信区间

　　图 5.45 比较了三种配置的测试正确率。第一组结果是从使用原始算法的基准设置中获得的；第二组配置假定可以安全地忽略$(1-\overline{x_i^l})$项；在第三组配置中，分母中的权重由其符号信息代替。从图 5.45 可以看出，无论除法运算如何简化，都能获得较好学习结

果。但无除法运算所获得的结果稍差，但其优点是不需要除法运算。在这种情况下，STDP 规则用于兴奋性突触，而 anti-STDP 样规则用于抑制性突触。这样的设定大大减少了学习所需的计算量。

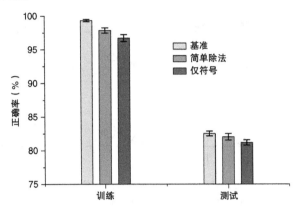

图 5.45　比较有无精确除法所获得的学习性能。近似除法可以显著降低设计复杂性，同时仅会稍微降低学习性能[49]。经 IEEE 许可转载

使用原始学习算法的另一个困难是在算法中同时假定了正负两个权重。由于忆阻器的性质，其只能代表正权重。通过反转注入电压脉冲的极性，可以实现负权重。因此可以使用两个忆阻器来形成可以跨越正向和负向范围的突触。然而，由于在学习算法中仍然需要突触权重的符号信息，因此需要一种检测权重的极性的方法，这不仅复杂而且耗电。

解决此问题的一种方法是固定网络中权重的极性，如图 5.46a 所示。阵列中的每个忆阻器表现为兴奋性突触或抑制性突触，具体取决于其位于哪一行。对于施加正脉冲的行，突触前神经元通过忆阻器设备将电荷注入突触后神经元。因此，这一行的忆阻器表现为兴奋性突触。类似地，对于位于施加负脉冲的行的忆阻器，它们的行为就像抑制性突触。在学习发生之前确定网络中突触的极性。极性可以纯粹随机选择，也可以采用某种策略选择。例如，可以首先使用原始学习算法来模拟基于交叉开关的神经网络的训练，

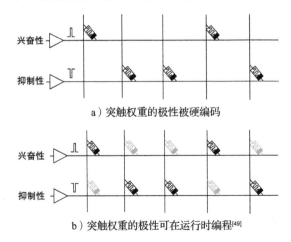

图 5.46　基于固定极性忆阻器交叉开关的神经网络的图示。经 IEEE 许可转载

然后根据模拟的训练结果确定实际网络的极性。为简单起见，我们在本节中使用随机选择策略。换句话说，突触权重的极性是在学习开始时随机决定的，并且在整个学习过程中都是固定的。

图 5.46a 中所示的硬编码配置虽然在概念上很简单，但并不灵活。图 5.46b 说明了一种更通用的方法，对于兴奋性突触，抑制行上的忆阻器设置为 G_{off}，即忆阻器的低电导状态。这种配置的优点是，它与传统的密集交叉开关设计保持兼容，并且可以任意编程。且其在学习过程中需要不时刷新"关闭"的忆阻器，以使其保持"关闭"状态。

图 5.47 比较了从可以任意改变突触重物极性的灵活符号配置获得的结果和从极性固定的固定符号配置获得的结果。从图中可以得出的一个结论是，固定符号配置所实现的性能相当，但比原始算法稍差。这是可以预期的，因为固定权重的符号实质上会减少网络的熵。因此，还比较了从较大网络获得的结果的公平性。从图中可以看出，随着网络规模的增加，性能会提高。通过限制权重极性导致的性能损失可以通过向网络中添加更多的突触来弥补。

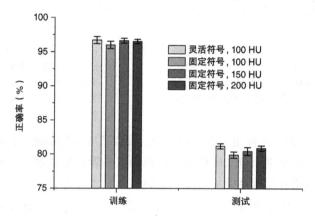

图 5.47 几种网络配置的分类正确率比较。灵活符号配置是指可以任意设置突触权重的情况，而固定符号配置对应于图 5.46 所示的配置。经 IEEE 许可转载

如 5.1.4 节所述，有两种更新突触权重的方法：累积样式和增量样式。不管权重更新如何进行，这两种更新样式应导致相似的结果。这是因为一次学习迭代中的权重变化通常很小。实际上，从深度学习借鉴的一个好的经验法则就是控制学习率，以使一次迭代中的权重变化小于权重的千分之一[50]。

图 5.48 和 5.49 给出了这两种更新样式的可能实现的示例。在图中，假设为单晶体管单忆阻器配置。每个轴突都有两个字线（WL），分别对应于兴奋性突触和抑制性突触。当轴突被激活时，WL 被中断。电流然后流至位线（BL），并最终通过位于交叉点的忆阻器流向突触后神经元。

为了对忆阻器进行编程，可以使用具有调制宽度的脉冲。同样，具有调制后的脉冲数的脉冲序列也可用于图 5.48 中的演示。累积和增量更新方法导致不同的内存写入模式，如图 5.49 所示。以累积方式更新权重类似于编写基于忆阻器的内存阵列的过程。存储在忆阻器设备中的突触权重会逐行更改。

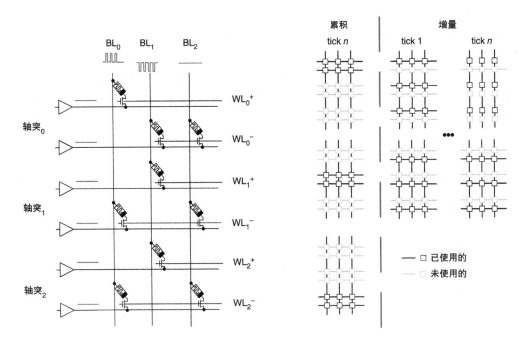

图 5.48   在学习过程中对忆阻器交叉开关进行编程的示例。字线用于选择需要编程的忆阻器，而位线用于控制需要更新的忆阻器件的变化量[49]。经 IEEE 许可转载

图 5.49   比较累积更新方法和增量更新方法对比。对于累积更新方法，连接到每个轴突的突触需要分别更新。对于增量更新方法，具有相同极性的突触可以同时更新[49]。经 IEEE 许可转载

图 5.50 比较了这两种不同更新方法的结果。模拟了可编程和硬编码配置的方法，显然四个案例都产生相似的结果。但从硬件设计者的角度来看，增量更新方法的优点是不需要任何额外的存储空间来存储脉冲时序信息，因为该信息直接存储在忆阻器中。但累积更新方法更有效，因为它仅需要在每次学习迭代的末尾进行一次更新。这显著减少了忆阻器阵列的写入操作次数。此外，在 5.3.5.3.2 节中，我们描述了累积更新的另一个优点：对于设备中的变化和噪声，它具有更强的鲁棒性。值得一提的是，图 5.48 和图 5.49 中介绍的权重更新方法只是一个示例。根据实际需要，可以用其他方式进行权重更新。

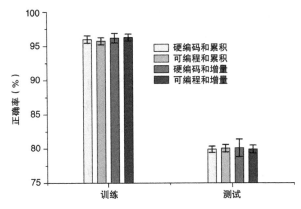

图 5.50   当使用累积、增量权重更新方法时，使用硬编码/可编程固定极性网络配置获得的学习性能比较[49]。经 IEEE 许可转载

如第 3 章所述，使用 NVM 设备作为突触的一个困难是权重编程的不理想性。通常忆阻器器件的电导变化取决于电导本身。数学上它可以表示为：

$$\Delta G_{ij}^l = g(\Delta s_{ij}^l, G_{ij}^l) \tag{5.9}$$

其中 s_{ij}^l 是线性或近似线性可控的状态变量。

为了对更现实的忆阻器器件建模，我们采用文献[107]中的 VTEAM 模型，该模型在 5.3.4.2 节中进行了简要讨论。可以注意到等式中所示的 s_{ij}^l，在式(5.9)可被视为 VTEAM 模型中的状态变量。通过施加脉冲宽度调制脉冲或脉冲序列，可以实现对 s_{ij}^l 的线性控制。图 5.51 比较了几种电导变化特性，它们对应于式(5.9)中的不同 $g(\cdot)$，仅考虑了增加和减少权重对称的情况。即假设 $g(\cdot)$ 是 Δs_{ij}^l 的偶函数。更多一般情况将在之后进行研究。在图中，假设 G_{off} 为 $10^{-6} S$，G_{on} 为 $10^{-3} S$，它们代表了所使用的忆阻器可以实现的最大和最小电导。在图 5.51 中，线性 R 被定义为相对于电阻的线性，指数模型是 VTEAM 中使用的常见模型[107]。从数学上讲，它们可以用以下公式表达：

$$G_{ij}^l = \left(R_{ON} + \frac{R_{OFF} - R_{ON}}{S_{off} - S_{on}}(S_{ij}^l - S_{on}) \right)^{-1} \tag{5.10}$$

$$G_{ij}^l = \frac{\exp\left(-\frac{\lambda(s_{ij}^l - s_{on})}{s_{off} - s_{on}} \right)}{R_{ON}} \tag{5.11}$$

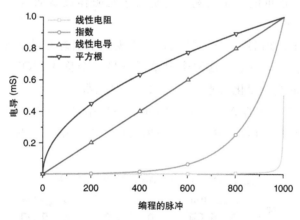

图 5.51　不同电导改变特性的示意图，电导的更新是当前电导值的函数[49]。经 IEEE 许可转载

定义电导呈线性的 linear-G 模型是一种微不足道的情况，其中电导可通过不同的脉冲宽度进行线性编程。由于指数模型和线性 R 模型都遵循电导的凸依赖关系，因此我们还创建了一个对权重具有凹依赖关系的人工模型，称为平方根模型，可以描述为

$$G_{ij}^l = G_{OFF} + (G_{ON} - G_{OFF})\sqrt{\frac{s_{ij}^l - s_{on}}{s_{off} - s_{on}}} \tag{5.12}$$

图 5.52 比较了使用这些不同的忆阻器模型学习后获得的结果。结果表明，即使对于表现不佳的线性 R 模型，也可以产生可接受的结果。该结果证明了所提出的学习算法的有效性。

除了控制权重的线性以外，对于实际设备，调整间隔也不能任意选择。原则上，忆

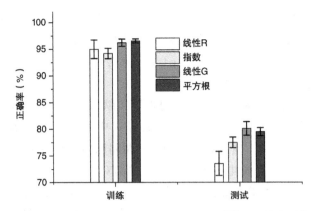

图 5.52   如图 5.51 所示的不同电导改变特性的学习性能对比图[49]。即使从更线性的模型获得的识别
率更高，所有模型都可以实现合理的分类率。经 IEEE 许可转载

阻器器件的电导本质上是模拟的，应该能够通过施加特定的电压来连续地进行调节，但
是实际上这种编程可能会受到编程电路的限制。

例如，如果我们选择使用脉冲密度调制方案来编程权重，则显然受到一个电压脉
冲可能引起的电导变化量的限制。如前所述，在训练神经网络时，一个好的经验法则
是将权重更新控制为比权重本身小三个数量级。对于使用浮点数表示信息的数据中心
中的神经网络训练，这可能不是问题，但是对于忆阻器设备而言，其难以实现如此精
细的调节。

为了研究编程精度如何影响学习性能，我们模拟了状态变量学习中不同的最大和最
小步长，称之为 $\Delta s_{\max}$ 和 $\Delta s_{\min}$。这两个数量通过另一个称为 NOB 的数量关联。例如，
NOB 为 3 表示电导的绝对变化只能是 $2^{-3} \cdot \Delta s_{\max}$ 的倍数。

图 5.53 中比较了不同的 $\Delta s_{\max}$ 和 NOB 量获得的结果。可以看出，当编程权重的精
度粗调时，性能会下降。性能下降的主要原因是由于学习中有限的编程位宽而忽略了较
小的权重变化。

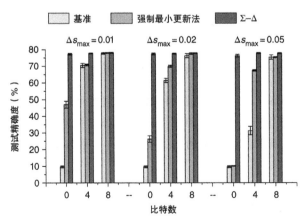

图 5.53   不同编程精度下的测试精确度比较。当使用粗略的编程精度时，$\Sigma-\Delta$ 调制方案可以避免性
能下降[49]。经 IEEE 许可转载

一个简单的解决方案是即使更改很小也强制执行更新。图 5.53 中还比较了获得的结

果，可以看出，该方法在提高学习性能方面有一定效果。为了容忍更粗糙的编程精度，一种更高级的方法是使用 Σ－Δ 调制。它是在数字信号处理社区中广泛使用的一种流行技术，允许使用低精度数据来表示高精度数据。在我们的情况下，进行 Σ－Δ 调制的过程可以用数学方式表示为

$$\Delta s'[n] = \left[\frac{\Delta s[n] + \Delta s_{int}[n]}{\Delta s_{min}} \right] \Delta s_{min} \tag{5.13}$$

$$\Delta s_{int}[n+1] = \Delta s_{int}[n] + \Delta s[n] - \Delta s'[n] \tag{5.14}$$

其中 $\Delta s_{int}[n]$ 是积分器的输出，积分器的输出用于存储 Σ－Δ 调制中生成的残差，而 $\Delta s'[n]$ 是需要应用于状态变量的实际变化量。

通过在权重更新中引入 Σ－Δ 调制，可以大大放宽对编程精度的要求，如图 5.53 所示。得益于积分器(该积分器可以累加残差值，该残差值太小而无法更新)，甚至可以仅使用一个编程级别来获得较好的学习效果。

5.3.5.3　非理想因素

如前所述，使用模拟突触实现神经网络的主要问题之一是模拟组件的变化可能会降低性能。训练好的网络在映射到实际硬件后可能会发生故障，片上学习可以通过反馈来补偿变化，从而有效地缓解了这一问题。尽管如此，真实设备中的某些非理想因素仍然可能导致学习方面的问题。非理想因素可以分为两种类型：非理想神经元和非理想突触。在以下各节中将分别对它们进行研究。

5.3.5.3.1　非理想神经元

图 5.54 显示了可以在我们提出的体系结构中使用的神经元电路的一种实现方法。这种实现类似于图 5.38 所示的神经元，由忆阻器突触加权的电流模拟积分器求和并累加。由于学习算法采用基于电流的突触，因此在求和节点处必须施加虚拟接地。累积电荷后，使用时钟比较器确定膜电压是否超过触发阈值。如果满足此条件，则会发出脉冲信号。一旦神经元激发，电荷就通过数模转换器(DAC)传递到积分器的输入。这样的反馈 DAC 实现了对修改后的 LIF 模型中指定的阈值电压的减法运算，如式(4.57)所示。

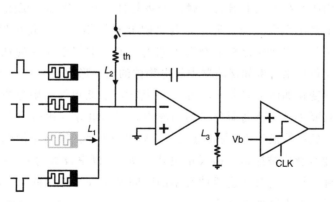

图 5.54　基于忆阻器交叉开关的 SNN 中使用的模拟神经元的示例。模拟积分器用于对基于忆阻器的突触加权的电流进行积分。当膜电压超过阈值时，时钟比较器会输出一个脉冲信号。经 IEEE 许可转载

该神经元电路中有两个参数会发生变化：阈值和泄漏。阈值电压主要由反馈 DAC 的权重确定，泄漏主要由三项组成：

1）L_1 是任何未选定或半选定忆阻器的泄漏。它可以在无晶体管的实施中模拟泄漏，或者在需要晶体管的实施中模拟亚阈值泄漏。

2）L_2 代表积分器输入端的任何泄漏，例如反馈 DAC 的泄漏。

3）L_3 对模拟积分器输出处的泄漏进行建模。L_3 的可能来源是有意放置在积分器输出端的泄漏、来自时钟比较器的反应噪声以及由于运算放大器的有限增益引起的低频误差[125]。

由于在学习算法中未使用阈值和泄漏的实际值，因此网络对于这两个参数的学习应具有一定的鲁棒性。实际上，权重相关的 STDP 学习算法将神经元视为黑匣子，并且所有相关信息都是从脉冲时间中得出的。为了证明学习算法针对神经元电路变化的鲁棒性，采用阈值和泄漏具有不同变异性的神经网络进行训练。在仿真中，这两个量的变化被视为高斯随机变量，并被添加到标称泄漏和阈值中。获得的结果如图 5.55 所示，可见学习的性能不会受到明显的影响。

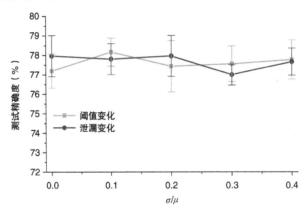

图 5.55   在不同水平的泄漏和阈值变化下获得的测试精度比较。经 IEEE 许可转载

5.3.5.3.2   非理想突触

接下来，我们研究基于忆阻器的突触的非理想性。众所周知，忆阻器器件会由于一些因素而在特性上发生重大变化。通常，与忆阻器器件相关的变化可以分为两种类型：空间变化和时间变化。空间变化是由制造工艺引起的，类似于现有的现代 CMOS 技术。一方面，时间变化可以来自例如忆阻器中导电物体的随机形成。

为了研究时间变化如何影响学习，图 5.56 将学习后获得的结果与两种类型的噪声进行了比较。第一种噪声是具有高斯分布的白噪声，实际电导变化由正态分布的随机变量定标，该随机变量的平均值为 1，标准差为 σ。第二种类型的噪声是消隐噪声，消隐率为 p_b，且直接在权重变化中被掩盖，即权重更新以 p_b 的概率设置为 0。从图中可以看出，由于学习算法的随机性，它对于这两种类型的时间噪声都是鲁棒的。在时间变化较大的忆阻器实现中，强烈要求这种鲁棒性。

理想情况下，将具有相同幅度和持续时间的电压脉冲施加到具有相同电导率的芯片上的两个忆阻器时，这两个设备的电导率变化应该相同，但是由于空间因素的影响，这

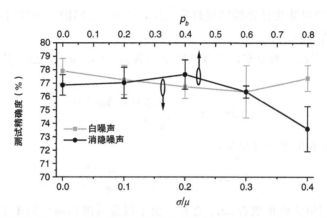

图 5.56　在改变忆阻器电导时，在不同噪声水平下获得的测试精确度比较。考虑了两种类型的噪声：标准差为 σ 的正态分布白噪声和具有 p_b 概率的消隐噪声[49]。经 IEEE 许可转载

个结论不一定成立。因此，每个忆阻器都有自己的 $g(\cdot)$（见式 (5.9)）来控制其电导变化特性。

为了研究空间变化的影响，我们通过平均数为 1 且标准差为 σ 的高斯变量来缩放每个忆阻器突触电导的变化。由于我们只对空间变化感兴趣，因此在模拟的整个学习周期中，随机缩放因子都是固定的。换句话说，缩放因子在不同设备之间是随机的，但不是时间的函数。

在图 5.57 中比较了获得的结果。我们将对称的增量和减量的变化的情况与更一般的情况分开。对称情况在图中表示为"Sym"，其中更一般的不对称情况标记为"Asym"。从图中可以看出，学习对于对称变化具有鲁棒性，但是当变化不对称时，会观察到性能显著下降。使用增量更新样式时，这种降级会更加明显。请注意，这种现象并非此处使用的学习算法所独有。实际上，这对所有随机梯度下降（SGD）学习都是常见的。这种性能下降的原因是电导更新不平衡所产生的偏置项。在数学上，让我们假设权重更新可以写成

$$\Delta w = \Delta w_0 + n_w \tag{5.15}$$

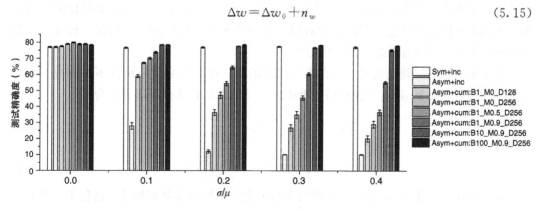

图 5.57　使用不同的非理想性和学习超参数获得的测试精确度的比较。在图中，"Sym"和"Asym"表示电导的增加和减少的变化分别是对称的和不对称的。样式"inc"和"cum"分别表示增量和累积更新方法。字母"B"、"M"和"D"之后的数字分别代表小批量的大小、动量系数和学习持续时间[49]。经 IEEE 许可转载

其中 Δw_0 是基于学习算法计算的期望权重更新，而 n_w 是归因于 SGD 算法的随机性质或梯度的噪声估计的噪声。

我们假设 n_w 服从高斯分布，其概率密度函数为 $\varphi(n_w/\sigma_n)$，进一步假设 $g(\cdot)$ 可以写成

$$g(\Delta w, w) = \begin{cases} g_p \Delta w, & \Delta w > 0 \\ g_n \Delta w, & \Delta w < 0 \end{cases} \tag{5.16}$$

然后可以将权重更新的期望导出为：

$$E(\Delta w) = \Delta w_0 + \frac{(g_p - g_n)\sigma_n}{\sqrt{2}\pi} \tag{5.17}$$

显然，除了期望的权重更新 Δw_0 之外，由于权重增加和减少的不平衡，还会产生一个偏置项 $(g_p - g_n)\sigma_n/\sqrt{2}\pi$。SGD 学习对于任何无偏噪声都非常强大，且随着学习的继续，该噪声可以被有效地滤除。但当噪声被偏置时，会生成一个偏置项，在这种情况下，代价函数永远不会达到零，因为需要一个非零误差来生成相应的权重更新，以抵消稳态下的偏置项。

显然，为了提高学习效果，我们必须最小化该偏置项。最直接的方法是使权重变化尽可能对称地减小 $(g_p - g_n)$。这可以通过设计专用设备来实现，或者可以通过算法和体系结构级别的技术来降低 σ_n。例如，我们可以使用累积更新方法来有效地减少 σ_n。两种更新方法在图 5.57 中进行了比较。累积更新方法有助于提高性能，因为它先将梯度平均后再将其应用于忆阻器设备。这样的步骤有效地减少了与梯度估计有关的噪声。

当变化增大时，需要更高级的技术来恢复性能。由于所提出的学习算法是基于随机逼近的，因此需要较长的学习时间实现更可靠的梯度估计，从而可以提高性能。另一种有用的技术是动量[50]，在 2.5.3.1.4 节中讨论过，将动量应用于权重更新类似于应用滤波器。动量系数越大，截止频率越低，有助于消除高频噪声。

用动量更新权重本质上是时域中的平均操作。同样，我们可以使用小批量对多个输入的权重更新进行平均，这两种技术相互正交，图 5.57 比较了上述技术获得的学习结果。从图中可以得出结论，在存在非对称变化的情况下，较长的学习时间、较大的动量系数和较大的批处理有效地提高了学习性能。

除了不对称的空间变化之外，在许多制造的器件中还观察到系统的不对称电导变化特性。例如，在文献[109]中使用的模型中，电导的增加和减少可以表示为

$$\Delta G_p = a_p \exp(-b_p \frac{G - G_{\text{off}}}{G_{\text{on}} - G_{\text{off}}}) \tag{5.18}$$

$$\Delta G_n = a_n \exp(-b_n \frac{G_{\text{on}} - G}{G_{\text{on}} - G_{\text{off}}}) \tag{5.19}$$

这样的模型如图 5.58 所示，其增加和减少电导的斜率通常不相等。这种不对称性给学习带来了类似的问题，之前提出的技术也可以用来抵消这种不理想性。图 5.59 中比较了学习结果。

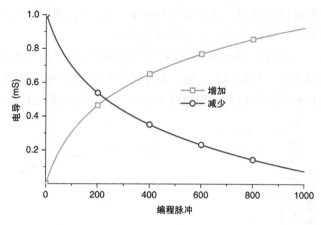

图 5.58 文献[109]中采用的忆阻器模型的权重变化示意图。对于这种忆阻器模型，电导的增加和减少通常是不对称的[49]。经 IEEE 许可转载

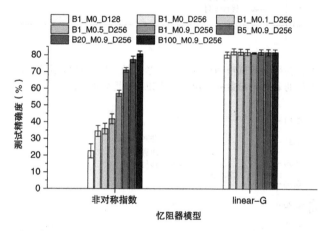

图 5.59 比较使用不同超参数获得的测试精确度。字母"B"、"M"和"D"之后的数字分别代表小批量的大小、动量系数和学习持续时间[49]。经 IEEE 许可转载

为了进行比较，图中绘制了从对称 Linear-G 模型获得的结果。从图中可以看出，即使所提出的技术在对称情况下并没有带来太大的改进，但它们在提高非对称情况下的性能方面却非常有效。

为了在权重变化不对称时进一步提高性能，可以使用另一种技术。非对称电导率变化不利于学习的根本原因是公式中偏置项充当了正则化项，会将网络的权重调整到其递增和递减的点。

基于这一点，一种改善性能的方法是通过创建更强大且更有意义的方法来覆盖正则项。例如，可以通过鼓励较小的权重来实现，这类似于在第 2 章中讨论的用于训练深度 ANN 的广泛使用的正则化。正则项可以写成如下格式：

$$\Delta w' = \begin{cases} \Delta w & \Delta w \cdot w > 0 \\ \lambda \Delta w & \Delta w \cdot w < 0 \end{cases} \tag{5.20}$$

其中 $\Delta w'$ 是应用于神经网络的实际权重更新，而 λ 是用于提升较小权重的超参数。引入 λ 对降低神经网络的功耗也非常有帮助。基于忆阻器交叉开关的神经网络中的大量功耗

是由于流过忆阻器的电流引起的。这种功耗与权重值$\sum|w_{ij}|$成线性比例关系。因此，通过鼓励使用小电导器件，可以减少流过忆阻器的电流。

在图 5.60~5.61 中比较了测试精确度和神经网络中所有权重的绝对值之和随 λ 的变化曲线。从图中可以看出，当使用大 λ 时，对于非对称指数情况，测试精确度有所提高。此外，较大的 λ 可以减少网络电导的绝对值的总和，可以提高系统的能效。

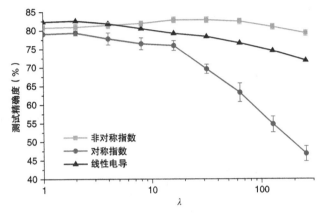

图 5.60   随着 λ 的增加，获得的测试精确度示意图。学习效果对 λ 的值不敏感，较大的 λ 可通过鼓励较小的权重来帮助非对称指数的情况。经 IEEE 许可转载

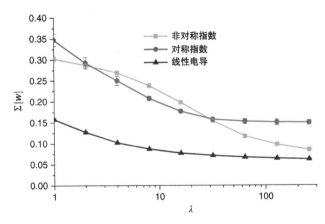

图 5.61   当使用不同的 λ 时，神经网络中绝对突触权重的总和。通过支持较小的权重，一个较大的 λ 可以获得更高的能效[49]。经 IEEE 许可转载

5.3.5.4   基准

通过标准 MNIST 基准检查学习算法和各种技术。利用原始数据集中的 28×28 图像。模拟过程中采用了两个忆阻器模型，即线性-G 模型和非对称指数模型，以证明设计的有效性。忆阻器的最小电导和最大电导分别设置为 $1\mu S$ 和 $1mS$。为了减小不对称电导改变特性带来的不利影响，使用了最小批量大小为 100 和动量系数为 0.9 的情况。此外，不对称指数模型使用常数 32 作为正则化项。

如前所述，累积更新方法通常会带来更好的学习效果。因此，我们仅对经过此类方法训练的网络进行测试。表 5.3 说明了达到的测试精确度，其中进行了 100 次学习迭代。在每次迭代中，训练集中的所有 60 000 张图像都输入神经网络进行学习。表 5.3 中显示

的为其测试精确度，是通过对第 91 次迭代到第 100 次迭代之间记录的测试精确度进行平均而获得的。从表中可以看出，这两个忆阻器模型都可以实现良好的性能，这证明了所采用的学习算法和技术的有效性。

表 5.3 使用不同忆阻器模型获得的基准性能

忆阻器模型	网络配置	识别精确度
对称指数	784-300-10	97.03
	784-400-10	97.10
线性-G	784-300-10	96.51
	784-400-10	96.76

参考文献

[1] Schuman, C. D., Potok, T. E., Patton, R. M., et al., "A survey of neuromorphic computing and neural networks in hardware," *arXiv Prepr. arXiv1705.06963*, 2017.

[2] Boahen, K. (2000). Point-to-point connectivity between neuromorphic chips using address events. *Circuits Syst. II Analog Digit. Signal Process. IEEE Trans.* 47 (5): 416–434.

[3] Zheng, N. and Mazumder, P. (2018). Online supervised learning for hardware-based multilayer spiking neural networks through the modulation of weight-dependent spike-timing-dependent plasticity. *IEEE Trans. Neural Networks Learn. Syst.* 29 (9): 4287–4302.

[4] Alaghi, A. and Hayes, J.P. (2013). Survey of stochastic computing. *ACM Trans. Embed. Comput. Syst.* 12 (2s): 92.

[5] Furber, S.B., Lester, D.R., Plana, L.A. et al. (2013). Overview of the spinnaker system architecture. *IEEE Trans. Comput.* 62 (12): 2454–2467.

[6] Furber, S.B., Galluppi, F., Temple, S., and Plana, L.A. (2014). The spinnaker project. *Proc. IEEE* 102 (5): 652–665.

[7] Painkras, E., Plana, L.A., Garside, J. et al. (2013). SpiNNaker: A 1-W 18-core system-on-chip for massively-parallel neural network simulation. *IEEE J. Solid-State Circuits* 48 (8): 1943–1953.

[8] Wu, J., Furber, S., and Garside, J. (2009). A programmable adaptive router for a GALS parallel system. In: *Asynchronous Circuits and Systems, 2009. ASYNC'09. 15th IEEE Symposium on,* 23–31.

[9] Galluppi, F., Brohan, K., Davidson, S. et al. (2012). A real-time, event-driven neuromorphic system for goal-directed attentional selection. In: *International Conference on Neural Information Processing,* 226–233.

[10] Denk, C., Llobet-Blandino, F., Galluppi, F. et al. (2013). Real-time interface board for closed-loop robotic tasks on the spinnaker neural computing system. In: *International Conference on Artificial Neural Networks,* 467–474.

[11] Modha, D. S., "IBM Research: Brain-inspired chip." [Online]. Available at: http://www.research.ibm.com/articles/brain-chip.shtml [Accessed: 8 April 2018].

[12] Merolla, P.A., Arthur, J.V., Alvarez-Icaza, R. et al. (2014). A million spiking-neuron integrated circuit with a scalable communication network and interface. *Science* 345 (6197): 668–673.

[13] Akopyan, F., Sawada, J., Cassidy, A. et al. (2015). Truenorth: design and tool flow of a 65 mW 1 million neuron programmable neurosynaptic chip. *IEEE Trans. Comput. Aided Des. Integr. Circuits Syst* 34 (10): 1537–1557.

[14] Cassidy, A.S., Merolla, P., Arthur, J.V. et al. (2013). Cognitive computing building block: a versatile and efficient digital neuron model for neurosynaptic cores. In: *Neural Networks (IJCNN), The 2013 International Joint Conference on*, 1–10.

[15] Amir, A., Datta, P., Risk, W.P. et al. (2013). Cognitive computing programming paradigm: a corelet language for composing networks of neurosynaptic cores. In: *Neural Networks (IJCNN), The 2013 International Joint Conference on*, 1–10.

[16] Preissl, R., Wong, T.M., Datta, P. et al. (2012). Compass: a scalable simulator for an architecture for cognitive computing. In: *Proceedings of the International Conference on High Performance Computing, Networking, Storage and Analysis*, 54.

[17] Sawada, J., Akopyan, F., Cassidy, A.S. et al. (2016). Truenorth ecosystem for brain-inspired computing: scalable systems, software, and applications. In: *High Performance Computing, Networking, Storage and Analysis, SC16: International Conference for*, 130–141.

[18] Cheng, H.-P., Wen, W., Wu, C. et al. (2017). Understanding the design of IBM neurosynaptic system and its tradeoffs: a user perspective. In: *2017 Design, Automation & Test in Europe Conference & Exhibition (DATE)*, 139–144.

[19] Esser, S.K., Andreopoulos, A., Appuswamy, R. et al. (2013). Cognitive computing systems: algorithms and applications for networks of neurosynaptic cores. In: *Neural Networks (IJCNN), The 2013 International Joint Conference on*, 1–10.

[20] Tsai, W.-Y., Barch, D.R., Cassidy, A.S. et al. (2016). LATTE: low-power audio transform with truenorth ecosystem. In: *Neural Networks (IJCNN), 2016 International Joint Conference on*, 4270–4277.

[21] Tsai, W.-Y., Barch, D.R., Cassidy, A.S. et al. (2017). Always-on speech recognition using truenorth, a reconfigurable, neurosynaptic processor. *IEEE Trans. Comput.* 66 (6): 996–1007.

[22] Esser, S.K., Appuswamy, R., Merolla, P. et al. (2015). Backpropagation for energy-efficient neuromorphic computing. In: *Advances in Neural Information Processing Systems*, 1117–1125.

[23] Esser, S.K., Merolla, P.A., Arthur, J.V. et al. (2016). Convolutional networks for fast, energy-efficient neuromorphic computing. In: *Proceedings of the National Academy of Science USA*, 201604850. National Academy of Science.

[24] Davies, M., Srinivasa, N., Lin, T.H. et al. (2018). Loihi: a neuromorphic manycore processor with on-chip learning. *IEEE Micro* 38 (1): 82–99.

[25] Lin, C., Wild, A., Chinya, G.N. et al. (2018). Programming spiking neural networks on Intel's Loihi. *Computer* 51 (3): 52–61.

[26] Rabaey, J. (2009). *Low Power Design Essentials*. Springer Science & Business Media.

[27] Cassidy, A.S., Georgiou, J., and Andreou, A.G. (2013). Design of silicon brains in the nano-CMOS era: spiking neurons, learning synapses and neural architecture optimization. *Neural Networks* 45: 4–26.

[28] Wang, R. and van Schaik, A. (2018). Breaking Liebig's law: an advanced multipurpose neuromorphic engine. *Front. Neurosci.* 12.

[29] Smith, J.E. (2014). Efficient digital neurons for large scale cortical architectures. In: *Proceeding of the 41st Annual International Symposium on Computer Architecture*, 229–240.

[30] Cassidy, A., Andreou, A.G., and Georgiou, J. (2011). Design of a one million neuron single FPGA neuromorphic system for real-time multimodal scene analysis. In: *Information Sciences and Systems (CISS), 2011 45th Annual Conference on*, 1–6.

[31] Nouri, M., Karimi, G.R., Ahmadi, A., and Abbott, D. (2015). Digital multiplierless implementation of the biological FitzHugh–Nagumo model. *Neurocomputing* 165: 468–476.

[32] Luo, J., Nikolic, K., Evans, B.D. et al. (2017). Optogenetics in silicon: a neural processor for predicting optically active neural networks. *IEEE Trans. Biomed. Circuits Syst.* 11 (1): 15–27.

[33] Lee, D., Lee, G., Kwon, D. et al. (2018). Flexon: a flexible digital neuron for efficient spiking neural network simulations. In: *Proceedings of the 45th Annual International Symposium on Computer Architecture*, 275–288.

[34] Soleimani, H., Ahmadi, A., and Bavandpour, M. (2012). Biologically inspired spiking neurons: piecewise linear models and digital implementation. *IEEE Trans. Circuits Syst. Regul. Pap.* 59 (12): 2991–3004.

[35] Zhang, B., Jiang, Z., Wang, Q. et al. (2015). A neuromorphic neural spike clustering processor for deep-brain sensing and stimulation systems. In: *Low Power Electronics and Design (ISLPED), 2015 IEEE/ACM International Symposium on*, 91–97.

[36] Seo, J., Brezzo, B., Liu, Y. et al. (2011). A 45nm CMOS neuromorphic chip with a scalable architecture for learning in networks of spiking neurons. In: *Custom Integrated Circuits Conference (CICC), 2011 IEEE*, 1–4.

[37] Knag, P., Kim, J.K., Chen, T., and Zhang, Z. (2015). A sparse coding neural network ASIC with on-chip learning for feature extraction and encoding. *IEEE J. Solid-State Circuits* 50 (4): 1070–1079.

[38] Liu, C., Cho, S., and Zhang, Z. (2018). A 2.56-mm^2 718GOPS configurable spiking convolutional sparse coding accelerator in 40-nm CMOS. *IEEE J. Solid-State Circuits* 53 (10): 2818–2827.

[39] Kim, J.K., Knag, P., Chen, T., and Zhang, Z. (2014). A 6.67mW sparse coding ASIC enabling on-chip learning and inference. In: *2014 Symposium on VLSI Circuits Digest of Technical Papers*, 1–2.

[40] Kim, J.K., Knag, P., Chen, T., and Zhang, Z. (2015). A 640M pixel/s 3.65mW sparse event-driven neuromorphic object recognition processor with on-chip learning. In: *2015 Symposium on VLSI Circuits (VLSI Circuits)*, C50–C51.

[41] Pearson, M.J., Pipe, A.G., Mitchinson, B. et al. (2007). Implementing spiking neural networks for real-time signal-processing and control applications: a model-validated FPGA approach. *IEEE Trans. Neural Networks* 18 (5): 1472–1487.

[42] Wang, R., Thakur, C.S., Cohen, G. et al. (2017). Neuromorphic hardware architecture using the neural engineering framework for pattern recognition. *IEEE Trans. Biomed. Circuits Syst.* 11 (3): 574–584.

[43] Neil, D. and Liu, S.-C. (2014). Minitaur, an event-driven FPGA-based spiking network accelerator. *IEEE Trans. Very Large Scale Integr. Syst.* 22 (12): 2621–2628.

[44] Zylberberg, J., Murphy, J.T., and DeWeese, M.R. (2011). A sparse coding model with synaptically local plasticity and spiking neurons can account for the diverse shapes of V1 simple cell receptive fields. *PLoS Comput. Biol.* 7 (10): e1002250.

[45] Zheng, N. and Mazumder, P. (2017). Hardware-friendly actor-critic reinforcement learning through modulation of spike-timing-dependent plasticity. *IEEE Trans. Comput.* 66 (2): 299–311.

[46] Powell, W.B. (2011). *Approximate dynamic programming solving the curses of dimensionality*, Hoboken, NJ: Wiley.

[47] Lian, J., Lee, Y., Sudhoff, S.D., and Zak, S.H. (2008). Self-organizing radial basis function network for real-time approximation of continuous-time dynamical systems. *IEEE Trans. Neural Networks* 19 (3): 460–474.

[48] Zheng, N. and Mazumder, P. (2018). A low-power hardware architecture for on-line supervised learning in multi-layer spiking neural networks. In: *2018 IEEE International Symposium on Circuits and Systems (ISCAS)*, 1–5.

[49] Zheng, N. and Mazumder, P. (2018). Learning in memristor crossbar-based spiking neural networks through modulation of weight dependent spike-timing-dependent plasticity. *IEEE Trans. Nanotechnol.* 17 (3): 520–532.

[50] Hinton, G.E. (2012). A practical guide to training restricted Boltzmann machines. In: *Neural Networks: Tricks of the Trade*, 599–619. Springer.

[51] Glorot, X., Bordes, A., and Bengio, Y. (2011). Deep sparse rectifier neural networks. In: *Proceedings of the Fourteenth International Conference on Artificial Intelligence and Statistics*, 315–323.

[52] Merolla, P., Arthur, J., Akopyan, F. et al. (2011). A digital neurosynaptic core using embedded crossbar memory with 45pJ per spike in 45nm. In: *2011 IEEE custom integrated circuits conference (CICC)*, 1–4.

[53] Rajendran, B., Liu, Y., Seo, J.S. et al. (2013). Specifications of nanoscale devices and circuits for neuromorphic computational systems. *IEEE Trans. Electron Devices* 60 (1): 246–253.

[54] Cruz-Albrecht, J.M., Yung, M.W., and Srinivasa, N. (2012). Energy-efficient neuron, synapse and STDP integrated circuits. *IEEE Trans. Biomed. Circuits Syst.* 6 (3): 246–256.

[55] Livi, P. and Indiveri, G. (2009). A current-mode conductance-based silicon neuron for address-event neuromorphic systems. In: *2009 IEEE International Symposium on Circuits and Systems*, 2898–2901.

[56] Indiveri, G., Chicca, E., and Douglas, R. (2006). A VLSI array of low-power spiking neurons and bistable synapses with spike-timing dependent plasticity. *IEEE Trans. Neural Networks* 17 (1): 211–221.

[57] Indiveri, G., Linares-Barranco, B., Hamilton, T.J. et al. (2011). Neuromorphic silicon neuron circuits. *Front. Neurosci.* 5: 73.

[58] Yu, T. and Cauwenberghs, G. (2010). Analog VLSI biophysical neurons and synapses with programmable membrane channel kinetics. *IEEE Trans. Biomed. Circuits Syst.* 4 (3): 139–148.

[59] Simoni, M.F., Cymbalyuk, G.S., Sorensen, M.E. et al. (2004). A multiconductance silicon neuron with biologically matched dynamics. *IEEE Trans. Biomed. Eng.* 51 (2): 342–354.

[60] Azghadi, M.R., Al-Sarawi, S., Abbott, D., and Iannella, N. (2013). A neuromorphic VLSI design for spike timing and rate based synaptic plasticity. *Neural Networks* 45: 70–82.

[61] Moradi, S. and Indiveri, G. (2014). An event-based neural network architecture with an asynchronous programmable synaptic memory. *IEEE Trans. Biomed. Circuits Syst.* 8 (1): 98–107.

[62] Ramakrishnan, S., Hasler, P.E., and Gordon, C. (2011). Floating gate synapses with spike-time-dependent plasticity. *IEEE Trans. Biomed. Circuits Syst.* 5 (3): 244–252.

[63] Chicca, E., Stefanini, F., Bartolozzi, C., and Indiveri, G. (2014). Neuromorphic electronic circuits for building autonomous cognitive systems. *Proc. IEEE* 102 (9): 1367–1388.

[64] Azghadi, M.R., Iannella, N., Al-Sarawi, S.F. et al. (2014). Spike-based synaptic plasticity in silicon: design, implementation, application, and challenges. *Proc. IEEE* 102 (5): 717–737.

[65] Ebong, I.E. and Mazumder, P. (2012). CMOS and memristor-based neural network design for position detection. *Proc. IEEE* 100 (6): 2050–2060.

[66] Indiveri, G. (2003). Neuromorphic bisable VLSI synapses with spike-timing-dependent plasticity. *Adv. Neural Inform. Process. Sys.*: 1115–1122.

[67] Bofill-i-Petit, A. and Murray, A.F. (2004). Synchrony detection and amplification by silicon neurons with STDP synapses. *IEEE Trans. Neural Networks* 15 (5): 1296–1304.

[68] Bamford, S.A., Murray, A.F., and Willshaw, D.J. (2012). Spike-timing-dependent plasticity with weight dependence evoked from physical constraints. *IEEE Trans. Biomed. Circuits Syst.* 6 (4): 385–398.

[69] Dowrick, T., Hall, S., and McDaid, L.J. (2012). Silicon-based dynamic synapse with depressing response. *IEEE Trans. Neural Networks Learn. Syst.* 23 (10): 1513–1525.

[70] Serrano-Gotarredona, R., Oster, M., Lichtsteiner, P. et al. (2009). CAVIAR: A 45k neuron, 5M synapse, 12G connects/s AER hardware sensory-processing-learning-actuating system for high-speed visual object recognition and tracking. *IEEE Trans. Neural Networks* 20 (9): 1417–1438.

[71] Lichtsteiner, P., Posch, C., and Delbruck, T. (2008). A 128 × 128 120 dB 15 micro sec latency asynchronous temporal contrast vision sensor. *IEEE J. Solid-State Circuits* 43 (2): 566–576.

[72] Lichtsteiner, P., Posch, C., and Delbruck, T. (2006). A 128 X 128 120 dB 30 mW asynchronous vision sensor that responds to relative intensity change. In: *Solid-State Circuits Conference, 2006. ISSCC 2006. Digest of Technical Papers*, 2060–2069. IEEE International.

[73] Serrano-Gotarredona, R., Serrano-Gotarredona, T., Acosta-Jimenez, A., and Linares-Barranco, B. (2006). A neuromorphic cortical-layer microchip for spike-based event processing vision systems. *IEEE Trans. Circuits Syst. Regul. Pap.* 53 (12): 2548–2566.

[74] Serrano-Gotarredona, R., Serrano-Gotarredona, T., Acosta-Jiménez, A. et al. (2008). On real-time AER 2-D convolutions hardware for neuromorphic spike-based cortical processing. *IEEE Trans. Neural Networks* 19 (7): 1196–1219.

[75] Oster, M., Wang, Y., Douglas, R., and Liu, S.-C. (2008). Quantification of a spike-based winner-take-all VLSI network. *IEEE Trans. Circuits Syst. Regul. Pap.* 55 (10): 3160–3169.

[76] Hafliger, P. (2007). Adaptive WTA with an analog VLSI neuromorphic learning chip. *IEEE Trans. Neural Networks* 18 (2): 551–572.

[77] Millner, S., Grübl, A., Meier, K. et al. (2010). A VLSI implementation of the adaptive exponential integrate-and-fire neuron model. *Adv. Neural Inform. Process. Sys.*: 1642–1650.

[78] Schemmel, J., Fieres, J., and Meier, K. (2008). Wafer-scale integration of analog neural networks. In: *Neural Networks, 2008. IJCNN 2008(IEEE World Congress on Computational Intelligence). IEEE International Joint Conference on*, 431–438.

[79] Pfeil, T., Potjans, T.C., Schrader, S. et al. (2012). Is a 4-bit synaptic weight resolution enough? – constraints on enabling spike-timing dependent plasticity in neuromorphic hardware. *Front. Neurosci.* 6: 90.

[80] Schemmel, J., Briiderle, D., Griibl, A. et al. (2010). A wafer-scale neuromorphic hardware system for large-scale neural modeling. In: *Proceedings of 2010 IEEE International Symposium on Circuits and Systems*, 1947–1950.

[81] Naud, R., Marcille, N., Clopath, C., and Gerstner, W. (2008). Firing patterns in the adaptive exponential integrate-and-fire model. *Biol. Cybern.* 99 (4): 335.

[82] Brüderle, D., Petrovici, M.A., Vogginger, B. et al. (2011). A comprehensive workflow for general-purpose neural modeling with highly configurable neuromorphic hardware systems. *Biol. Cybern.* 104 (4): 263–296.

[83] Benjamin, B.V., Gao, P., McQuinn, E. et al. (2014). Neurogrid: a mixed-analog-digital multichip system for large-scale neural simulations. *Proc. IEEE* 102 (5): 699–716.

[84] Indiveri, G. and Liu, S. (2015). Memory and information processing in neuromorphic systems. *Proc. IEEE* 103 (8): 1379–1397.

[85] Boahen, K.A. (2004). A burst-mode word-serial address-event Link-I: transmitter design. *IEEE Trans. Circuits Syst. Regul. Pap.* 51 (7): 1269–1280.

[86] Boahen, K.A. (2004). A burst-mode word-serial address-event Link-II: receiver design. *IEEE Trans. Circuits Syst. Regul. Pap.* 51 (7): 1281–1291.

[87] Boahen, K.A. (2004). A burst-mode word-serial address-event Link-III: analysis and test results. *IEEE Trans. Circuits Syst. Regul. Pap.* 51 (7): 1292–1300.

[88] Mitra, S., Fusi, S., and Indiveri, G. (2009). Real-time classification of complex patterns using spike-based learning in neuromorphic VLSI. *IEEE Trans. Biomed. Circuits Syst.* 3 (1): 32–42.

[89] Qiao, N., Mostafa, H., McQuinn, E. et al. (2015). A reconfigurable on-line learning spiking neuromorphic processor comprising 256 neurons and 128 K synapses. *Front. Neurosci.* 9.

[90] Hsieh, H. and Tang, K. (2012). VLSI implementation of a bio-inspired olfactory spiking neural network. *IEEE Trans. Neural Networks Learn. Syst.* 23 (7): 1065–1073.

[91] Sun, Q., Schwartz, F., Michel, J. et al. (2011). Implementation study of an analog spiking neural network for assisting cardiac delay prediction in a cardiac resynchronization therapy device. *IEEE Trans. Neural Networks* 22 (6): 858–869.

[92] Brader, J.M., Senn, W., and Fusi, S. (2007). Learning real-world stimuli in a neural network with spike-driven synaptic dynamics. *Neural Comput.* 19 (11): 2881–2912.

[93] Burr, G.W., Shelby, R.M., Sebastian, A. et al. (2017). Neuromorphic computing using non-volatile memory. *Adv. Phys. X* 2 (1): 89–124.

[94] Sheridan, P.M., Cai, F., Du, C. et al. (2017). Sparse coding with memristor networks. *Nat. Nanotechnol.* 12 (8): 784.

[95] Basu, A., Acharya, J., Karnik, T. et al. (2018). Low-power, adaptive neuromorphic systems: recent progress and future directions. *IEEE J. Emerging Sel. Top. Circuits Syst.* 8 (1): 6–27.

[96] Narasimman, G., Roy, S., Fong, X. et al. (2016). A low-voltage, low power STDP synapse implementation using domain-wall magnets for spiking neural networks. In: *2016 IEEE International Symposium on Circuits and Systems (ISCAS)*, 914–917.

[97] Zhang, D., Zeng, L., Cao, K. et al. (2016). All spin artificial neural networks based on compound spintronic synapse and neuron. *IEEE Trans. Biomed. Circuits Syst.* 10 (4): 828–836.

[98] Srinivasan, G., Sengupta, A., and Roy, K. (2016). Magnetic tunnel junction based long-term short-term stochastic synapse for a spiking neural network with on-chip STDP learning. *Sci. Rep.* 6: 29545.

[99] Sengupta, A., Banerjee, A., and Roy, K. (2016). Hybrid spintronic-CMOS spiking neural network with on-chip learning: devices, circuits, and systems. *Phys. Rev. Appl.* 6 (6): 64003.

[100] Sengupta, A., Parsa, M., Han, B., and Roy, K. (2016). Probabilistic deep spiking neural systems enabled by magnetic tunnel junction. *IEEE Trans. Electron Devices* 63 (7): 2963–2970.

[101] Sengupta, A., Ankit, A., and Roy, K. (2017). Performance analysis and benchmarking of all-spin spiking neural networks (Special session paper). In: *Neural Networks (IJCNN), 2017 International Joint Conference on*, 4557–4563.

[102] Vincent, A.F., Larroque, J., Locatelli, N. et al. (2015). Spin-transfer torque magnetic memory as a stochastic memristive synapse for neuromorphic systems. *IEEE Trans. Biomed. Circuits Syst.* 9 (2): 166–174.

[103] Sengupta, A. and Roy, K. (2016). A vision for all-spin neural networks: a device to system perspective. *IEEE Trans. Circuits Syst. Regul. Pap.* 63 (12): 2267–2277.

[104] Sengupta, A., Han, B., and Roy, K. (2016). Toward a spintronic deep learning spiking neural processor. In: *Biomedical Circuits and Systems Conference (BioCAS), 2016 IEEE*, 544–547.

[105] Diehl, P.U. and Cook, M. (2015). Unsupervised learning of digit recognition using spike-timing-dependent plasticity. *Front. Comput. Neurosci.* 9: 99.

[106] Diehl, P.U., Neil, D., Binas, J. et al. (2015). Fast-classifying, high-accuracy spiking deep networks through weight and threshold balancing. In: *2015 International Joint Conference on Neural Networks (IJCNN)*, 1–8.

[107] Kvatinsky, S., Ramadan, M., Friedman, E.G., and Kolodny, A. (2015). VTEAM: a general model for voltage-controlled memristors. *IEEE Trans. Circuits Syst. II Express Briefs* 62 (8): 786–790.

[108] Serrano-Gotarredona, T., Prodromakis, T., and Linares-Barranco, B. (2013). A proposal for hybrid memristor-CMOS spiking neuromorphic learning systems. *IEEE Circuits Syst. Mag.* 13 (2): 74–88.

[109] Querlioz, D., Bichler, O., Dollfus, P., and Gamrat, C. (2013). Immunity to device variations in a spiking neural network with memristive nanodevices. *IEEE Trans. Nanotechnol.* 12 (3): 288–295.

[110] Kuzum, D., Jeyasingh, R.G.D., Lee, B., and Wong, H.-S.P. (2011). Nanoelectronic programmable synapses based on phase change materials for brain-inspired computing. *Nano Lett.* 12 (5): 2179–2186.

[111] Jo, S.H., Chang, T., Ebong, I. et al. (2010). Nanoscale memristor device as synapse in neuromorphic systems. *Nano Lett.* 10 (4): 1297–1301.

[112] Kim, S., Ishii, M., Lewis, S. et al. (2015). NVM neuromorphic core with 64k-cell (256-by-256) phase change memory synaptic array with on-chip neuron circuits for continuous in-situ learning. In: *Electron Devices Meeting (IEDM), 2015 IEEE International*, 11–17.

[113] Linares-Barranco, B., Serrano-Gotarredona, T., Camuñas-Mesa, L.A. et al. (2011). On spike-timing-dependent-plasticity, memristive devices, and building a self-learning visual cortex. *Front. Neurosci.* 5: 26.

[114] Serrano-Gotarredona, T., Masquelier, T., Prodromakis, T. et al. (2013). STDP and STDP variations with memristors for spiking neuromorphic learning systems. *Front. Neurosci.* 7 (2).

[115] Wong, H.-S.P., Raoux, S., Kim, S. et al. (2010). Phase change memory. *Proc. IEEE* 98 (12): 2201–2227.

[116] Eryilmaz, S.B., Kuzum, D., Jeyasingh, R. et al. (2014). Brain-like associative learning using a nanoscale non-volatile phase change synaptic device array. *Front. Neurosci.* 8.

[117] Lee, J.H. and Likharev, K.K. (May 2007). Defect-tolerant nanoelectronic pattern classifiers. *Int. J. Circuit Theory Appl.* 35 (3): 239–264.

[118] Suri, M., Bichler, O., Querlioz, D. et al. (2012). CBRAM devices as binary synapses for low-power stochastic neuromorphic systems: Auditory (Cochlea) and visual (Retina) cognitive processing applications. In: *2012 International Electron Devices Meeting*, 10.3.1–10.3.4.

[119] Du, C., Ma, W., Chang, T. et al. (2015). Biorealistic implementation of synaptic functions with oxide memristors through internal ionic dynamics. *Adv. Funct. Mater.* 25 (27): 4290–4299.

[120] Kim, S., Du, C., Sheridan, P. et al. (2015). Experimental demonstration of a second-order memristor and its ability to biorealistically implement synaptic plasticity. *Nano Lett.* 15 (3): 2203–2211.

[121] Wang, Z., Joshi, S., Savel'ev, S.E. et al. (2017). Memristors with diffusive dynamics as synaptic emulators for neuromorphic computing. *Nat. Mater.* 16 (1): 101–108.

[122] Hu, M., Chen, Y., Yang, J.J. et al. (2017). A compact memristor-based dynamic synapse for spiking neural networks. *IEEE Trans. Comput. Aided Des. Integr. Circuits Syst.* 36 (8): 1353–1366.

[123] Knag, P., Lu, W., and Zhang, Z. (2014). A native stochastic computing architecture enabled by memristors. *IEEE Trans. Nanotechnol.* 13 (2): 283–293.

[124] Jo, S.H., Kim, K.-H., and Lu, W. (2008). Programmable resistance switching in nanoscale two-terminal devices. *Nano Lett.* 9 (1): 496–500.

[125] Stata, R. (1967). Operational integrators. *Analog Dialogue* 1: 1–9.

总　　结

教学相长。

——拉丁谚语

6.1　展望

摩尔定律迫在眉睫的局面促使研究人员寻找可以替代传统计算方式的方法。近年来，随着神经形态计算开始流行，本书旨在开发用于能量受限应用的能耗友好型神经网络硬件，在硬件上实现类脑计算还有很长的路要走，当将功耗也作为主要设计考虑因素时，设计会更加困难。本节介绍该领域的未来研究方向。

6.1.1　脑启发式计算

尽管人工智能（AI）的发展不一定遵循大脑工作的原理，但 AI 界和神经科学界的研究过去一直相互启发。大脑的惊人能力激发了学术界和工业界提出许多 AI 算法和模型，此外，这些算法和模型也为有助于理解大脑如何工作。

第 4 章中讨论的 Hebbian 规则和脉冲时间相关可塑性（STDP）是两个广为人知的生物学现象，长期以来人们一直认为这是大脑学习的基本机制。与此相反，长期以来人们一直批评 AI 界广泛采用的基于反向传播的梯度下降学习算法在生物学上是不可行的。反向传播起源于数学模型，它是解决人工神经网络（ANN）优化问题的一种高效的方法，它的诞生与生物学神经网络的学习几乎没有关系。尽管长期以来一直在争论，类脑的计算并不一定要精确地模仿生物脑的行为，但 Hinton[1] 中指出，STDP 协议可能是在脑中进行梯度下降优化和反向传播的一种方式。这个假设在 AI 界[2-4]和神经科学界[5-7]得到了进一步发展。

在第 2 章中讨论的强化学习是 AI 领域中经过深入研究的主题。研究发现，大脑利用的学习机制类似于基于演员-评论家的强化学习框架中的学习机制。按照惯例，强化学习是一种基于奖励的方法，这意味着所有决策，采取的动作和评估都基于获得的奖励。另一方面，动物更多地依赖于基于相关性的学习。Wörgötter 和 Porr 认为这两种方法实际上是相似的，即使不完全相同[8]。如 2.2.4 节所示，在经典的强化学习任务中，通常将时间差误差作为代价函数，在学习中需要将其最小化。后来根据在生物学实验中的观察，人们假设多巴胺是大脑中的时间差信号[9]。在生物神经网络中发现，可能有几种类型的神经元负责基于演员-批评家的学习。如图 6.1 所示，大脑的不同部分负责完成不同的工作，这些工作类似于在经典强化学习框架中发现的主要模块完成的工作[9]。虽然人们一直在努力将强化学习的组成部分映射到大脑，但在实际大脑的工作机制与强化学习的表达方式之间仍然存在许多差异。因此，需要更多的实验和理论来提供统一的理论[10]。

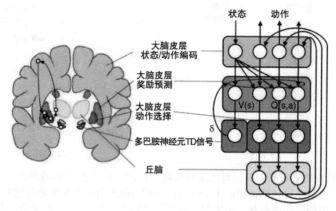

图 6.1　皮质基底神经节回路中强化学习的实现。大脑中不同的神经元负责基于时间差(TD)学习中不同阶段[9]。经 Taylor & Francis 许可转载

　　相互启发的另一个示例来自广泛采用的卷积神经网络(CNN)。如前几节所述，CNN是执行图像识别任务中最流行和功能最强大的神经网络之一。CNN 受到了生物视觉系统中的简单细胞和复杂细胞的启发[11-12]，这是由 Hubel 和 Wiesel 在 20 世纪 60 年代提出的[13]，视觉系统中细胞的感受野可以定义为可以影响该细胞激活的视野[13]。CNN 中卷积层的作用类似于感受野，此外，CNN 的整体架构类似于视觉皮层中的 LGN-V1-V2-V4-IT 层次结构[14]。Cadieu 等人在文献[15]中比较了从猴子下颞叶皮层测量的神经特征与从深度人工神经网络衍生的特征。据报道，最新的深度神经网络可以达到与下层皮层相同的性能。

　　在接下来的研究中，神经科学界和 AI 界将继续相互启发，以最终了解揭示大脑如何工作以及如何建立更好的机器学习模型的机制。一方面，大脑是截至目前我们规划 AI 新兴研究道路的最佳路线图。因此，我们期望发现并开发出更好的启发式类脑算法。另一方面，即使漫长的进化历史可能已将大脑塑造成优化的"机器"，但这不一定意味着复制大脑是最佳解决方案，尤其是对于不同的材料，例如硅。将来，AI 界以及电路和设备界都需要付出很多努力以探索技术、材料和功率约束下的智能硬件。

6.1.2　新兴的纳米技术

　　在前面的章节中，已经讨论了利用许多新兴的纳米技术作为神经形态系统中的突触的可能性。许多新兴的非易失性存储器(NVM)可以提供更高的集成密度、更低的功耗和非易失性数据存储。Rajendran 等人进行了一项研究，比较了用常规 CMOS 数字电路实现的系统和用新兴的纳米级器件实现的系统[16]，其选择一个包含一百万个神经元的网络进行比较，并评估大型学习系统的性能。比较的是 10nm 到 22nm 的 CMOS 技术，这两种类型的系统所占面积的比较如图 6.2a 所示，使用 NVM 设备的模拟实现的面积是对应的数字方案的面积的约 1/14。纳米突触和模拟神经元的紧凑尺寸实现了在密度方面的巨大优势。如前几章所述，高集成度对于大规模神经形态系统至关重要，因为它们通常包含大量的突触和神经元。

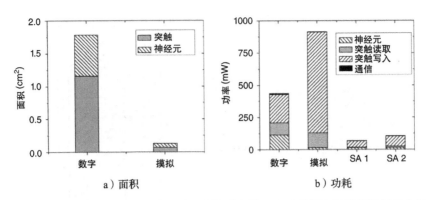

a）面积   b）功耗

图 6.2　SNN 的模拟和数字实现的面积对比图和功耗对比图。由于更紧凑的模拟神经元和突触，模拟
　　　　设计的面积是数字设计的面积的 1/14 左右。模拟 SNN 的功耗会随着对突触设计所需的电流幅
　　　　度与持续时间的变化而变化。图中的"模拟"、"SA1"和"SA2"配置分别假定电流幅度为 1、
　　　　0.1 和 1μA，电流持续时间分别为 1、1 和 0.1μs。经 IEEE 许可转载

　　尽管节省了硅片面积，但模拟实现的神经元功耗大约是数字基准功耗的两倍。模拟
实现中的高功耗是由文献[16]中假定的大编程电流（1μA）和较长的编程持续时间（1μs）引
起的。图 6.2b 还显示，通过减小编程电流的幅度或编程持续时间，可以轻松提高模拟实
现的功率效率。在图中，在 SA1 方案中假定编程电流为 0.1μA，持续时间为 1μs，而在
SA2 方案中，假定编程电流为 1μA，持续时间为 0.1μs。在文献[16]中进一步要求纳米
级器件可以用小于 100nA 的电流在小于 0.5V 的电压下以小于 100ns 的编程时间来编程，
从而有可能同时提高电路的密度和能效。与对应的数字系统相比，神经形态系统至少高
出 10 倍。受这些结果的启发，预计越来越多的研究人员将致力于优化现有设备并构建以
较低功耗进行操作和编程的新型纳米级 NVM 设备。

　　除了减少 NVM 设备的功耗外，提高编程精度也至关重要。与许多可以任意调整突
触权重的数字系统相反，存储在模拟突触中的权重可能无法得到完美控制。但学者提出
可以从设备级别和算法级别解决此问题，从设备级别来看，可以设计出更好的设备以减
少空间和时间变化。例如，Prezioso 等人在文献[17]中改进了制造工艺以生产不易变化
的忆阻器器件，提高其稳定性。从算法层面，将探索对不可靠和有缺陷的设备更稳定的
算法。5.3.5 节中说明的带有忆阻器交叉开关的学习示例属于此类。

6.1.3　神经形态系统的可靠计算

　　随着 CMOS 技术的规模缩小到几纳米，晶体管的可靠性和可预测性越来越低。除了
传统的 CMOS 技术外，新兴的 NVM 技术还表现出许多随机的行为特性。随着这样的技
术趋势，许多常规体系结构的效率变得越来越低，因为必须通过纠错[18]、校准[19]、过度
设计等方法将许多资源用于提高系统的鲁棒性。

　　神经形态计算由于其在非理想情况下的出色恢复能力而闻名，因此可以很容易地利
用这种弹性特性来实现低功耗。利用系统中的鲁棒性降低系统功耗已在计算机体系结构
社区中得到广泛利用[20-21]。这些技术背后的原因是，电路或系统的故障很少发生，与其
对系统进行过度设计而消耗更多功率以实现稳定性，不如避免这种功耗而让系统有一定
的概率发生故障。但是，可以通过专门设计的模块来捕获和恢复电路故障。

为了利用神经形态计算中的过度弹性，过去许多设计已经被证明有效[22-24]。例如，在神经网络中已经采用了电压超标度，该技术在近似计算中被广泛使用[25]。通过大幅度降低电源电压，可以将电路的功耗成倍降低。但是，这种降低的电压可能会导致电路中的某些部分发生故障，失败的原因可能是时序不满足或存储单元状态不正确。在传统的计算方法中，即使细微的错误也会带来严重后果，与传统的计算方法不同，神经形态的计算则更具有稳定性。可以很容易地利用这种特性来提高设计的能效[23-24]。

除了利用神经网络硬件本身的鲁棒性之外，还值得探索如何使用神经形态计算来提高常规计算系统的可靠性。例如，已经表明可以通过嵌入式机器学习减轻由硬件故障或不理想导致的计算错误[26-27]。这种方法背后的原因是，通过从数据中学习，系统可以获取有关如何补偿系统中存在的缺陷的知识。可以利用这种增加的弹性来放松对硬件的要求，从而间接降低系统的功耗。在文献[28]和文献[29]中展示了利用神经网络来增强硬件可靠性的另一种可能性。Hopfield 网络被用来进行记忆自修复。用备用模块替换故障模块的问题被表述为使某些代价函数最小化的问题，然后根据代价函数构建一个Hopfield 网络。通过利用 Hopfield 网络的性质，可以使代价函数最小化，并可以生成修复方案。在附录中将更详细地介绍这种利用神经网络进行内存修复的方法。

伴随着神经网络提供的所有鲁棒性，预计越来越多的研究人员将致力于开发可以容忍硬件中的缺陷和错误的神经形态系统。这样的容错可以用来实现较低的功耗，或者对于在硬件故障率很高的极端条件或危险环境（例如高温，高压等）中部署的系统很有用。此外，还期望神经形态系统通过其学习能力来增强常规计算系统的可靠性。

6.1.4 人工神经网络和脉冲神经网络的融合

通常而言，ANN 和 SNN 是两种截然不同的神经网络。此外，两类神经网络的发展也分道扬镳，许多以 ANN 为主要兴趣的研究人员可能有很少或根本没有关于脑神经网络的知识。虽然 ANN 取得了大多数成功，这在一定程度上要归功于硬件方面的支持。然而，随着越来越多的研究人员开始进入 SNN 领域，并且有更多的硬件平台专门为SNN 设计，预计 SNN 的开发将很快得到迅猛发展。

不管这两种神经网络存在什么差异，近年来的趋势是，这两种类型的神经网络之间的边界越来越不清晰。在某些应用中将这两种神经网络混合有时是有利的。至少有两种将 SNN 与 ANN 结合的方法，第一个是将这两种类型的神经网络直接连接以形成一个新的网络。传统上，如何将 SNN 与 ANN 桥接尚不清楚，因为它们以两种不同的模式运行。4.3.5 节中介绍的学习算法使这种组合变得可行，可以使用训练 ANN 的方式来训练SNN。在 ANN 领域中，学习是根据常规的反向传播方法进行的，其中梯度是通过解析得出的。对于 SNN 域，可以容易地采用基于权重的 STDP 学习方案来进一步反向传播误差信号。通过这样做，两个不同的神经网络能够协作并利用它们的优势。例如，通过在处理稀疏信号时利用 SNN 更好的可伸缩性和能效，SNN 可以用作处理庞大且高度稀疏的输入信号的前端。ANN 可以用作后端，以利用其优势来处理密集和高精度数据。

混合 ANN 和 SNN 的第二种方法是构建受 SNN 启发的 ANN 或受 ANN 启发的SNN。例如，4.3.5 节中介绍的学习算法很大程度上受 ANN 学习算法的启发。通过这样做，可以继承许多完善的理论和技术，这有助于更好地训练 SNN。另一方面，近年来开发的许多 ANN 算法和硬件都具有受 SNN 启发的功能。例如，二值化网络[30-31]在某种意义上类似于 SNN，因为它使用二进制数来承载信息，这可以显著提高硬件的能效。另外，许多新开发的硬件体系结构[32-33]将 ANN 中神经元的激活分解为二进制流，以便利用数据的稀疏性和应用程序所需的可变精度。

未来这两种类型的网络将继续相互融合。它们之间的界限也变得越来越模糊，但可以预见的是，通过结合这两种类型的网络的优点，更加节能高效的硬件将出现。

6.2   结论

本书用了一种跨算法、体系结构和电路的整体方法，用于讨论最新的神经形态计算的最新发展和趋势。本书的目的是开发一种方法，为超越传统的冯·诺依曼体系结构的新型计算形式设计节能的神经网络硬件。基于神经网络计算的算法和硬件体系结构的发展现状，第 2 章和第 3 章专门介绍基于速率的 ANN，第 4 章和第 5 章专注于基于脉冲的 SNN。从神经网络的基本操作原理开始，介绍了各种网络类型和拓扑。由于神经网络的学习能力是基于事件驱动的，其计算能力远优于其他基于规则和其他数据驱动的机器学习方法，因此本书的大部分内容专门讨论了各种对硬件友好的学习算法和对学习友好的硬件体系结构。本书讨论了许多最新的学习算法、硬件实现和低功耗设计技术，还深入介绍了一些案例研究，以帮助你了解算法和体系结构的详细信息。

神经形态计算不是一个新话题，但是近年来它不断带来新的发现和创纪录的性能。新一轮的创新研究刚刚开始，越来越多的研究人员将 AI、机器学习和神经网络视为解决复杂问题的强大工具。我们希望本书能激发很多未来的创新，以丰富神经形态工程和计算的新兴领域。

参考文献

[1] Hinton, G. (2007). How to do backpropagation in a brain. In: *Invited talk at the NIPS'2007 Deep Learning Workshop*.

[2] Bengio, Y., Lee, D.-H., Bornschein, J., et al., "Towards biologically plausible deep learning," *arXiv Prepr. arXiv1502.04156*, 2015.

[3] Bengio, Y., Mesnard, T., Fischer, A., et al., "An objective function for STDP," *arXiv Prepr. arXiv1509.05936*, 2015.

[4] Bengio, Y., and Fischer, A., "Early inference in energy-based models approximates back-propagation," *arXiv Prepr. arXiv1510.02777*, 2015.

[5] Potjans, W., Diesmann, M., and Morrison, A. (2011). An imperfect dopaminergic error signal can drive temporal-difference learning. *PLoS Comput. Biol.* 7 (5): e1001133.

[6] Potjans, W., Morrison, A., and Diesmann, M. (2009). A spiking neural network model of an actor-critic learning agent. *Neural Comput.* 21 (2): 301–339.

[7] Frémaux, N., Sprekeler, H., and Gerstner, W. (2013). Reinforcement learning using a continuous time actor-critic framework with spiking neurons. *PLoS Comput. Biol.* 9 (4).

[8] Wörgötter, F. and Porr, B. (2005). Temporal sequence learning, prediction, and control: a review of different models and their relation to biological mechanisms. *Neural Comput.* 17 (2): 245–319.

[9] Doya, K. (2007). Reinforcement learning: computational theory and biological mechanisms. *HFSP J.* 1 (1): 30.

[10] Dayan, P. and Niv, Y. (2008). Reinforcement learning: the good, the bad and the ugly. *Curr. Opin. Neurobiol.* 18 (2): 185–196.

[11] LeCun, Y., Bengio, Y., and Hinton, G. (2015). Deep learning. *Nature* 521 (7553): 436–444.

[12] LeCun, Y., Bottou, L., Bengio, Y., and Haffner, P. (1998). Gradient-based learning applied to document recognition. *Proc. IEEE* 86 (11): 2278–2323.

[13] Hubel, D.H. and Wiesel, T.N. (1962). Receptive fields, binocular interaction and functional architecture in the cat's visual cortex. *J. Physiol.* 160 (1): 106–154.

[14] Felleman, D.J. and Van Essen, D.C. (1991). Distributed hierarchical processing in the primate cerebral cortex. *Cereb. Cortex* 1 (1): 1–47.

[15] Cadieu, C.F., Hong, H., Yamins, D.L. et al. (2014). Deep neural networks rival the representation of primate IT cortex for core visual object recognition. *PLoS Comput. Biol.* 10 (12): e1003963.

[16] Rajendran, B., Liu, Y., Seo, J.S. et al. (2013). Specifications of nanoscale devices and circuits for neuromorphic computational systems. *IEEE Trans. Electron Devices* 60 (1): 246–253.

[17] Prezioso, M., Merrikh-Bayat, F., Hoskins, B.D. et al. (2015). Training and operation of an integrated neuromorphic network based on metal-oxide memristors. *Nature* 521 (7550): 61–64.

[18] Zheng, N. and Mazumder, P. (2017). An efficient eligible error locator polynomial searching algorithm and hardware architecture for one-pass chase decoding of BCH codes. *IEEE Trans. Circuits Syst. II Express Briefs* 64 (5): 580–584.

[19] Zheng, N. and Mazumder, P. (2017). Modeling and mitigation of static noise margin variation in subthreshold SRAM cells. *IEEE Trans. Circuits Syst. I Regul. Pap.* 64 (10): 2726–2736.

[20] Austin, T., Bertacco, V., Blaauw, D., and Mudge, T. (2005). Opportunities and challenges for better than worst-case design. In: *Proceedings of the 2005 Asia and South Pacific Design Automation Conference*, 2–7.

[21] Ernst, D., Kim, N.S., Das, S. et al. (2003). Razor: a low-power pipeline based on circuit-level timing speculation. In: *Microarchitecture, 2003. MICRO-36. Proceedings. 36th Annual IEEE/ACM International Symposium on*, 7–18.

[22] Kung, J., Kim, D., and Mukhopadhyay, S. (2015). A power-aware digital feedforward neural network platform with backpropagation driven approximate synapses. In: *Low Power Electronics and Design (ISLPED), 2015 IEEE/ACM International Symposium on*, 85–90.

[23] Knag, P., Kim, J.K., Chen, T., and Zhang, Z. (2015). A sparse coding neural network ASIC with on-chip learning for feature extraction and encoding. *IEEE J. Solid-State Circuits* 50 (4): 1070–1079.

[24] Reagen, B., Whatmough, P., Adolf, R. et al. (2016). Minerva: enabling low-power, highly-accurate deep neural network accelerators. In: *Proceedings of the 43rd International Symposium on Computer Architecture*, 267–278.

[25] Han, J. and Orshansky, M. (2013). Approximate computing: an emerging paradigm for energy-efficient design. In: *2013 18th IEEE European Test Symposium (ETS)*, 1–6.

[26] Zhang, J., Huang, L., Wang, Z., and Verma, N. (2015). A seizure-detection IC employing machine learning to overcome data-conversion and analog-processing non-idealities. In: *Custom Integrated Circuits Conference (CICC), 2015 IEEE*, 1–4.

[27] Wang, Z., Lee, K.H., and Verma, N. (2015). Overcoming computational errors in sensing platforms through embedded machine-learning kernels. *IEEE Trans. Very Large Scale Integr. Syst.* 23 (8): 1459–1470.

[28] Mazumder, P. and Jih, Y.-S. (1993). A new built-in self-repair approach to VLSI memory yield enhancement by using neural-type circuits. *IEEE Trans. Comput. Des. Integr. Circuits Syst.* 12 (1): 124–136.

[29] Smith, M.D. and Mazumder, P. (1996). Generation of minimal vertex covers for row/column allocation in self-repairable arrays. *IEEE Trans. Comput.* 45 (1): 109–115.

[30] Hubara, I., Courbariaux, M., Soudry, D. et al. (2016). Binarized neural networks. In: *Advances in Neural Information Processing Systems*, 4107–4115. Curran Associates, Inc.

[31] Rastegari, M., Ordonez, V., Redmon, J., and Farhadi, A. (2016). XNOR-Net: ImageNet classification using binary convolutional neural networks. In: *European Conference on Computer Vision*, 525–542.

[32] Judd, P., Albericio, J., Hetherington, T. et al. (2016). Stripes: bit-serial deep neural network computing. In: *2016 49th Annual IEEE/ACM International Symposium on Microarchitecture (MICRO)*, vol. 16, no. 1, 1–12.

[33] Albericio, J., Judd, P., Delmás, A. et al. (2016). Bit-pragmatic deep neural network Computing. In: *Proceedings of the 50th Annual IEEE/ACM International Symposium on Microarchitecture*, 382–394.

随着存储器芯片中使用的器件的几何尺寸变小，导致存储器芯片中的器件数量增加了四倍。且由于制造缺陷的增加，存储器芯片的良率大大降低。为了提高存储芯片的产量，通常将备用行和备用列合并到存储芯片中，以便它们可以用来替换包含故障单元的行和列。为了完成修复，必须使用某些算法方法来指导更换和修复方法。在文献[1]中，将内存修复问题中的代价函数最小化的问题重新定义为横向神经网络中的能量函数最小化的问题，这可以通过使用 Hopfield 网络的性质来优雅地解决。

A.1 Hopfield 网络

Hopfield 网络是一种具有二进制阈值单元[2-3]的循环神经网络，其神经元的输出为 0 或 1，神经元之间的相互作用通过突触发生。神经元的转移函数可以定义为

$$s'_i = \begin{cases} 0, & \sum_j w_{ij}s_j < \theta_j \\ 1, & \sum_j w_{ij}s_j > \theta_j \\ s_i, & 其他 \end{cases} \quad (A.1)$$

其中 s_i 和 s'_i 分别表示神经元 i 的当前状态值和下一状态值，而 w_{ij} 是与连接神经元 i 和神经元 j 的突触相关的突触权重。使用阈值为零的神经元，并向该神经元提供偏置 b_i，以实现非零阈值 $\theta_i = b_i$。

Hopfield 网络的能量函数可以为以下形式：

$$E^{NN} = -\frac{1}{2}\sum_i\sum_j w_{ij}s_is_j - \sum_i s_ib_i \quad (A.2)$$

Hopfield 网络具有固有的优化特性，即当网络从包括整个网络中神经元的任意二进制输出的随机初始状态开始时，最终网络将以网络的整体能量单调降低的方式运行。网络最终收敛到一个稳定状态，该稳定状态对应于式（A.2）中所示的能量函数的最小值（可能是局部值）。

A.2 Hopfield 网络的内存自修复

为了利用 Hopfield 网络进行内存修复，第一步是提出能量函数[1]。接下来考虑一个具有 p 个备用行和 q 个备用列的 $N \times N$ 存储阵列。假设内存有错误，故障单元位于 m 个不同的行和 n 个不同的列。为了方便分析，让我们从原始的 $N \times N$ 存储阵列中提取 $m \times n$ 压缩子阵列，如图 A.1 所示。其中子阵列包含内存中的所有缺陷单元，$m \times n$ 子阵列可以方便

地用 $m \times n$ 矩阵 D 表示。如果相应的单元有故障，则矩阵 D 中的元素 d_{ij} 为 1，否则为 0。

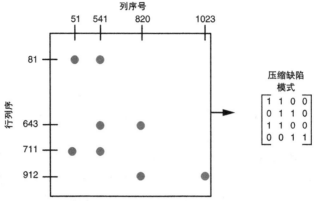

图 A.1　从存储阵列生成压缩缺陷模式的示例。仅提取包含故障单元的行和列以形成压缩的缺陷模式。阵列中有缺陷的单元表示为"1"。来源摘自文献[1]

我们可以使用大小为 $M = m + n$ 的神经网络来解决替换故障单元的问题。我们将前 m 个神经元表示为 s_{1i}，其余 n 个神经元表示为 s_{2j}；s_{1i} 和 s_{2j} 用于确定是否需要替换特定的行或列。更具体地说，当选择第 i 行进行替换时，行神经元 s_{1i} 为 1，否则保持为 0。类似地，当选择列 j 进行替换时，列神经元 s_{2j} 为 1，否则为 0。通过这样的表述，可以将维修问题的代价函数表述为

$$C_1 = \frac{A}{2}\Big[\Big(\sum_{i=1}^{m} s_{1i}\Big) - p\Big]^2 + \frac{A}{2}\Big[\Big(\sum_{j=1}^{n} s_{2j}\Big) - q\Big]^2 \tag{A.3}$$

$$C_2 = B\Big[\sum_{i=1}^{m}\sum_{j=1}^{n} d_{ij}(1 - s_{1i})(1 - s_{2j})\Big] \tag{A.4}$$

总体代价函数是上述两个代价函数的总和。第一个代价函数处理不可行的修复，但 C_1 鼓励用尽所有剩余的行和列。当使用的备用行和列偏离 p 和 q 时，代价函数将指数增长。尽管如此，备用行和列的最佳用法还是可行的，可以通过实验确定备用行和列的最佳用法。此外可以将第一代价函数定义为

$$C'_1 = \frac{A}{2}\Big(\sum_{i=1}^{m} s_{1i}\Big)^2 + \frac{A}{2}\Big(\sum_{j=1}^{n} s_{2j}\Big)^2 \tag{A.5}$$

显然，这种代价函数鼓励使用尽可能少的稀疏连接，第二代价函数 C_2 处理不完全覆盖。如果所有故障单元都被备件覆盖，则此代价函数为零。

下一步是确定神经网络的参数，以使其能量函数等于式（A.3）和式（A.4）中定义的代价函数。通过比较 Hopfield 网络的能量函数和公式化的代价函数，可以获得神经网络的以下参数：

$$w_{1i,1j} = w_{2i,2j} = -A(1 - \delta_{ij}) \tag{A.6}$$

$$w_{1i,2j} = -B d_{ij} \tag{A.7}$$

$$w_{2i,1j} = -B d_{ji} \tag{A.8}$$

$$b_{1i} = \Big(p - \frac{1}{2}\Big)A + B\sum_{j} d_{ij} \tag{A.9}$$

$$b_{2j} = \Big(q - \frac{1}{2}\Big)A + B\sum_{i} d_{ij} \tag{A.10}$$

在上述等式中，为了将神经网络的突触权重矩阵的主对角线设置为零，将项 $A/2 \cdot \sum s_{1i}^2$ 和 $A/2 \cdot \sum s_{2j}^2$ 重表示为 $A/2 \cdot \sum s_{1i}$ 和 $A/2 \cdot \sum s_{2j}$。但是，考虑到 s_{1i} 和 s_{2j} 是二进制变量，重写后的表达式与原始形式等效。图 A.2 提供了一个将存储阵列的缺陷模式转换成用于获取替换解决方案的神经网络中的连接的示例。假定在存储器阵列中存在 16 个故障单元。这种故障模式可以用 4 个备用行和 4 个备用列来修复，如图 A.2a 所示。如果将 A 和 B 设为 2，则可以得到图 A.2b 中所示的权重矩阵和偏置向量。

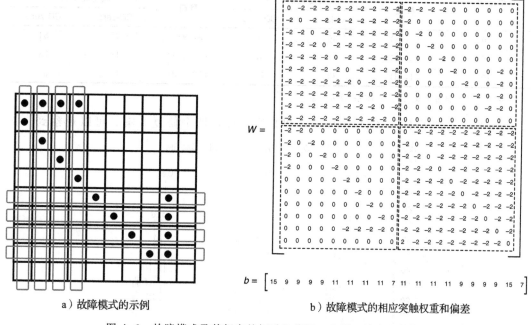

a）故障模式的示例　　　　　　b）故障模式的相应突触权重和偏差

图 A.2　故障模式及其相应的权重和偏置。来源：摘自文献[1]

将基于 Hopfield 网络的内存修复方案与广泛用于内存修复的多数修复（RM）算法进行了比较[4]。RM 算法是一种贪婪算法，尝试分配备用行或备用列来替换当前具有最大未发现故障单元的行或列，直到覆盖所有缺陷为止。比较结果见表 A.1。在表中，标有"GD-zero"的结果对应于从神经网络获得的初始条件，其中所有神经元的输出均为零。采用这样的设置来提供相等的启动设置。表 A.1 比较了两个大小分别为 10×10 和 20×20 的数组。从表中可以看出，梯度下降法的性能优于 RM 算法。此外，随着缺陷模式变大，梯度下降法的优势更加明显。类似于任何其他基于梯度下降的优化方法，最小化代价函数的过程可能会停留在局部最小值处。为了解决这个问题，在文献[1]中提出了一种称为爬山（HC）方法的技术。通过这种技术，可以将神经网络中的突触权重和偏差设置为

$$w_{1i,1j} = w_{2i,2j} = -A \tag{A.11}$$

$$w_{1i,2j} = -Bd_{ij} \tag{A.12}$$

$$w_{2i,1j} = -Bd_{ji} \tag{A.13}$$

$$b_{1i} = pA + B\sum_j d_{ij} \tag{A.14}$$

$$b_{2j} = qA + B\sum_i d_{ij} \tag{A.15}$$

使用这些参数，权重矩阵中的对角线不再为零，即允许自反馈。当梯度下降停留在局部最小值时，我们可以通过将处于"关闭"状态的神经元变成"开启"状态，即使其输出 1 来迫使神经网络移动。虽然增加了系统功耗，但系统可以关闭一些神经元以进入新的较低能量状态。通过这些操作，神经网络通常可以脱离局部极小值，并实现全局优化。

表 A.1　RM 和 GD-zero 实现的平均成功修复率

缺陷比例(%)	10×10 阵列			20×20 阵列		
	稀疏	成功比例(%)		稀疏	成功比例(%)	
		RM	GD-zero		GD-zero	GD-zero
10	(3, 3)	36	70	(9, 9)	25	84
15	(3, 4)	33	57	(9, 12)	19	78
20	(4, 5)	30	72	(12, 12)	15	81

来源：数据摘自文献[1]。经 IEEE 许可转载

图 A.3 比较了 HC、GD、GD-zero 和基线 RM 这四个修复方案。可以观察到，文

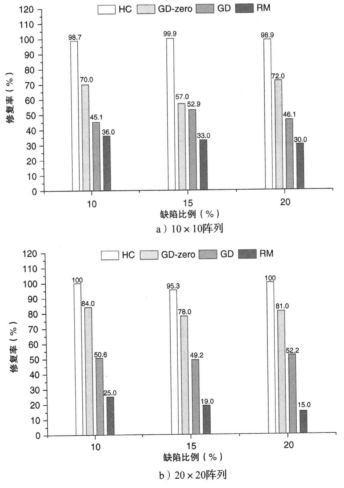

a）10×10阵列

b）20×20阵列

图 A.3　当阵列大小为 10×10 和 20×20 时，四种修复方法的性能摘要。所有基于梯度下降的方法均优于传统的 RM 算法。HC 技术可以产生几乎完美的覆盖范围。来源：摘自文献[1]

献[1]中提出的所有基于 Hopfield 网络的方法都优于传统的 RM 算法。另外，随着阵列尺寸的增加，神经网络方法的优势变得更加明显。具有全局搜索功能的 HC 方法可以帮助实现更高的覆盖率，通过该算法可以实现近乎完美的成功修复。为了显示采用 HC 技术的优势，在有和没有 HC 算法的网络上进行了仿真，并将获得的结果在表 A.2 中进行了比较。HC 方法几乎可以一直找到一种成功的替换策略，以覆盖所有损坏，这要归功于它可以避免局部最小值。相比之下，梯度下降法只能成功实现大约一半的修复率，但 GD 方法与 HC 方法相比，所需的步骤数要少得多，并且 GD 算法的运行时变化要小得多。

表 A.2　GD 与 HC 之间的性能比较

缺陷比例(%)		稀疏	成功比例(%)		平均步长		σ	
			GD	HC	GD	HC	GD	HC
10×10 阵列	10	(3, 3)	45.1	98.7	7.0	14.4	2.0	11.5
	15	(3, 4)	52.9	99.9	6.6	14.0	2.0	10.4
	20	(4, 5)	46.1	98.9	6.6	22.6	1.9	21.8
20×20 阵列	10	(9, 9)	50.6	100.0	13.0	22.6	2.6	13.1
	15	(9, 12)	49.2	95.3	12.6	40.2	2.7	25.3
	20	(12, 12)	52.2	100.0	12.7	20.4	2.6	16.8

来源：数据摘自文献[1]。经 IEEE 许可转载

在文献[1]中，基于 Hopfield 网络的自修复方案被实现为异步混合信号电路。电路原理图如图 A.4 所示。可以注意到，对于记忆修复问题，所有突触权重均为负。当图中的神经元触发时，它会打开一个晶体管，该晶体管从突触后神经元的输入吸收电流。如果我们假设神经元的数量表示备用行和列相等，则互连矩阵可以分为四个相等的部分。在自修复算法中，仅需要根据内存中存在的缺陷模式对右上象限和左下象限进行编程。

图 A.5 说明了如何在存储芯片中采用图 A.4 所示的电路进行自修复。假定还包括一个内置测试仪以提供故障模式，测试仪检查存储器中每一行和每一列的状态，该信息由故障行指示器移位寄存器(FRISR)和故障列指示器移位寄存器(FCISR)记录。然后可以将缺陷模式逐行馈送到行缺陷模式移位寄存器(RDPSR)。此故障信息用于获取压缩阵列。RDPSR 中与 FCISR 的非零位相对应的位将移入压缩行缺陷模式移位寄存器(CRDPSR)。然后，CRDPSR 有助于对神经网络的第一象限和第三象限中的行或列进行编程。从神经网络获得替换模式后，信息以相反的顺序扩展，并输入实际的重新配置电路中。

当缺陷阵列的大小较小时，文献[1]中的异步实现起作用，随着阵列尺寸的增加，考虑到由于工艺、电源电压和温度(PVT)变化而导致的不确定性不断增长，网络趋向于混乱。文献[5]表明可以将备用行和列分配问题视为广义顶点覆盖(GVC)问题的特例。通过构造新的代价函数，开发了更紧凑的神经网络。新的神经网络在文献[5]中以同步方式实现，与异步实现相比，网络的同步版本表现得更加可靠和可预测。在文献[5]中估计，可以校正最多 32×32 个故障单元的神经网络对于 1Mb DRAM 仅产生 0.29% 的面积开销。

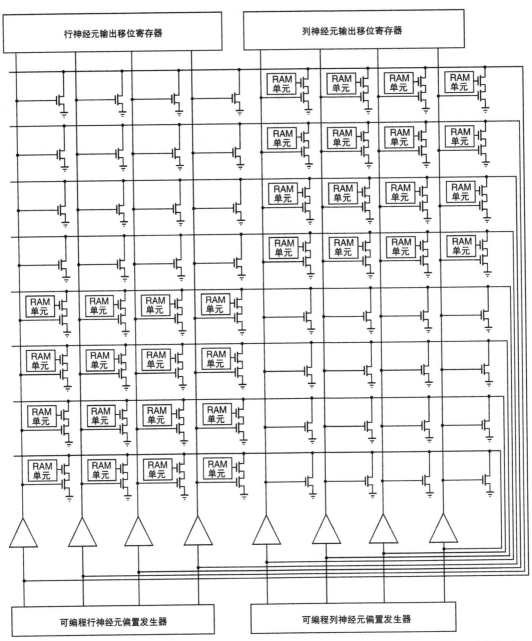

图 A.4 用于记忆修复的神经网络示意图。权重矩阵可分为四个部分，如图所示。当神经元激发时，NMOS 晶体管导通并吸收电流。来源：摘自文献[1]

作为采用 Hopfield 网络进行内存自修复的另一个示例，可以使用基于忆阻器的神经网络来修复基于忆阻器的存储阵列中的缺陷。非易失性存储器是新兴忆阻器技术最有前景的应用之一，为开发基于忆阻器的存储器已做了许多尝试[6-7]。但是由于基于忆阻器的存储器的最大问题之一是其可靠性差，因此自修复方案可以容易地用在忆阻器阵列中。忆阻器存储器阵列的自修复电路原理图如图 A.6 所示。该原理图类似于图 A.4 中所示的纯 CMOS 版本。这里的主要区别是神经网络的突触权重是由忆阻器而不是 RAM 单元保持的。要将故障模式编程到该阵列中，需要相应地更改接口电路，以便可以分别写入每个忆阻器。其他操作方案类似于图 A.4 中所示的 CMOS 版本的自修复电路。

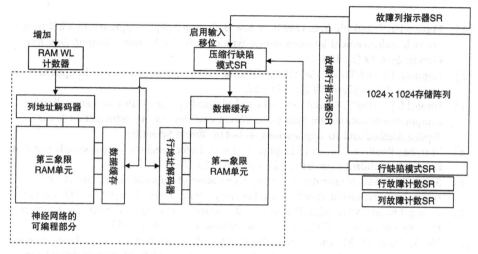

图 A.5 嵌入式存储器的神经网络示意图。内置内存测试仪用于为需要修复的内存生成确定的故障类型，然后提取压缩的行和列缺陷模式，并将其用于对神经网络进行编程以修复故障单元。来源：摘自文献[1]

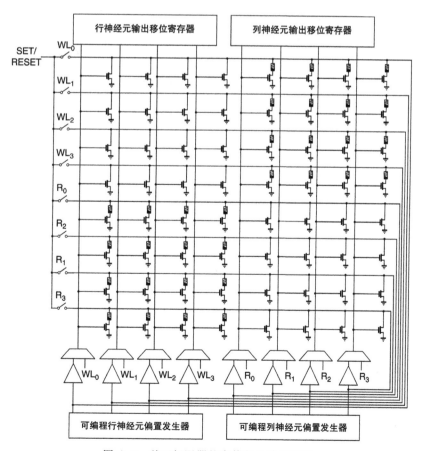

图 A.6 基于忆阻器的自修复电路的配置

参考文献

[1] Mazumder, P. and Jih, Y.-S. (1993). A new built-in self-repair approach to VLSI memory yield enhancement by using neural-type circuits. *IEEE Trans. Comput. Des. Integr. Circuits Syst.* 12 (1): 124–136.

[2] Hopfield, J.J. and Tank, D.W. (1985). 'Neural' computation of decisions in optimization problems. *Biol. Cybern.* 52 (3): 141–152.

[3] Hopfield, J.J. (1987). Neural networks and physical systems with emergent collective computational abilities. In: *Spin Glass Theory and Beyond: An Introduction to the Replica Method and Its Applications*, 411–415. World Scientific.

[4] Tarr, M., Boudreau, D., and Murphy, R. (1984). Defect analysis system speeds test and repair of redundant memories. *Electronics* 57 (1): 175–179.

[5] Smith, M.D. and Mazumder, P. (1996). Generation of minimal vertex covers for row/column allocation in self-repairable arrays. *IEEE Trans. Comput.* 45 (1): 109–115.

[6] Ebong, I.E. and Mazumder, P. (2011). Self-controlled writing and erasing in a memristor crossbar memory. *IEEE Trans. Nanotechnol.* 10 (6): 1454–1463.

[7] Ho, Y., Huang, G.M., and Li, P. (2009). Nonvolatile memristor memory: device characteristics and design implications. In: *Proceedings of the 2009 International Conference on Computer-Aided Design*, 485–490.

术 语 表

acrobat swing up 体操机器人摆动

action-dependent heuristic dynamic programming（ADHDP） 基于动作的启发式动态规划

activation 激活

activation function 激活函数

actor 演员

actor network 演员网络

actor-critic algorithm 演员-评论家算法

ADADELTA AdaDelta算法

ADAGRAD AdaGrad算法（自适应梯度算法）

Adam Adam算法

adaptive critic design（ACD） 自适应评论家设计，另见adaptive dynamic programming

adaptive dynamic programming（ADP） 自适应动态规划

adaptive exponential integrate-and-fire neuron model 自适应指数IF神经元模型

ADC（ADC） 见analog-to-digital converter

address event representation（AER） 地址-事件表示

agent 强化学习中的名词，可以不翻译，参见https://zhuanlan.zhihu.com/p/25319023

AlexNet 一种经典卷积神经网络结构

analog deep-learning engine（ADE） 模拟深度学习引擎

analog-to-digital converter（ADC） 模数转换器

angle sensitive pixel（ASP） 角度敏感像素

application-specific integrated circuit（ASIC） 专用集成电路

approximate computing 近似计算

approximate division 近似除法

approximate dynamic programming（ADP） 自适应动态规划，另见adaptive dynamic programming

arithmetic logic unit（ALU） 算术逻辑单元

artificial intelligence（AI） 人工智能

artificial neural network（ANN） 人工神经网络

asynchronous circuit 异步电路

asynchronous communication 异步通信

autoencoder 自编码器

average pooling 平均池化

axon 轴突

backpropagation 反向传播

backpropagation through time（BPTT） BPTT算法，基于时间的反向传播算法

backward operation 后向操作

batch normalization 批归一化

batch size 批样本量

beam-balancing 光束平衡

Bellman equation 贝尔曼方程，另见optimal equality

bias 偏置

binarized neural network 二值化神经网络，另见binarized network

BinaryConnect 二进制连接，另见binary-weight network

binary-weight network 二进制权重网络，另见BinaryConnect

bio-inspired refractory mechanism 仿生耐火机制

biological neural network 生物神经网络

bit-line（BL） 位线

BrainScaleS 一个神经形态项目（Brain-inspired multiscale computation in neuromorphic hybrid systems）

Brainwave 微软的Brainwave项目，目的是建立硬件平台来加速深度学习任务

Caffe 一个深度学习框架

Cambricon-X 中科院计算所的稀疏神经网络加速器

cart-pole balancing 车杆平衡

cart-pole swing up 车杆摆动

cascaded integrator-comb（CIC）filter（CIC） 级联积分梳状（CIC）滤波器

Catapult 微软的一项计划，旨在利用FPGA提

Eyeriss   MIT 研发的神经网络加速器

FACETS   一款数据可视化工具

feedforward neural network (FNN)   前馈神经网络

field-programmable gate array (FPGA)   现场可编程门阵列

finite impulse response (FIR) filter   有限脉冲响应滤波器

finite-difference (FD) method   有限差分法

finite-state machine (FSM)   有限状态机

Fire module   Fire 模块，SqueezeNet 的网络架构

fixed-point computation   定点计算

Flexon   可模拟 SNN 网络的数字神经元

floating-point computation   浮点计算

forget gate   遗忘门

forward operation   前向操作

fully connected neural network (FCNN)   全连接神经网络

fused-layer convolution   融合层卷积

gated recurrent unit   门控递归单元

generalized vertex cover (GVC)   广义顶点覆盖

genetic algorithm   遗传算法

global minimum   全局最小值

GoogLeNet   GoogLeNet 网络

greedy algorithm   贪婪算法

group delay   组延迟

Harmonica   一个具有基于忆阻器的神经形态计算加速器的异构计算系统框架

Heaviside function   Heaviside 函数

Hebbian learning rule   Hebbian 学习规则

hidden layer   隐藏层

hierarchical representation   层次表示

high input count analog neural networks (HI-CANN)   高输入计数模拟神经网络

HMAX   一个仿脑、基于特征组合的对象特征提取模型

Hodgkin-Huxley model   Hodgkin-Huxley 模型

Hopfield network   Hopfield 网络

Hopper   一项控制基准测试任务

hyperbolic tangent function   双曲正切函数

hyperparameter   超参数

hyperplane   超平面

hysteresis   磁滞

ImageNet   ImageNet 数据集

ImageNet Large Scale Visual Recognition Challenge (ILSVRC)   ImageNet 大规模视觉识别挑战赛

inception module   inception 模块

incremental update   增量更新

inference with a progressive precision   渐进精度推理

inhibitory synapse   抑制性突触

in-memory computing   内存内计算，另见 in-memory processing

in-memory processing   内存内处理，另见 in-memory computing

input channel   输入通道

input gate   输入门

input layer   输入层

input map   输入图

input-stationary dataflow   输入固定数据流

integrated optoelectronics   集成光电子学

ISAAC   一个卷积神经网络加速器

Izhikevich model   Izhikevich 模型，一种神经元模型

K-mean   K 均值，一种聚类算法

Kohonen map   Kohonen 映射，另见 self-organizing map

L_0 regularization L_0 正则化

L_1 regularization L_1 正则化

L_2 regularization L_2 正则化

label   标签

LATTE   一种基于 TrueNorth 的生态系统

leakage channel   泄漏通道

leaky integrate-and-fire model (LIF)   LIF 模型，一种 SNN 神经元模型

learning rate   学习率

least significant bit (LSB)   最低有效位

LeNet-5   一种卷积神经网络

Liebig's law   Liebig 定律

LIF neuron   LIF 神经元

linear classifier   线性分类器

local minimum   局部最小值

logarithmic quantization   对数量化

Loihi   Intel 的神经形态多核处理器

long short-term memory (LSTM)   长短期记忆网络

long-term depression (LTD)   长期抑制，是指突触强度的长时程减弱

long-term plasticity   长期可塑性

long-term potentiation (LTP)   长期增强

look-up table   查找表

loop unrolling   循环展开

loss function   损失函数，另见 cost function

PyTorch　一个开源的机器学习库

Q-learning　Q 学习

quantization noise　量化噪声

quantization residue injection　量化残差注入

QuickProp　用于加速神经网络训练的方法

radial basis function(RBF)　径向基函数

radial basis function network　径向基函数网络

random number generator　随机数发生器

rate coding　速率编码

receptive field　接受域

reconfigurable online learning spiking（ROLLS）neuromorphic processor　可重构在线学习脉冲（ROLLS）神经形态处理器

reconstruction error　重构误差

rectified linear unit(ReLU)　整流线性单元

recurrent neural network(RNN)　循环神经网络

reduced instruction set computer(RISC)　精简指令集计算机

redundancy removal　冗余去除

refractory period　不应期

regenerative comparator　再生比较器

register file(RF)　寄存器堆

regularization　正则化

regularization coefficient　正则化系数

reinforcement learning　强化学习

repair most(RM)algorithm　RM 算法，一种内存修复算法

resistive random-access memory(RRAM)　电阻式随机存取存储器

ResNet　残差网络

restricted Boltzmann machine(RBM)　受限玻尔兹曼机

ReSuMe　一种训练 SNN 的方法

reverse potentials　反向电位

reward　奖励

reward-to-go　奖励

RMSprop　深度学习优化算法

roofline model　roofline 模型

root-mean-square error(RMSE)　方均根误差

row-stationary dataflow　行固定数据流

Rprop　加速训练神经网络的方法

rule-based computing　基于规则的计算

SAILnet　一种特殊的学习算法

Sarsa　一种与 Q 学习类似的强化学习算法

Scalpel　根据目标硬件平台的并行度水平自适应地修剪网络的方法

self-adapting kernel　自适应核心

self-organizing map(SOM)　自组织映射

short-term plasticity　短期可塑性

siegert neuron model　Siegert 神经元模型

$\Sigma-\Delta$modulation　$\Sigma-\Delta$ 调制

$\Sigma-\Delta$modulator　$\Sigma-\Delta$ 调制器

sigmoid function　sigmoid 函数

silicon retina　硅视网膜

simple cell　简单细胞

simulated annealing　模拟退火

simultaneous perturbation stochastic approximation(SPSA)　同步扰动随机逼近

single-instruction multiple-data(SIMD)　单指令多数据

single-instruction multiple-thread(SIMT)　单指令多线程

singular value decomposition　奇异值分解

SNN(SNN)　见 spiking neural network

sodium channel　钠通道

sparse activation　稀疏激活

sparse coding　稀疏编码，另见 sparse learning

sparse connection　稀疏连接

sparse convolutional neural network(SCNN)　稀疏卷积神经网络

sparse learning　稀疏学习，另见 sparse coding

sparse representation　稀疏表示

sparsity　稀疏性

spatial architecture　空间架构

spatial variation　空间变化

spatiotemporal pattern　时空模式

spike-driven synaptic plasticity　脉冲驱动的突触可塑性

spike-frequency adaptation　脉冲频率适应

SpikeProp　SNN 中最早使用的监督学习方法之一

SpikePropAd　SNN 中的学习算法

spike-timing-dependent plasticity(STDP)　脉冲时间相关可塑性

spiking neural network(SNN)　脉冲神经网络

spiking neuron　脉冲神经元

SpiNNaker　一款神经形态芯片

SqueezeNet　轻量级神经网络

state-value function　状态值函数

static random-access memory(SRAM)　静态随机存取存储器

static sparsity　静态稀疏性

stochastic computing　随机计算

stochastic gradient descent(SGD)　随机梯度下降

stochastic LIF model　随机 LIF 模型

straight-through estimator　直通估计器

stride　步

Stripes　一种位串行深度神经网络计算方法

structured sparsity learning　结构化稀疏学习

subthreshold region　亚阈值区域

superthreshold region　超阈值区域

supervised fine-tuning　监督微调

supervised learning　监督学习

supervisory signal　监督信号

support vector machine(SVM)　支持向量机

surge　surge

Swimmer　一项控制基准测试任务

synapse　突触

SyNAPSE　IBM 的神经形态芯片

synaptic plasticity　突触可塑性

synaptic weight　突触权重

synchronous dynamic random-access memory (SDRAM)　同步动态随机存取存储器

systolic array　脉动阵列

teacher neuron　教师神经元

temporal coding　时间编码

temporal difference(TD)error　时间差误差

temporal variation　时间变化

tempotron　Tempotron

tensor processing unit(TPU)　张量处理单元

TensorFlow　一个机器学习框架

ternary weight network　三元网络

test error　测试误差

test set　测试集

TETRIS　一个神经网络加速器

Texas Instruments/Massachusetts Institute Of-Technology(TIMIT)　德州仪器/麻省理工学院

three-dimensional memory　三维存储器

through-silicon via　硅通孔

tick　tick

tiling　平铺

time-to-digital converter(TDC)　时间-数字转换器

Torch　一个深度学习框架

training error　训练误差

training set　训练集

transconductance amplifier　跨导放大器

transimpedance amplifier　跨阻放大器

triple-link inverted pendulum　三连杆倒立摆

triplet-based STDP　基于三元组的 STDP

TrueNorth　IBM 的类脑芯片

20 Newsgroups　20 Newsgroups 数据集

underfitting　欠拟合

universal function approximator　通用函数逼近器

unsupervised learning　无监督学习

unsupervised pretraining　无监督预训练

validation set　验证集

vanishing gradient　梯度消失，另见 diminishing gradient

very large-scale integration(VLSI)　超大规模集成电路

VGG　一种卷积神经网络

virtual update　虚拟更新

voltage over-scaling　电压超标

voltage-controlled oscillator(VCO)　电压控制振荡器

von Neumann architecture　冯·诺依曼架构

VTEAM　忆阻器的一种模型

wafer-scale integration　晶圆级集成

weight decay　权重衰减

weight pruning　权重修剪

weight sharing　权重共享

weight transport　权重传递

weight update　权重更新

weight-dependent STDP learning　依赖权重的 STDP 学习

weight-stationary dataflow　权重固定数据流

Widrow-Hoff rule　Widrow-Hoff 规则

WikiText　一种标记语言

winner-take-all(WTA)　赢家通吃

word-line(WL)　字线

WordNet　一个英语语料库

XNOR-Net　异或网络

XOR problem　异或问题

Yelp dataset　Yelp 数据集

机器学习实战：模型构建与应用

作者：Laurence Moroney 书号：978-7-111-70563-5 定价：129.00元

本书是一本面向程序员的基础教程，涉及目前人工智能领域的几个热门方向，包括计算机视觉、自然语言处理和序列数据建模。本书充分展示了如何利用TensorFlow在不同的场景下部署模型，包括网页端、移动端（iOS和Android）和云端。书中提供的很多用于部署模型的代码范例稍加修改就可以用于不同的场景。本书遵循最新的TensorFlow 2.0编程规范，易于阅读和理解，不需要你有大量的机器学习背景。

MLOps实战：机器学习模型的开发、部署与应用

作者：Mark Treveil，the Dataiku Team 书号：978-7-111-71009-7 定价：79.00元

本书介绍了MLOps的关键概念，以帮助数据科学家和应用工程师操作ML模型来驱动真正的业务变革，并随着时间的推移维护和改进这些模型。以全球众多MLOps应用课程为基础，9位机器学习专家深入探讨了模型生命周期的五个阶段——开发、预生产、部署、监控和治理，揭示了如何将强大的MLOps流程贯穿始终。

推荐阅读

机器学习实战：基于Scikit-Learn、Keras和TensorFlow（原书第2版）

作者：Aurélien Géron ISBN：978-7-111-66597-7 定价：149.00元

机器学习畅销书全新升级，基于TensorFlow 2和Scikit-Learn新版本

Keara之父、TensorFlow移动端负责人鼎力推荐

"美亚"AI+神经网络+CV三大畅销榜冠军图书

从实践出发，手把手教你从零开始构建智能系统

这本畅销书的更新版通过具体的示例、非常少的理论和可用于生产环境的Python框架来帮助你直观地理解并掌握构建智能系统所需要的概念和工具。你会学到一系列可以快速使用的技术。每章的练习可以帮助你应用所学的知识，你只需要有一些编程经验。所有代码都可以在GitHub上获得。

机器学习算法（原书第2版）

作者：Giuseppe Bonaccorso ISBN：978-7-111-64578-8 定价：99.00元

本书是一本使机器学习算法通过Python实现真正"落地"的书，在简明扼要地阐明基本原理的基础上，侧重于介绍如何在Python环境下使用机器学习方法库，并通过大量实例清晰形象地展示了不同场景下机器学习方法的应用。